高职高专公共基础课系列教材

高 等 数 学

主　编　邓云辉
副主编　李传伟
参　编（以编写章节为序）
王　惠　黄弋钊　徐荣贵　张　磊
高万明　孔祥阳　余川祥

机 械 工 业 出 版 社

本书共9章，内容包括函数、极限与连续、导数与微分、导数的应用、不定积分、定积分、定积分的应用、常微分方程以及数学建模. 除第9章外，每节后都配有丰富的习题，按难度又分为基础题和提高题，以满足分层次教学需要；每章后配有复习题，便于对本章的知识掌握程度进行检测. 另外，为了培养学生的数学文化素养，激发数学学习兴趣，前8章每章后都精选了阅读材料. 附录中配有高等数学预备知识及习题参考答案，方便自学自测.

本书可作为高职高专工科类、经管类各专业学生的高等数学教材，也可供自学微积分的人员参考.

为了方便教学，本书配备电子课件等教学资源. 凡选用本书作为教材的教师均可登录机械工业出版社教育服务网 www.cmpedu.com 下载，或发送电子邮件至 cmpgaozhi@sina.com 索取. 咨询电话：010-88379375.

图书在版编目（CIP）数据

高等数学/邓云辉主编. —北京：机械工业出版社，2017.8（2022.8重印）
高职高专公共基础课系列教材
ISBN 978-7-111-57474-3

Ⅰ.①高… Ⅱ.①邓… Ⅲ.①高等数学-高等职业教育-教材 Ⅳ.①O13

中国版本图书馆CIP数据核字（2017）第185683号

机械工业出版社（北京市百万庄大街22号 邮政编码100037）
策划编辑：王玉鑫 责任编辑：王玉鑫 刘子峰 李 乐
责任校对：肖 琳 封面设计：张 静
责任印制：单爱军
唐山三艺印务有限公司印刷
2022年8月第1版·第10次印刷
184mm×260mm·14印张·335千字
标准书号：ISBN 978-7-111-57474-3
定价：45.00元

电话服务
客服电话：010-88361066
010-88379833
010-68326294

网络服务
机 工 官 网：www.cmpbook.com
机 工 官 博：weibo.com/cmp1952
金 书 网：www.golden-book.com
机工教育服务网：www.cmpedu.com

前　言

为了适应高职高专数学教学改革与发展的需要，满足高职高专教育培养应用型人才的目标，我们根据教育部制定的《高职高专教育高等数学课程教学基本要求》，并结合当前高职学生的具体情况，组织具有多年丰富教学经验的一线教师编写了本书．在编写过程中，我们始终坚持以下原则：

1．概念、定理叙述简洁、准确．我们总结自己多年来高等数学教学、研究的实践与经验，结合国外一些优秀微积分教材，认为提高学生的思维能力，培养逻辑分析能力、推理演绎能力都必须基于“概念清晰且准确”．数学概念是学习好数学的逻辑基础，尽管高职高专层次的高等数学课程总体要求比本科要低，但培养学生正确的逻辑思维能力以及研究分析科学和工程技术中相关问题的能力不可或缺，这也是素质教育的重要一环．

2．降低起点、循序渐进．高等数学的思想理论和方法对大多数中学毕业生来说是抽象的，不易理解，并且入学时学生的数学基础差异较大，因此“降低起点、循序渐进”是有效的方法．数学概念、定理尽可能通过直观的图像、规律变化的数据显示，或以其他多种通俗的表述进行讲解，使学生易于理解、掌握．需要用到的初等数学相关内容，在附录中可以查找．

3．学用结合、旨在应用．应用于实际是学生学习数学的根本需求，也是数学发展的原动力．本书尽可能将所讲内容结合相关的经济学、物理学以及其他实际工程问题，突出高等数学的课程目的，培养学生的数学应用能力．

4．注重数学文化熏陶，凸显科学人文．了解数学的起源、发展和应用，对培养数学思想、科学精神和科学思维品质是一种很好的方法．例如，本书在讲述微积分内容时，向学生展示了微积分不仅思想深刻，理论和方法十分强大，而且十分大众化，通俗易学，在现实生活中处处存在，只是形式不同．

本书由四川工程职业技术学院邓云辉任主编，李传伟任副主编．全书编写分工如下：王惠编写第 1 章，邓云辉编写第 2 章，黄弋钊编写第 3 章，徐荣贵编写第 4 章，张磊编写第 5 章，高万明编写第 6 章，孔祥阳编写第 7 章，余川祥编写第 8 章，李传伟编写第 9 章．

本书在编写过程中得到了四川工程职业技术学院副书记杨跃教授、四川工程职业技术学院副院长肖峰教授及学院相关领导的大力支持和指导，在此表示衷心感谢！

由于作者水平有限，书中难免存在不妥之处，敬请广大读者批评指正．

编　者

开篇语

为什么要学习数学?

国内外大学所有理工类各专业及绝大多数经管类专业都要开设数学课程，而且在很多专业会贯穿从本科到博士各个阶段的学习. 数学开课范围之广、时间之长是任何其他专业课程无法相比的，因此必有其充分的理由. 数学的理论和方法不断发展，应用范围不断扩大，与我们的生活实践密不可分.

为什么数学重要又无处不在呢?

首先，数学是人类研究、表述自然规律的有力工具. 在中学阶段我们知道，牛顿发现了力、质量和加速度之间的关系，在质量不变的情况下，力越大，产生的加速度也就越大，这只是定性分析和表述，在工程技术中应用价值不十分大. 但牛顿用 $F=ma$ 表达力、质量和加速度之间的关系，准确、简单而完善——这就是数学的力量. 这样的发现和表述自然界的规律，又改变世界发展进程的数学公式很多，如爱因斯坦的质能关系式 $E=mc^2$ 开启了人类的原子能时代，而麦克斯韦方程组则使人类进入了无线通信网络时代等. 数学是科学的语言，人与自然、人与智能机器的交流都通过基于数学逻辑和算法的语言. 我们正在进入全新的人工智能时代，例如会下围棋的 AlphaGo 等各种人工智能程序、智能机器将逐渐改变世界的格局，预示着人类使用数学技术越来越多，数学在工程技术中的核心贡献也越来越突出.

其次，数学学习与训练对个人的思维品质、科学素养和理性思维的塑造不可或缺. 任何一个数学系统或子系统都具备系统相容性、独立性和完备性，如欧几里得几何系统、佩亚诺算术系统等. 通过对这些结构严谨的数学系统的学习与训练，都能有效地培养人们的逻辑思维、抽象思维、辩证思维和系统思维能力. 不管学生今后从事什么工作，那种铭刻于脑海中的数学精神和数学思想方法，将长期发挥重要的作用.

再次，青年学生在大学期间应该“学会动脑、学会动手”，“动脑”是“动手”的前提，“动手”是“动脑”的目标，在现实实践中只有两者完美结合才能成就人生的事业. 没有思考的行动是盲目的，没有行动的思考是空想的. 那么怎样“学会动脑、学会动手”呢? 数学概念、推理及分析问题的逻辑方法及定性、定量分析的各种数学工具都为我们的行动提供了正确的前提条件和方案.

怎样学好数学?

首先，相信数学思想方法对今后的进一步学习极其重要，终生受用. 不管所学数学知识在专业课程或工作岗位中使用多少，数学学习所培养的科学思维能力和思维习惯，以及提高科学文化素质，对于个人未来的可持续发展都是必不可少的. 随着人工智能化时代的到来，数学将会越来越被广泛地应用，这就要求我们每个人都要有一定的数学知识.

其次，善于学习数学，加强学习数学的主动性、自主性. 学会自主学习，在大学期间重点培养“自学能力和习惯”. 在完成课堂要求的内容外，还应多读参考书和查阅资料，尤其是要注重阅读本专业、本课程的经典名著，提高认识、开阔视野.

最后，多思考、勤动手. 在学习时要手脑并用，课堂记笔记、课后演算习题. 须在将相关数学概念、理论和方法掌握之后再做习题，以巩固所学的知识. 做题在“精”不在“多”，旨在提高学习效果并受到启迪. 习题解答应做到过程完整、理由充分、表述清楚、书写工整，养成严谨而负责的习惯和作风.

邓云辉

目　　录

第 1 章　函数

初等数学的研究对象大多是常量，而高等数学的研究对象是变化的量. 函数是一种用数学语言描述变量与变量之间相互依赖关系的数学模型，是微积分研究的对象. 本章将介绍映射、函数及初等函数.

1.1　映射与函数

1.1.1　映射的概念

1. 映射的定义

定义 1.1　设 X，Y 是两个非空集合，如果存在一个法则 f，使得对 X 中每个元素 x，按法则 f，在 Y 中有唯一确定的元素 y 与之对应，则称 f 为从 X 到 Y 的映射，记作

$$f: X \to Y$$

其中，y 称为元素 x(在映射 f 下)的像，并记作 $f(x)$，即 $y=f(x)$；元素 x 称为元素 y(在映射 f 下)的一个原像；集合 X 称为映射 f 的定义域，记作 D_f 或 D，即 $D_f=X$；X 中所有元素的像所组成的集合称为映射 f 的值域，记为 R_f 或 R，即 $R_f=\{f(x) \mid x \in X\}$.

注意　对每个元素 $x \in X$ 的像 y 是唯一的，但对每个元素 $y \in R$ 的原像不一定唯一.

例如，设 f: $\mathbf{R} \to \mathbf{R}$，对每个 $x \in \mathbf{R}$，$f(x)=x^2$. f 是一个映射，定义域 $D_f=\{x \mid x \in \mathbf{R}\}$，值域 $R_f=\{y \mid y \geqslant 0\}$.

又如，设 $X=\{(x, y) \mid x^2+y^2=1\}$，$Y=\left\{(0, y) \,\middle|\, |y| \leqslant 1\right\}$，$f$: $X \to Y$，对每个 $(x, y) \in X$，有唯一确定的 $(0, y) \in Y$ 与之对应. f 是一个映射，定义域 $D_f=X$，值域 $R_f=Y$. 在几何上，这个映射表示将平面上一个圆心在原点的单位圆周上的点投影到 y 轴的区间 $[-1, 1]$ 上.

2. 满射、单射和双射

定义 1.2　设 f 是从集合 X 到集合 Y 的映射，

1）若 $R_f=Y$，即 Y 中任一元素 y 都是 X 中某元素的像，则称 f 为 X 到 Y 上的映射或满射；

2）若对 X 中任意两个不同元素 $x_1 \neq x_2$，它们的像 $f(x_1) \neq f(x_2)$，则称 f 为 X 到 Y 的单射；

3）若映射 f 既是单射，又是满射，则称 f 为一一映射(或双射).

从实数集(或其子集)X 到实数集 Y 的映射通常称为定义在 X 上的函数.

3. 逆映射与复合映射

定义 1.3　设 f 是 X 到 Y 的单射，则由定义，对每个 $y \in R_f$，有唯一的 $x \in X$，适合 $f(x)=y$，于是，可定义一个从 R_f 到 X 的新映射 g，即

$$g: R_f \to X$$

对每个 $y \in R_f$，规定 $g(y)=x$，其中 x 满足 $f(x)=y$. 映射 g 称为映射 f 的逆映射，记作 f^{-1}，其定义域为 R_f，值域为 X.

按定义，只有单射才存在逆映射.

例如，映射 $y=x^2$，$x\in(-\infty, 0]$，其逆映射为 $y=-\sqrt{x}$，$x\in[0, +\infty)$.

定义 1.4 设有两个映射 $g: X\to Y_1$，$f: Y_2\to Z$，其中 $Y_1\subset Y_2$. 则由映射 g 和 f 可以定出一个从 X 到 Z 的对应法则，它将每个 $x\in X$ 映射成 $f[g(x)]\in Z$. 显然，这个对应法则确定了一个从 X 到 Z 的映射，这个映射称为映射 g 和 f 构成的复合映射，记作 $f\circ g$，即

$$f\circ g: X\to Z, \quad x\in X$$

说明 1）映射 g 和 f 构成复合映射的条件是 g 的值域必须包含在 f 的定义域内，即 $R_g \subset D_f$.

2）映射的复合是有顺序的，$f\circ g$ 有意义并不表示 $g\circ f$ 也有意义；即使它们都有意义，$f\circ g$ 与 $g\circ f$ 也未必相同.

例 1-1 设有映射 g：$\mathbf{R}\to[-1, 1]$，对每个 $x\in\mathbf{R}$，$g(x)=\sin x$；映射 f：$[-1, 1]\to[0, 1]$，对每个 $u\in[-1, 1]$，$f(u)=\sqrt{1-u^2}$. 则映射 g 和 f 构成复合映射 $f\circ g$：$\mathbf{R}\to[0, 1]$，对每个 $x\in\mathbf{R}$，有 $(f\circ g)(x)=f[g(x)]=f(\sin x)=\sqrt{1-\sin^2 x}=|\cos x|$.

1.1.2 函数的概念

1. 函数的定义

定义 1.5 设非空数集 $D\subset\mathbf{R}$，如果按某个确定的对应法则 f，使对于数集 D 中的任意一个数 x，在数集中都有唯一确定的数 y 和它对应，那么 y 就称为定义在数集 D 上的 x 的函数，记作 $y=f(x)$. 其中，x 叫作自变量，数集 D 叫作函数的定义域；当 x 取遍 D 中的一切实数时，与它对应的函数值的集合叫作函数 $y=f(x)$ 的值域.

函数符号 $y=f(x)$ 表示"y 是 x 的函数"，有时简记作函数 $f(x)$.

例 1-2 求函数 $f(x)=\sqrt{x+1}+\dfrac{1}{2-x}$ 的定义域.

解 要使函数有意义，则有 $\begin{cases}x+1\geqslant 0\\ 2-x\neq 0\end{cases}$，即 $\begin{cases}x\geqslant -1\\ x\neq 2\end{cases}$，所以函数的定义域是

$$\{x \mid x\geqslant -1 \text{ 且 } x\neq 2\}$$

例 1-3 已知函数 $f(x)=3x^2-5x+2$，求 $f(3)$，$f(-\sqrt{2})$，$f(a+1)$.

解 $f(3)=3\times 3^2-5\times 3+2=14$

$f(-\sqrt{2})=3\times(-\sqrt{2})^2-5\times(-\sqrt{2})+2=8+5\sqrt{2}$

$f(a+1)=3(a+1)^2-5(a+1)+2=3a^2+a$

函数的二要素 定义域 D、对应法则 $f(x)$ 称为函数的二要素，两函数相同的充要条件是定义域相同且对应法则一样.

例 1-4 函数 $y=\sqrt{x^2}$ 与函数 $y=x$ 是否是同一个函数?

解　$y=\sqrt{x^2}=|x|=\begin{cases}x & x\geqslant 0\\ -x & x<0\end{cases}$，即 $y\geqslant 0$.

虽然两函数的定义域相同，都是$(-\infty,\ +\infty)$，但对应法则不同，因此不是同一个函数.

思考　试判定函数 $y=x$ 与函数 $y=\sqrt[3]{x^3}$ 是否相同.

2．几种常见函数

（1）常数函数

值不发生改变(即为常数)的函数称为常数函数. 例如，$y=2$，定义域 $D=(-\infty,\ +\infty)$，值域 $R_f=\{2\}$，如图 1-1 所示.

（2）绝对值函数

$y=|x|=\begin{cases}x & x\geqslant 0\\ -x & x<0\end{cases}$，定义域 $D=(-\infty,\ +\infty)$，值域 $R_f=[0,\ +\infty)$，如图 1-2 所示.

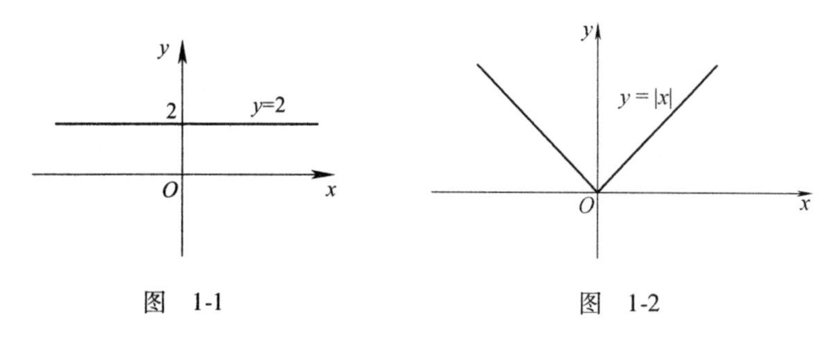

图　1-1　　　　图　1-2

（3）符号函数

$y=\operatorname{sgn}x=\begin{cases}1 & x>0\\ 0 & x=0\\ -1 & x<0\end{cases}$，定义域 $D=(-\infty,\ +\infty)$，值域 $R_f=\{-1,\ 0,\ 1\}$，如图 1-3 所示.

（4）取整函数

$y=[x]$，定义域 $D=(-\infty,\ +\infty)$，值域 $R_f=\mathbf{Z}$，如图 1-4 所示.

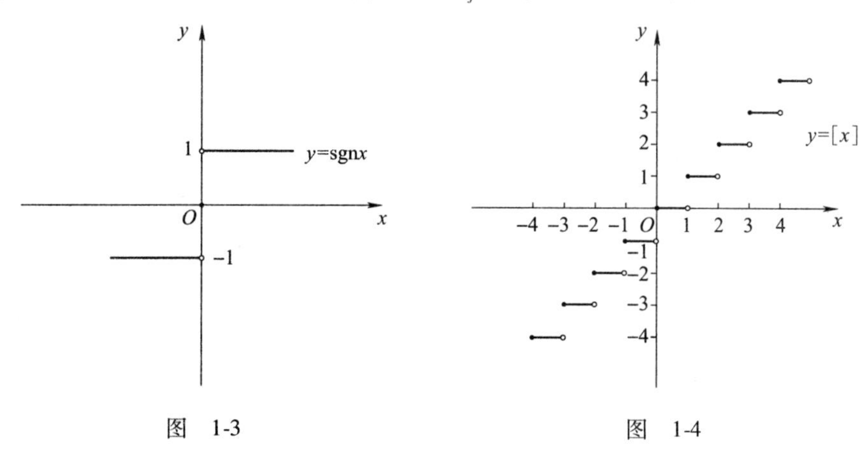

图　1-3　　　　图　1-4

(5) 分段函数

分段函数是指在自变量的不同取值范围中，对应法则用不同的式子来表示的函数，因此分段函数的定义域就是自变量 x 不同取值范围的并集. 求分段函数的函数值时，应先确定自变量取值的所在范围，再按照其对应的式子进行计算.

例 1-5　设函数 $f(x)=\begin{cases}2x+1 & x>1\\ \sqrt{x} & 0\leqslant x\leqslant 1\end{cases}$，如图 1-5 所示，求该函数的定义域，并求 $f(2)$，$f(1)$ 和 $f\left(\dfrac{1}{4}\right)$.

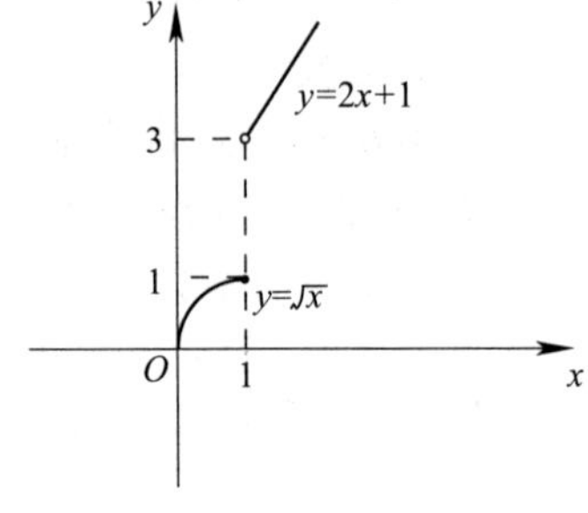

图　1-5

解　该函数为分段函数，其定义域为自变量 x 不同取值范围的并集，即为 $\{x\mid x\geqslant 0\}$.

$f(2)=2\times 2+1=5$，$f(1)=\sqrt{1}=1$，$f\left(\dfrac{1}{4}\right)=\sqrt{\dfrac{1}{4}}=\dfrac{1}{2}$

3. 函数的性质

(1) 单调性

设函数 $y=f(x)$ 的定义域为 D，区间 $I\subset D$，

1) 如果对于区间 I 上任意两点 x_1 及 x_2，当 $x_1<x_2$ 时，恒有 $f(x_1)<f(x_2)$，则称函数 $f(x)$ 在区间 I 上是单调增加的，如图 1-6 所示；

2) 如果对于区间 I 上任意两点 x_1 及 x_2，当 $x_1<x_2$ 时，恒有 $f(x_1)>f(x_2)$，则称函数 $f(x)$ 在区间 I 上是单调减少的，如图 1-7 所示.

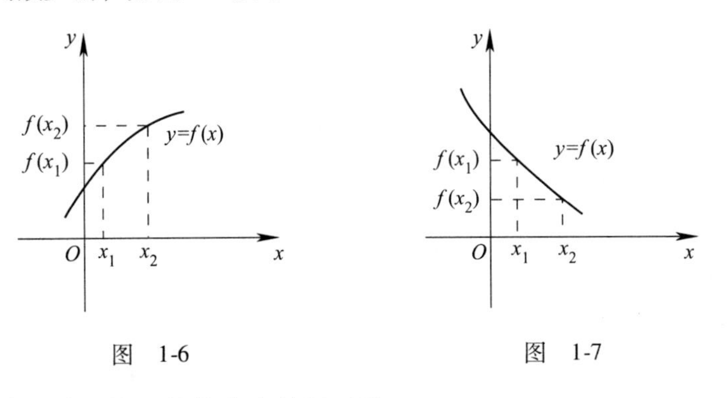

图　1-6　　　　图　1-7

单调增加和单调减少的函数统称为单调函数.

例如，函数 $y=x^2$ 在区间 $(-\infty,0]$ 上是单调减少的，在区间 $[0,+\infty)$ 上是单调增加的，在 $(-\infty,+\infty)$ 上不是单调的，如图 1-8 所示.

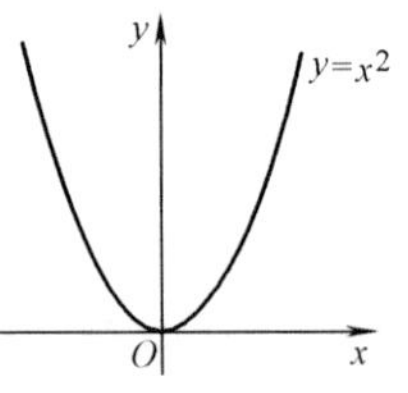

图　1-8

(2) 奇偶性

设函数 $f(x)$ 的定义域 D 关于原点对称（即若 $x\in D$，则 $-x\in D$），

1) 如果对于任一 $x\in D$，有 $f(-x)=f(x)$，则称 $f(x)$ 为偶函数；

2) 如果对于任一 $x\in D$，有 $f(-x)=-f(x)$，则称 $f(x)$ 为奇函数.

偶函数的图形关于 y 轴对称，如图 1-9 所示；奇函数的图形关于原点对称，如图 1-10 所示.

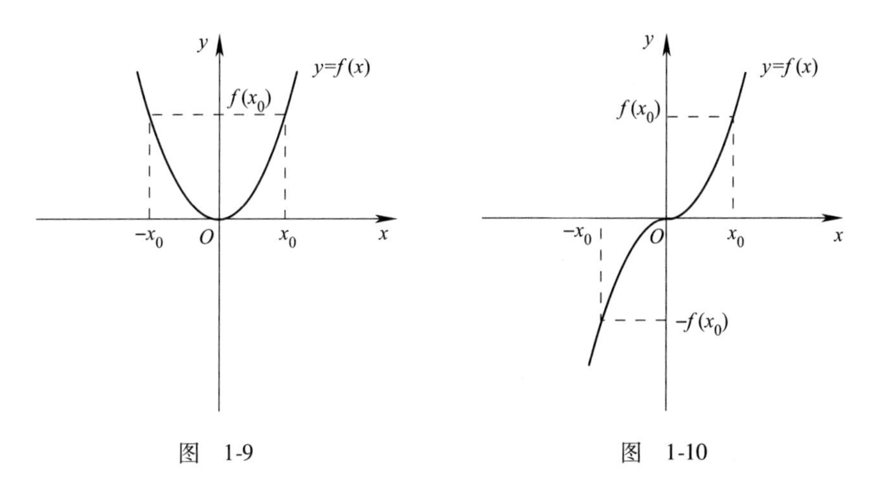

图　1-9　　　　图　1-10

常见的偶函数有 $y=x^2$，$y=\cos x$ 等；常见的奇函数有 $y=x^3$，$y=\sin x$ 等；$y=\sin x+\cos x$ 是非奇非偶函数.

（3）有界性

设函数 $f(x)$ 的定义域为 D，数集 $X\subset D$. 如果存在数 K_1，使得对任一 $x\in X$，有 $f(x)\leqslant K_1$，则称函数 $f(x)$ 在 X 上有上界，称 K_1 为函数 $f(x)$ 在 X 上的一个上界，即 $y=f(x)$ 的图形在直线 $y=K_1$ 的下方.

如果存在数 K_2，使对任一 $x\in X$，有 $f(x)\geqslant K_2$，则称函数 $f(x)$ 在 X 上有下界，称 K_2 为函数 $f(x)$ 在 X 上的一个下界，即函数 $y=f(x)$ 的图形在直线 $y=K_2$ 的上方.

如果存在正数 M，使对任一 $x\in X$，有 $|f(x)|\leqslant M$，则称函数 $f(x)$ 在 X 上有界；如果这样的 M 不存在，则称函数 $f(x)$ 在 X 上无界. 有界函数 $y=f(x)$ 的图形在直线 $y=-M$ 和 $y=M$ 之间.

函数 $f(x)$ 无界，就是说对任何 M，总存在 $x_1\in X$，使得 $|f(x_1)|>M$.

例如，函数 $f(x)=\sin x$ 在 $(-\infty,+\infty)$ 上是有界的，因为 $|\sin x|\leqslant 1$. 而函数 $f(x)=\dfrac{1}{x}$ 在开区间 $(0,1)$ 内是无上界的，或者说它在 $(0,1)$ 内有下界、无上界. 这是因为，对于任一 $M>1$，总有 $0<x_1<\dfrac{1}{M}<1$ 使得 $f(x_1)=\dfrac{1}{x_1}>M$，所以函数无上界. 但是要注意，函数 $f(x)=\dfrac{1}{x}$ 在 $(1,2)$ 内是有界的.

（4）周期性

设函数 $f(x)$ 的定义域为 D. 如果存在一个正数 T，使得对于任一 $x\in D$，有 $(x\pm T)\in D$，且 $f(x+T)=f(x)$，则称 $f(x)$ 为周期函数，T 称为 $f(x)$ 的周期，如图 1-11 所示.

周期函数的图形特点是在函数的定义域内，每个长度为 T 的区间上，函数的图形有相同的形状.

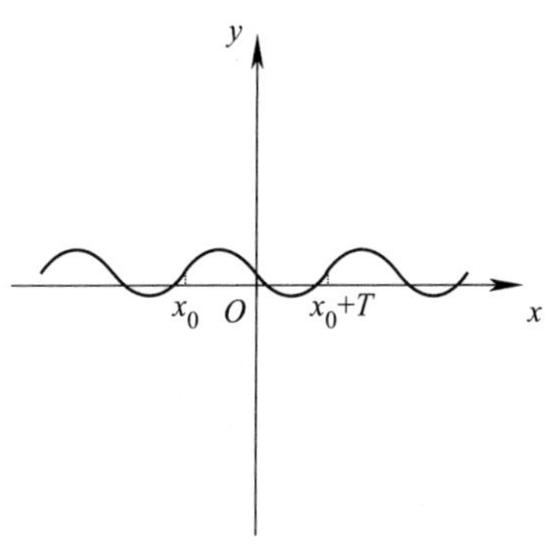

图　1-11

习题 1.1

基础题

1. 求函数 $y=\frac{x^2+1}{x}$ 的定义域.

2. 求函数 $y=x^2-6x+7$ 的值域.

3. 设函数 $f(x)=\begin{cases} x-3 & x\geqslant 10 \\ x^2+5 & x<10 \end{cases}$，则 $f(5)=$ ______.

4. 下列函数中，在区间(0，2)上单调增加的是(　　).

A. $y=\frac{1}{x}$　　B. $y=-x$　　C. $y=\sqrt{x}$　　D. $y=x^2-4x+1$

5. 函数 $f(x)=x$ $(-1<x\leqslant 1)$ 是(　　).

A. 奇函数　　B. 偶函数

C. 既是奇函数又是偶函数　　D. 非奇非偶函数

提高题

1. 设函数 $f(x)$ 单调减少，且 $f(x)>0$，则下列函数中单调增加的是(　　).

A. $y=-\frac{1}{f(x)}$　　B. $y=2^{f(x)}$　　C. $y=\log_{\frac{1}{2}}f(x)$　　D. $y=[f(x)]^2$

2. 已知函数 $f(x)=ax^2+bx+c$ $(a\neq 0)$ 是偶函数，那么 $g(x)=ax^3+bx^2+cx$ 是(　　).

A. 奇函数　　B. 偶函数

C. 既是奇函数又是偶函数　　D. 非奇非偶函数

3. 若函数 $f(x)$ 是定义在 $\boldsymbol{R}$ 上的偶函数，在 $(-\infty, 0]$ 上单调减少，且 $f(2)=0$，则使得 $f(x)<0$ 的 x 的取值范围是(　　).

A. $(-\infty, 2)$　　B. $(2, +\infty)$

C. $(-\infty, -2)\cup(2, +\infty)$　　D. $(-2, 2)$

4. 设 $P=\log_2 3$，$Q=\log_3 2$，$R=\log_2(\log_3 2)$，则(　　).

A. $R<Q<P$　　B. $P<R<Q$　　C. $Q<R<P$　　D. $R<P<Q$

5. 判断函数 $f(x)=\lg(\sqrt{x^2+1}-x)$ 的奇偶性.

1.2 基本初等函数及其图形

1. 幂函数

函数 $y=x^{\mu}$（μ 为任意实数）称为幂函数，如图 1-12 所示.

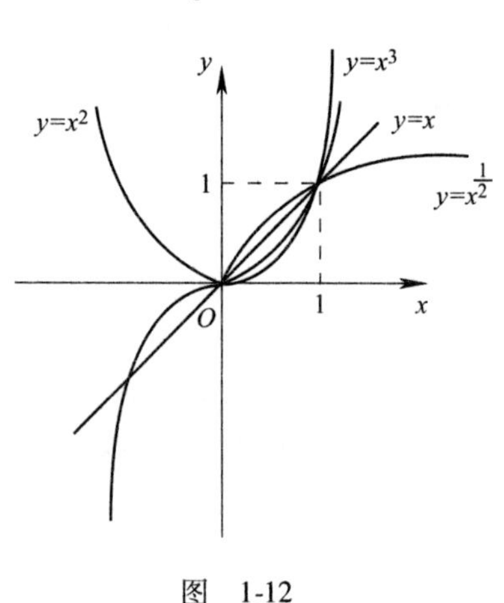

图 1-12

幂函数的定义域随 μ 的不同而不同，但不论 μ 取什么值，幂函数在(0，+∞)内总有定义，且图形都通过点(1，1). 当 $\mu=1, 2, 3, \frac{1}{2}, -1$ 时，$y=x^{\mu}$ 是最常见的幂函数. 有些幂函数具有奇偶性. 例如，$y=x^2$ 是$(-\infty,$

$+\infty$)内的偶函数，而 $y=x^3$ 是$(-\infty, +\infty)$内的奇函数.

2. 指数函数

函数 $y=a^x(a>0, a\neq1)$称为指数函数，其定义域为$(-\infty, +\infty)$. 因为恒有 $a^x>0$，及 $a^0=1$，所以指数函数的图形总在 x 轴上方，且通过点(0, 1)，如图 1-13 所示.

指数函数具有单调性，当 $a>1$ 时，$y=a^x$ 在$(-\infty, +\infty)$内是单调增加的；当 $0<a<1$ 时，$y=a^x$ 在$(-\infty, +\infty)$内是单调减少的. 以常数 $e=2.71828\cdots$为底的指数函数 $y=e^x$ 是常见的指数函数.

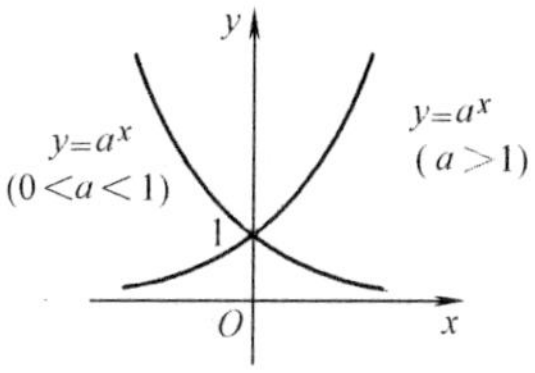

图　1-13

3. 对数函数

函数 $y=\log_a x$ ($a>0, a\neq1$) 称为对数函数，其定义域为 $(0, +\infty)$，如图 1-14 所示.

作为指数函数的反函数，对数函数是一类很重要的函数. 同指数函数类似，对数函数也具有单调性，当 $a>1$ 时，$y=\log_a x$ 在$(0, +\infty)$内是单调增加的；当 $0<a<1$ 时，$y=\log_a x$ 在$(0, +\infty)$内是单调减少的.

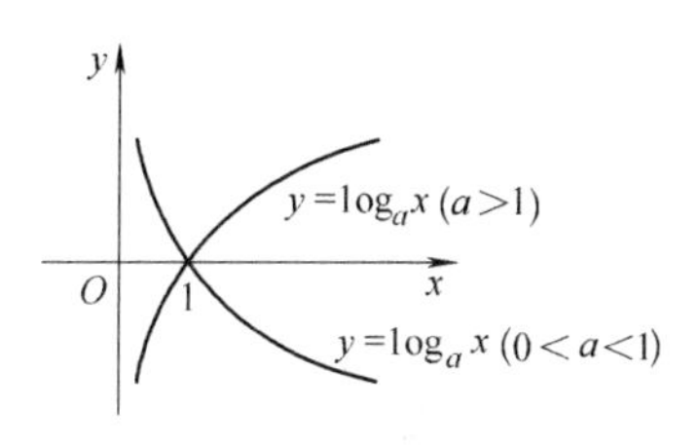

图　1-14

4. 三角函数

常用的三角函数有正弦函数 $y=\sin x$ ($-\infty<x<+\infty$)，如图 1-15 所示；余弦函数 $y=\cos x$ ($-\infty<x<+\infty$)，如图 1-16 所示；正切函数 $y=\tan x$ ($x\neq k\pi+\dfrac{\pi}{2}, k\in\mathbf{Z}$)，如图 1-17 所示；余切函数 $y=\cot x$ ($x\neq k\pi, k\in\mathbf{Z}$)，如图 1-18 所示. 其中自变量要用 rad 作单位，k 为任意整数.

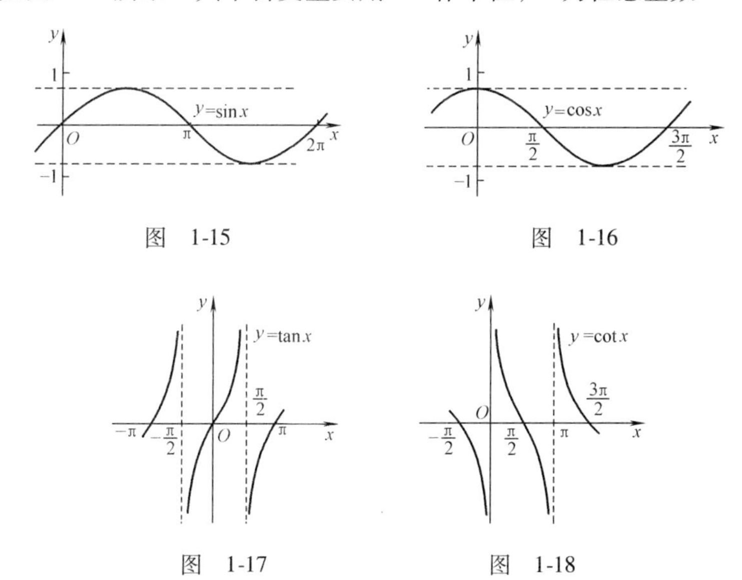

图　1-15　　图　1-16

图　1-17　　图　1-18

三角函数都具有周期性，其中正弦函数和余弦函数是以 2π 为周期的周期函数；正切函数和余切函数是以 π 为周期的周期函数.

正弦函数和余弦函数的函数值介于 -1 和 1 之间，即 $|\sin x|\leqslant1$，$|\cos x|\leqslant1$，因此，

$y=\sin x$ 和 $y=\cos x$ 在$(-\infty, +\infty)$内是有界的，而 $y=\tan x$ 和 $y=\cot x$ 分别在$\left(-\frac{\pi}{2}, \frac{\pi}{2}\right)$与$(0, \pi)$内是无界的.

5. 反三角函数

反三角函数是三角函数的反函数，对于上述四种三角函数，其相应的反函数为反正弦函数 $y=\arcsin x\ (-1\leqslant x\leqslant 1)$，如图 1-19 所示；反余弦函数 $y=\arccos x\ (-1\leqslant x\leqslant 1)$，如图 1-20 所示；反正切函数 $y=\arctan x\ (-\infty<x<+\infty)$，如图 1-21 所示；反余切函数 $y=\operatorname{arccot} x\ (-\infty<x<+\infty)$，如图 1-22 所示. 反三角函数的图形都可由相应的三角函数的图形按反函数作图规则做出.

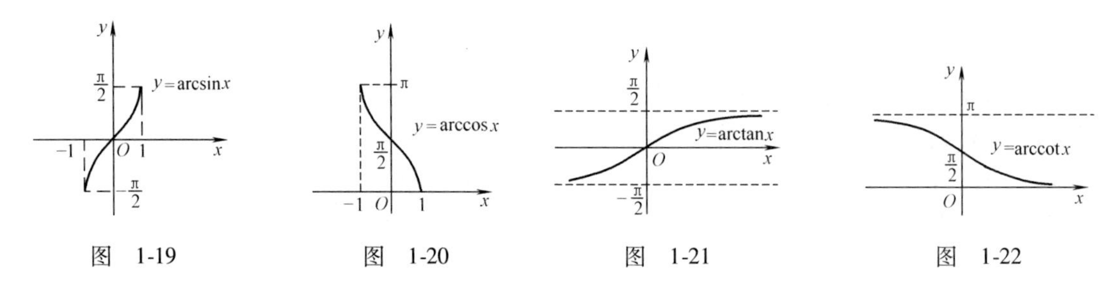

图 1-19　　图 1-20　　图 1-21　　图 1-22

习题 1.2

基础题

1. 求下列函数的定义域：

(1) $y=\sqrt[4]{x}$；　(2) $y=\ln x$；　(3) $y=2^x$；　(4) $y=\tan x$.

2. 求下列函数的值域：

(1) $y=3x$；　(2) $y=\frac{8}{x}$.

3. 下列函数在$(-\infty, 0)$上单调递减的是(　　).

A. $y=x^{\frac{1}{3}}$　B. $y=x^{-2}$　C. $y=x^3$　D. $y=x^2$

4. 当 $a>1$ 时，在同一坐标系中，函数 $y=a^{-x}$ 与 $y=\log_a x$ 的图形是(　　).

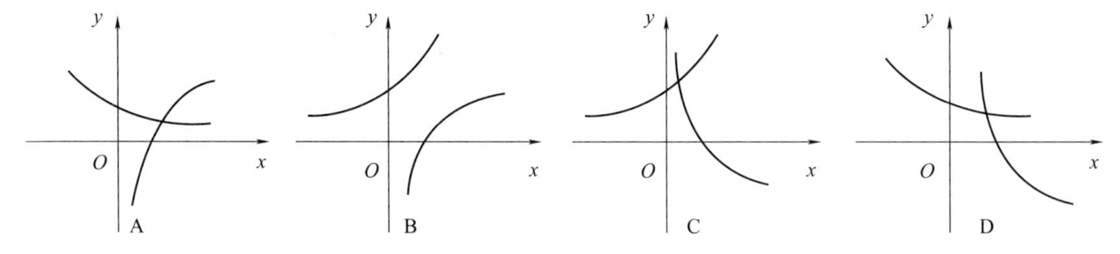

提高题

1. 当 $x\in(1, +\infty)$时，函数 $y=x^a$ 的图形恒在直线 $y=x$ 的下方，则 a 的取值范围是(　　).

A. $0<a<1$　B. $a<0$　C. $a<1$　D. $a>1$

2. 函数 $y=\log_a x$ 在 $x\in[2, +\infty)$上总有 $|y|>1$，则 a 的取值范围是(　　).

A. $0<a<\frac{1}{2}$或$1<a<2$ B. $\frac{1}{2}<a<1$ 或 $1<a<2$

C. $1<a<2$ D. $0<a<\frac{1}{2}$或$a>2$

3. 函数$y=\left(\frac{1}{2}\right)^{x^2-2x+2}$的递增区间是________.

1.3 初等函数

1. 函数的四则运算

设函数$f(x)$, $g(x)$的定义域依次为D_1, D_2, $D=D_1\cap D_2\neq\varnothing$, 则可以定义$f(x)$与$g(x)$的下列四则运算.

和、差运算$(f\pm g)$: $f(x)\pm g(x)$, $x\in D$

积运算$(f\cdot g)$: $f(x)g(x)$, $x\in D$

商运算$\left(\frac{f}{g}\right)$: $\frac{f(x)}{g(x)}$, $g(x)\neq 0$, $x\in D$

例1-6 设函数$f(x)$的定义域D关于原点对称, 证明: 存在D上的偶函数$g(x)$及奇函数$h(x)$, 使得

$$f(x)=g(x)+h(x)$$

分析 若有$f(x)=g(x)+h(x)$, 且$g(x)$为偶函数, $h(x)$为奇函数, 则有

$$f(-x)=g(x)-h(x)$$

于是

$$g(x)=\frac{1}{2}[f(x)+f(-x)],\ h(x)=\frac{1}{2}[f(x)-f(-x)]$$

证 令$g(x)=\frac{1}{2}[f(x)+f(-x)]$, $h(x)=\frac{1}{2}[f(x)-f(-x)]$, 则有

$$f(x)=g(x)+h(x)$$

且$g(-x)=\frac{1}{2}[f(-x)+f(x)]=g(x)$, 即$g(x)$为偶函数;

$h(-x)=\frac{1}{2}[f(-x)-f(x)]=-\frac{1}{2}[f(x)-f(-x)]=-h(x)$, 即$h(x)$为奇函数.

2. 反函数和复合函数

作为逆映射的特例, 有以下反函数的概念.

定义1.6 设函数f: $D\to f(D)$是单射, 则它存在逆映射f^{-1}: $f(D)\to D$, 称为函数f的反函数.

按此定义, 对每个$y\in f(D)$, 有唯一的$x\in D$, 使得$f(x)=y$, 于是有$f^{-1}(y)=x$. 这就是说, 反函数f^{-1}的对应法则是完全由函数f的对应法则所确定的.

一般地, $y=f(x)$, $x\in D$的反函数记作$y=f^{-1}(x)$, $x\in f(D)$.

若f是定义在D上的单调函数, 则f: $D\to f(D)$是单射, 于是f的反函数f^{-1}必定存在, 而且容易证明f^{-1}也是$f(D)$上的单调函数.

相对于反函数 $y=f^{-1}(x)$ 来说，原来的函数 $y=f(x)$ 称为直接函数. 把函数 $y=f(x)$ 和它的反函数 $y=f^{-1}(x)$ 的图形画在同一坐标平面上，这两个图形关于直线 $y=x$ 是对称的. 这是因为，如果 $P(a, b)$ 是 $y=f(x)$ 上的点，则有 $b=f(a)$. 按反函数的定义，有 $a=f^{-1}(b)$，故 $Q(b, a)$ 是 $y=f^{-1}(x)$ 上的点. 反之，若 $Q(b, a)$ 是 $y=f^{-1}(x)$ 上的点，则 $P(a, b)$ 是 $y=f(x)$ 上的点. 而 $P(a, b)$ 与 $Q(b, a)$ 是关于直线 $y=x$ 对称的.

例如，对数函数 $y=\log_a x\ (a>1)$ 与指数函数 $y=a^x\ (a>1)$ 的图形如图 1-23 所示.

复合函数是复合映射的一种特例，按照通常函数的记号，复合函数可以定义如下.

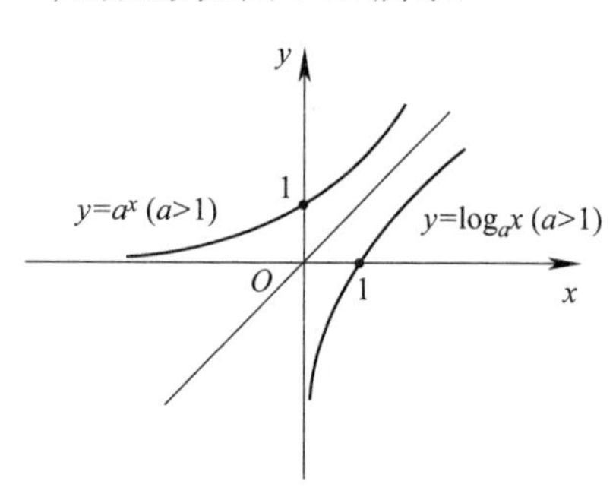

图 1-23

定义 1.7 设函数 $y=f(u)$ 的定义域为 D_1，函数 $u=g(x)$ 在 D 上有定义且 $R_g\subset D_1$，则函数 $y=f[g(x)]$，$x\in D$ 称为由函数 $u=g(x)$ 和函数 $y=f(u)$ 构成的复合函数，它的定义域为 D，变量 u 称为中间变量.

函数 g 与函数 f 构成的复合函数通常记为 $f\circ g$，即 $(f\circ g)=f[g(x)]$.

与复合映射一样，g 与 f 构成的复合函数 $f\circ g$ 的条件是函数 g 在 D 上的值域 R_g 必须含在 f 的定义域 D_f 内，即 $R_g\subset D_f$. 否则，不能构成复合函数.

例如，$y=f(u)=\arcsin u$ 的定义域为 $[-1, 1]$，$u=g(x)=2\sqrt{1-x^2}$ 在 $D=\left[-1, -\frac{\sqrt{3}}{2}\right]\cup\left[\frac{\sqrt{3}}{2}, 1\right]$ 上有定义，且 $R_g\subset[-1, 1]$，则 g 与 f 可构成复合函数

$$y=\arcsin 2\sqrt{1-x^2},\ x\in D$$

但函数 $y=\arcsin u$ 和函数 $u=2+x^2$ 不能构成复合函数，因为对任意 $x\in\mathbf{R}$，$u=2+x^2$ 均不在 $y=\arcsin u$ 的定义域 $[-1, 1]$ 内.

3. 初等函数

定义 1.8 由常数和基本初等函数经过有限次四则运算和有限次函数复合所构成并能用一个数学解析式表示的函数，称为初等函数. 例如，$y=\sqrt{1-x^2}$，$y=\sin^2 x$，$y=\sqrt{\cot\frac{x}{2}}$ 都是初等函数. 本书中所讨论的函数绝大多数都是初等函数.

注意 一般地，分段函数不是初等函数.

习题 1.3

基础题

1. 写出由下列函数构成的复合函数：

(1) $y=\sqrt{u}$，$u=\sin x$；　　(2) $y=u^2$，$u=\cos v$，$v=2x$；

(3) $y=\ln u$，$u=3+x^2$；　　(4) $y=e^u$，$u=x^2$.

2. 分解下列复合函数：

(1) $y=e^{-x^2}$；　　(2) $y=2\sqrt{\sin x^2}$；

(3) $y=\ln^2[\cos(x-1)]$.

3. 求函数 $y=\sqrt{2-x}+\lg x$ 的定义域.

提高题

1. 已知$f(x)$的定义域为$[-2, 2]$，则$f(x^2-1)$的定义域是________.

2. 设 $g(x)=\begin{cases} e^x & x\leqslant 0 \\ \ln x & x>0 \end{cases}$，则 $g\left[g\left(\frac{1}{2}\right)\right]=$________.

3. 设 $g(x-1)=2x^2-3x-1$，

(1)求 a，b，c 的值，使 $g(x-1)=a(x-1)^2+b(x-1)+c$；

(2)求 $g(x+2)$的表达式.

1.4　数学模型举例

例 1-7　一辆汽车在十字路口等候绿灯，当绿灯亮时汽车以3m/s^2的加速度开始行驶. 恰在这时一辆自行车以 6m/s 的速度匀速驶来，从后边赶过汽车. 汽车从路口开动后，在追上自行车之前过多长时间两车相距最远？此时距离是多少？

解　经过时间 t 后，自行车做匀速运动，其位移为

$$s_1=vt$$

汽车做匀加速运动，其位移为

$$s_2=\frac{1}{2}at^2$$

两车相距为

$$\Delta s=s_1-s_2=vt-\frac{1}{2}at^2=6t-\frac{3}{2}t^2$$

这是一个关于 t 的二次函数，因二次项系数为负值，故 Δs 有最大值. 当 $t=\frac{-6}{2\times(-3/2)}=2(\text{s})$时，$\Delta s$ 有最大值，且

$$\Delta s_{\max}=\frac{0-6^2}{4\times(-3/2)}=6(\text{m})$$

说明　(1)对于典型的二次函数 $y=ax^2+bx+c$，若 $a>0$，则当 $x=-\frac{b}{2a}$时，y 有最小值 $y_{\min}=\frac{4ac-b^2}{4a}$；若 $a<0$，则当 $x=-\frac{b}{2a}$时，y 有最大值 $y_{\max}=\frac{4ac-b^2}{4a}$.

(2)对于一元二次方程 $ax^2+bx+c=0$ $(a\neq 0)$有解的充要条件是 $\Delta\geqslant 0$；极值为$\frac{b^2-4ac}{4a}$.

对于例 1-7，可以转化为二次方程求解：

将 $\Delta s=s_1-s_2=6t-\frac{3}{2}t^2$转化为一元二次方程

$$-3t^2+12t-2\Delta s=0$$

要使方程有解，必使判别式

$$\Delta=b^2-4ac=12^2-4\times(-3)\times(-2\Delta s)\geqslant 0$$

解不等式得 $\Delta s \leqslant 6$，即最大值为 6m.

例 1-8 如图 1-24 所示，底边恒定为 b，当斜面与底边所成夹角 θ 为多大时，物体沿此光滑斜面由静止从顶端滑到底端所用时间最短？

分析 此题的关键是找出物体从斜面顶端滑至底端所用时间与夹角的关系式，这是一道运动学和动力学的综合题，应根据运动学和动力学的有关知识列出物理方程.

解 设斜面倾角为 θ 时，斜面长为 s，由图中物体受力分析可知

$$s=\frac{b}{\cos\theta} \tag{1}$$

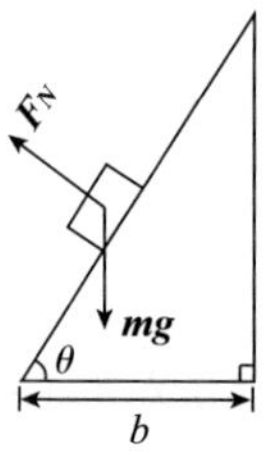

由匀变速运动规律，得

$$s=\frac{1}{2}at^2 \tag{2}$$

由牛顿第二定律，得

$$mg\sin\theta=ma \tag{3}$$

图 1-24

联立式(1)~式(3)，解得

$$t=\sqrt{\frac{2s}{a}}=\sqrt{\frac{2b}{g\sin\theta\cos\theta}}=\sqrt{\frac{4b}{g\sin2\theta}}$$

可见，在 $0°\leqslant\theta\leqslant90°$ 内，当 $2\theta=90°$ 时，$\sin2\theta$ 有最大值，t 有最小值. 即当 $\theta=45°$ 时，有最短时间为

$$t_{\min}=\sqrt{\frac{4b}{g}}$$

说明 $y=\sin x$ 的值域是 $[-1, 1]$，当 $x=2k\pi+\frac{\pi}{2}$，$k\in\mathbf{Z}$ 时有最大值 1.

复习题 1

1. 选择题

(1) 下列函数中，不是奇函数的是(　　).

A. $y=\tan x+x$　　B. $y=x$

C. $y=(x+1)(x-1)$　　D. $y=\frac{2\sin^2 x}{x}$

(2) 下列各组中，函数 $f(x)$ 与 $g(x)$ 一样的是(　　).

A. $f(x)=x$，$g(x)=\sqrt[3]{x^3}$　　B. $f(x)=1$，$g(x)=\sec^2 x-\tan^2 x$

C. $f(x)=x-1$，$g(x)=\frac{x^2-1}{x+1}$　　D. $f(x)=2\ln x$，$g(x)=\ln x^2$

(3) 下列函数中，在定义域内单调增加且有界的是(　　).

A. $y=x+\arctan x$　　B. $y=\cos x$

C. $y=\arcsin x$　　D. $y=x\sin x$

(4) 下列函数中，定义域是 $[-\infty, +\infty]$，且单调递增的是(　　).

A. $y=\arcsin x$　　B. $y=\arccos x$　　C. $y=\arctan x$　　D. $y=\mathrm{arccot} x$

(5) 函数 $y=\arctan x$ 的定义域是(　　).

A. $(0,\pi)$　B. $(-\frac{\pi}{2},\frac{\pi}{2})$　C. $[-\frac{\pi}{2},\frac{\pi}{2}]$　D. $(-\infty,+\infty)$

(6)下列函数中，定义域为$[-1,1]$，且单调减少的是(　　).

A. $y=\arcsin x$　B. $y=\arccos x$　C. $y=\arctan x$　D. $y=\mathrm{arccot}x$

(7)函数 $y=\arcsin(x+1)$ 的定义域是(　　).

A. $(-\infty,+\infty)$　B. $[-1,1]$

C. $(-\pi,\pi)$　D. $[-2,0]$

(8)下列各组函数中，相同的是(　　).

A. $f(x)=\ln x^2$ 和 $g(x)=2\ln x$　B. $f(x)=|x|$ 和 $g(x)=\sqrt{x^2}$

C. $f(x)=x$ 和 $g(x)=(\sqrt{x})^2$　D. $f(x)=\sin x$ 和 $g(x)=\arcsin x$

(9)下列函数中，在其定义域内单调增加的是(　　).

A. $f(x)=\cos x$　B. $f(x)=\arccos x$　C. $f(x)=\tan x$　D. $f(x)=\arctan x$

(10)反正切函数 $y=\arctan x$ 的定义域是(　　).

A. $\left(-\frac{\pi}{2},\frac{\pi}{2}\right)$　B. $(0,\pi)$　C. $(-\infty,+\infty)$　D. $[-1,1]$

(11)下列函数是奇函数的是(　　).

A. $y=x\arcsin x$　B. $y=x\arccos x$　C. $y=x\,\mathrm{arccot}x$　D. $y=x^2\arctan x$

(12)函数 $y=\sqrt[5]{\ln\sin^3x}$的复合过程为(　　).

A. $y=\sqrt[5]{u}$，$u=\ln v$，$v=w^3$，$w=\sin x$　B. $y=\sqrt[5]{u^3}$，$u=\ln\sin x$

C. $y=\sqrt[5]{\ln u^3}$，$u=\sin x$　D. $y=\sqrt[5]{u}$，$u=\ln v^3$，$v=\sin x$

2. 填空题

(1)函数$f(x)=\sqrt{x+2}+\arcsin\frac{x+1}{3}$的定义域为________.

(2)函数 $y=\ln(x+2)+\arcsin x$ 的定义域为________.

(3)设$f(x)=3^x$，$g(x)=x\sin x$，则 $g[f(x)]=$________.

(4)设$f(x)=x^2$，$g(x)=x\ln x$，则$f[g(x)]=$________.

(5)函数 $y=\sin^2(3x+1)$是由________________复合而成.

阅读材料

函数概念的发展史

1. 早期函数概念——几何观念下的函数

17世纪，伽利略(Galileo，1564—1642)在《两门新科学》一书中首次提到了“变量关系”这一概念，用文字和比例的语言表达函数的关系. 1637年前后，笛卡儿(Descartes，1596—1650)在他的《几何学》中已注意到一个变量对另一个变量的依赖关系，但因当时尚未意识到要提炼函数概念，因此直到17世纪后期牛顿、莱布尼茨建立微积分时还没有人明确函数的一般意义，大部分函数是被当作曲线来研究的.

1673年，莱布尼茨(Leibniz，1646—1716)首次使用“function”表示“幂”，后来他用该词

表示曲线上点的横坐标、纵坐标、切线长等有关几何量. 与此同时，牛顿(Newton，1643—1727)在微积分的讨论中，使用“流量”来表示变量间的关系.

2. 18世纪函数概念——代数观念下的函数

1718年，约翰·伯努利(Bernoulli Johann，1667—1748)在莱布尼茨函数概念的基础上对函数概念进行了定义：“由任一变量和常数的任一形式所构成的量.”意思是凡变量 x 和常量构成的式子都叫作 x 的函数，并强调函数要用公式来表示.

1755年，欧拉(Euler，1707—1783)把函数定义为“如果某些变量，以某一种方式依赖于另一些变量，即当后面这些变量变化时，前面这些变量也随着变化，我们把前面的变量称为后面变量的函数.”

18世纪中叶欧拉给出了函数的定义：“一个变量的函数是由这个变量和一些数即常数以任何方式组成的解析表达式.”他把约翰·伯努利给出的函数定义称为解析函数，并进一步把它区分为代数函数和超越函数，还考虑了“随意函数”. 不难看出，欧拉给出的函数定义比约翰·伯努利给出的定义更普遍、更具有广泛意义.

3. 19世纪函数概念——对应关系下的函数

1821年，柯西(Cauchy，1789—1857)从定义变量起给出了函数的定义：“在某些变数间存在着一定的关系，当一经给定其中某一变数的值，其他变数的值可随着而确定时，则将最初的变数叫作自变量，其他各变数叫作函数.”在柯西的定义中，首先出现了自变量一词，同时指出对函数来说不一定要有解析表达式. 不过他仍然认为函数关系可以用多个解析式来表示，这是一个很大的局限.

1822年，傅里叶(Fourier，1768—1830)发现某些函数可用一个式子表示，也可用多个式子表示，从而结束了函数概念是否以唯一一个式子表示的争论，把对函数的认识又推进了一个新层次.

1837年，狄利克雷(Dirichlet，1805—1859)突破了这一局限，认为怎样去建立 x 与 y 之间的关系无关紧要. 他拓广了函数概念，指出：“对于在某区间上的每一个确定的 x 值，y 都有一个或多个确定的值，那么 y 叫作 x 的函数.”这个定义避免了函数定义中对依赖关系的描述，以清晰的方式被所有数学家接受. 这就是人们常说的经典函数定义.

等到康托尔(Cantor，1845—1918)创立的集合论在数学中占有重要地位之后，维布伦(Veblen，1880—1960)用“集合”和“对应”的概念给出了近代函数定义，通过集合概念把函数的对应关系、定义域及值域进一步具体化了，且打破了“变量是数”的极限——变量可以是数，也可以是其他对象.

4. 现代函数概念——集合论下的函数

1914年，豪斯道夫(Hausdorff，1868—1942)在《集合论纲要》中用不明确的概念“序偶”来定义函数，避开了意义不明确的“变量”“对应”概念. 库拉托夫斯基(Kuratowski，1896—1980)于1921年用集合概念来定义“序偶”使豪斯道夫的定义更为严谨.

1930年新的现代函数定义为“若对集合 M 中的任意元素 x，总有集合 N 中确定的元素 y 与之对应，则称在集合 M 上定义一个函数，记为 $y=f(x)$. 元素 x 称为自变元，元素 y 称为因变元.”

术语函数、映射、对应、变换通常都有同一个意思，但函数只表示数与数之间的对应关系，映射还可表示点与点之间、图形之间等的对应关系. 可以说函数包含于映射.

第 2 章　极限与连续

极限理论和方法是微积分的思想基础和重要工具，是准确定义导数、微分、积分、收敛等概念的基础概念，也是联系“有限”和“无限”问题的桥梁. 本章介绍极限的概念、性质、计算方法和函数的连续性及其一些性质，为进一步学习奠定基础.

2.1　极限的概念

2.1.1　数列的极限

例 2-1　观察下列各数列的变化(图 2-1)：

(1) $x_n=\frac{1}{n}$：$1,\ \frac{1}{2},\ \frac{1}{3},\ \cdots,\ \frac{1}{n},\ \cdots$

(2) $x_n=\left(-\frac{1}{2}\right)^n$：$-\frac{1}{2},\ \frac{1}{4},\ -\frac{1}{8},\ \cdots,\ \left(-\frac{1}{2}\right)^n,\ \cdots$

(3) $x_n=(-1)^n$：$-1,\ 1,\ -1,\ \cdots,\ (-1)^n,\ \cdots$

(4) $x_n=n$：$1,\ 2,\ 3,\ \cdots,\ n,\ \cdots$

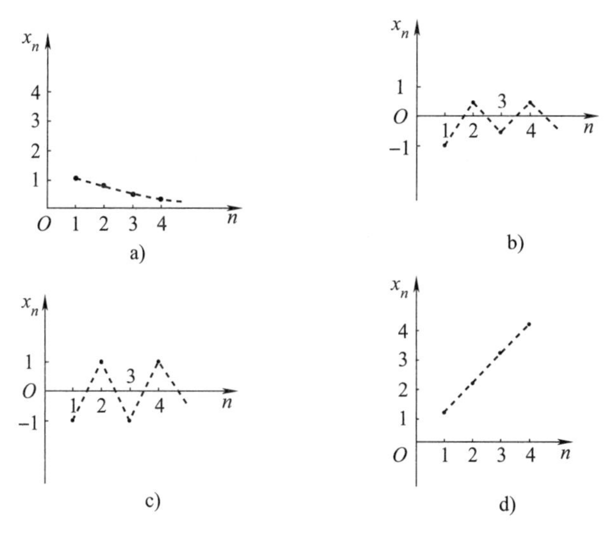

图　2-1

从图中可以看出，随着项数 n 无限增大，数列 $x_n=\frac{1}{n}$无限接近于 0，数列 $x_n=\left(-\frac{1}{2}\right)^n$ 从正负两个方向无限接近于 0，数列 $x_n=(-1)^n$ 在 -1 和 1 两个数之间来回振荡，数列 $x_n=n$ 无限增大.

易知，随着数列的项数 n 无限增大，数列的通项 x_n 的变化趋势有两种不同的情形，或者 x_n 与某个确定的常数 a 无限接近，或者不存在这样的常数，即 x_n 不与任何常数无限接近. 对数列的这种变化特点，抽象为数列极限的描述性定义如下.

定义 2.1 设有数列$\{x_n\}$，若当 n 无限增大时，x_n 无限接近于一个确定的常数 A，则称 A 为数列$\{x_n\}$的极限，记作

$$\lim_{n\to\infty} x_n = A \quad 或 \quad x_n \to A \ (n\to\infty)$$

亦称数列$\{x_n\}$收敛于 A，也称$\{x_n\}$为收敛数列，否则就称数列$\{x_n\}$发散，也称$\{x_n\}$为发散数列.

按定义 2.1，例 2-1 中的数列 $x_n = \frac{1}{n}$为收敛数列，且$\lim\limits_{n\to\infty}\frac{1}{n}=0$；$x_n = \left(-\frac{1}{2}\right)^n$ 收敛于 0，即$\lim\limits_{n\to\infty}\left(-\frac{1}{2}\right)^n = 0$；而数列 $x_n = (-1)^n$ 和 $x_n = n$ 均为发散数列.

2.1.2 函数的极限

1. 当 $x\to\infty$ 时，函数 $f(x)$ 的极限

观察函数$f(x)=\frac{1}{x}$当 $x\to\infty$ 时的变化趋势可以看出，无论 x 取正值或负值，只要 x 的绝对值$|x|$趋于无穷大时，函数$f(x)=\frac{1}{x}$均无限接近于确定的常数 0，如图 2-2 所示.

定义 2.2 如果当自变量 x 的绝对值无限增大时，函数$f(x)$无限接近于一个确定的常数 A，则称当 x 趋于无穷(记作 $x\to\infty$)时，函数$f(x)$以 A 为极限，记作

$$\lim_{x\to\infty} f(x) = A \quad 或 \quad f(x)\to A \ (x\to\infty)$$

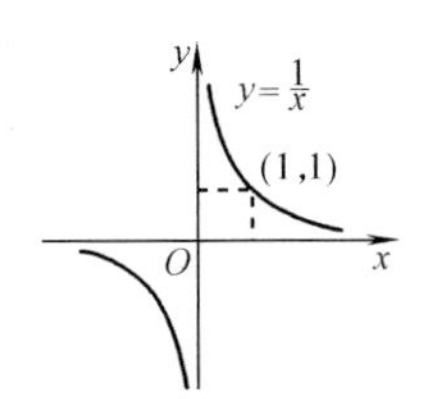

图 2-2

如果 $x>0$，且 x 无限增大(记作 $x\to+\infty$)，$f(x)$无限接近于一个确定的常数 A，则称当 x 趋于正无穷大时，函数$f(x)$以 A 为极限，记作

$$\lim_{x\to+\infty} f(x) = A \quad 或 \quad f(x)\to A \ (x\to+\infty)$$

如果 $x<0$，且$|x|$无限增大(记作 $x\to-\infty$)，$f(x)$无限接近于一个确定的常数 A，则称当 x 趋于负无穷大时，函数$f(x)$以 A 为极限，记作

$$\lim_{x\to-\infty} f(x) = A \quad 或 \quad f(x)\to A \ (x\to-\infty)$$

例 2-2 考察下列函数的图形(图 2-3)，并指出当 $x\to\infty$，$x\to+\infty$ 和 $x\to-\infty$ 时的极限：

(1) $y=e^x$； (2) $y=\arctan x$； (3) $y=\frac{\sin x}{x}$.

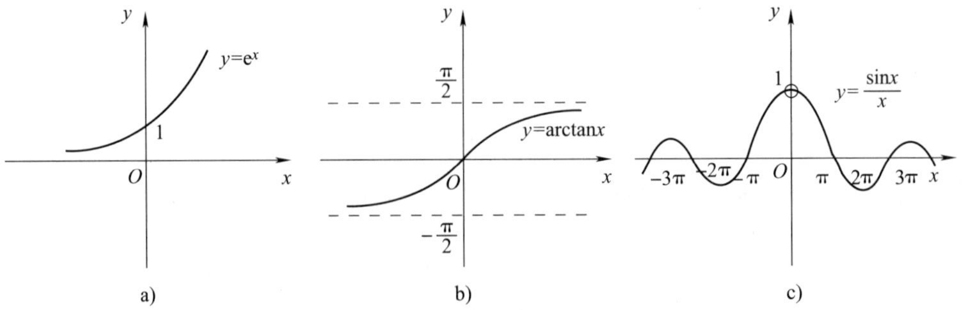

a) b) c)

图 2-3

解　(1)观察 $y=e^x$ 的图形(图 2-3a)可知，当 $x\to-\infty$ 时，e^x 无限接近于 0，所以 $\lim\limits_{x\to-\infty}e^x=0$；当 $x\to+\infty$ 时，e^x 不能无限接近于某个确定的常数，所以 $\lim\limits_{x\to+\infty}e^x$ 不存在，亦记作 $\lim\limits_{x\to+\infty}e^x=+\infty$；而当 $x\to\infty$ 时，e^x 无法接近于某个确定的常数，所以 $\lim\limits_{x\to\infty}e^x$ 不存在.

(2)观察 $y=\arctan x$ 的图形(图 2-3b)可知，当 $x\to-\infty$ 时，$\arctan x$ 无限接近于 $-\dfrac{\pi}{2}$，所以 $\lim\limits_{x\to-\infty}\arctan x=-\dfrac{\pi}{2}$；当 $x\to+\infty$ 时，$\arctan x$ 无限接近于 $\dfrac{\pi}{2}$，所以 $\lim\limits_{x\to+\infty}\arctan x=\dfrac{\pi}{2}$；而当 $x\to\infty$ 时，$\arctan x$ 不能无限接近于某个确定的常数，所以 $\lim\limits_{x\to\infty}\arctan x$ 不存在.

(3)观察 $y=\dfrac{\sin x}{x}$ 的图形(图 2-3c)可知，当 $x\to+\infty$ 时，$\dfrac{\sin x}{x}$ 与常数 0 无限靠近，所以 $\lim\limits_{x\to+\infty}\dfrac{\sin x}{x}=0$；而函数 $y=\dfrac{\sin x}{x}$ 为偶函数，所以 $\lim\limits_{x\to-\infty}\dfrac{\sin x}{x}=0$，故有 $\lim\limits_{x\to\infty}\dfrac{\sin x}{x}=0$.

由例 2-2 可得如下定理：

定理 2.1　当 $x\to\infty$ 时，函数 $f(x)$ 有极限的充要条件是函数 $f(x)$ 当 $x\to-\infty$ 和当 $x\to+\infty$ 时的极限存在，且都为 A. 即

$$\lim_{x\to\infty}f(x)=A\Leftrightarrow\lim_{x\to-\infty}f(x),\ \lim_{x\to+\infty}f(x)\text{均存在，且}\lim_{x\to-\infty}f(x)=\lim_{x\to+\infty}f(x)=A$$

2. 当 $x\to x_0$ 时，函数 $f(x)$ 的极限

定义 2.3　实数集 $\{x\mid |x-x_0|<\delta,\ \delta>0\}$ 称为点 x_0 的 δ 邻域，记作 $U(x_0,\delta)$，其中 x_0 称为邻域的中心，δ 称为邻域的半径，如图 2-4 所示.

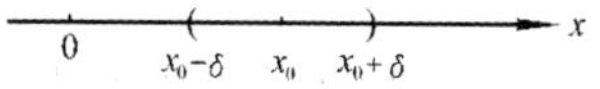

图　2-4

记 $\mathring{U}(x_0,\delta)=U(x_0,\delta)-\{x_0\}$，称为点 x_0 的 δ 去心邻域.

例 2-3　考察当 $x\to1$ 时，函数 $f(x)=\dfrac{x^2-1}{x-1}$ 的变化趋势.

解　如图 2-5 所示，函数 $f(x)$ 在 $x=1$ 处无意义，但不管 x 从 $x=1$ 的左边还是从 $x=1$ 的右边无限接近于 1 时(但不等于 1)，$f(x)=\dfrac{x^2-1}{x-1}$ 的值都无限接近于 2. 此时称当 $x\to1$ 时，函数 $f(x)=\dfrac{x^2-1}{x-1}$ 以 2 为极限.

定义 2.4　设函数在点 x_0 的某个去心邻域 $\mathring{U}(x_0,\delta)$ 内有定义，如果当 x 无限接近于 x_0 时，函数 $f(x)$ 无限接近于一个确定的常数 A，则称当 $x\to x_0$ 时，函数 $f(x)$ 以 A 为极限，记作

$$\lim_{x\to x_0}f(x)=A\quad\text{或}\quad f(x)\to A(x\to x_0)$$

由图 2-5 可知，$\lim\limits_{x\to1}\dfrac{x^2-1}{x-1}=2$.

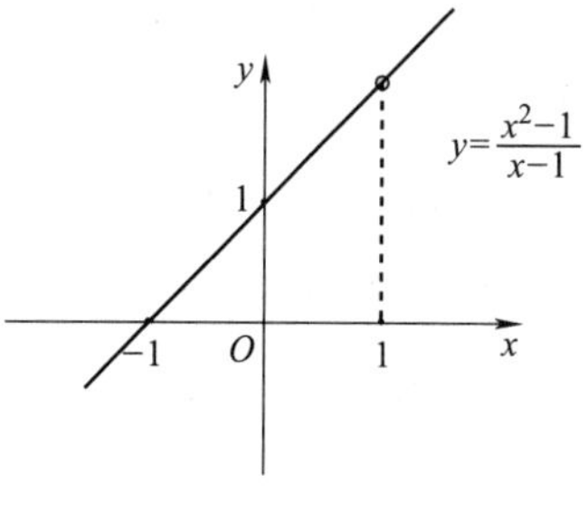

图　2-5

从定义 2.4 可知：

1) $x\to x_0$ 表示 $x\in\mathring{U}(x_0,\delta)$，即 $x\neq x_0$，x 无限接近 x_0，所以，当 $x\to x_0$ 时，$f(x)$ 的极限是否存在与 $f(x)$ 在点 x_0 是否有意义没有联系.

2)$x \to x_0$ 的方式是任意的，既从 x_0 左侧趋于 x_0，也从 x_0 的右侧趋于 x_0，还可以任何方式趋于 x_0. 将 x 仅从 x_0 的左侧趋于 x_0，记作 $x \to x_0^-$，x 仅从 x_0 的右侧趋于 x_0，记作 $x \to x_0^+$.

当 x 仅从 x_0 的左侧趋于 x_0 时，函数 $f(x)$ 无限接近于确定的常数 A，则称 A 为 $f(x)$ 在点 x_0 处的左极限，记作

$$\lim_{x \to x_0^-} f(x) = A \quad 或 \quad f(x_0^-) = A$$

类似地，当 x 仅从 x_0 的右侧趋于 x_0 时，函数 $f(x)$ 无限接近于确定的常数 A，则称 A 为 $f(x)$ 在点 x_0 处的右极限，记作

$$\lim_{x \to x_0^+} f(x) = A \quad 或 \quad f(x_0^+) = A$$

左、右极限统称为单侧极限.

根据当 $x \to x_0$ 时函数 $f(x)$ 的极限定义，易证如下定理：

定理 2.2 函数 $f(x)$ 当 $x \to x_0$ 时极限存在的充要条件是左、右极限都存在且相等，即

$$\lim_{x \to x_0} f(x) = A \Leftrightarrow \lim_{x \to x_0^-} f(x) = \lim_{x \to x_0^+} f(x) = A$$

例 2-4 设 $f(x) = \begin{cases} x^2 & x \geqslant 0 \\ x+1 & x < 0 \end{cases}$，证明：当 $x \to 0$ 时，$f(x)$ 的极限不存在.

证 $\lim\limits_{x \to 0^-} f(x) = \lim\limits_{x \to 0^-} (x+1) = 1$，$\lim\limits_{x \to 0^+} f(x) = \lim\limits_{x \to 0^+} x^2 = 0$

左、右极限虽然都存在，但不相等，所以 $\lim\limits_{x \to 0} f(x)$ 不存在.

3. 函数极限的性质

由于自变量 x 的变化过程有各种不同的形式，如 $x \to x_0$，$x \to \infty$ 等，下面仅以 $\lim\limits_{x \to x_0} f(x)$ 这种形式给出函数极限性质的一些定理.

定理 2.3 （唯一性）如果 $\lim\limits_{x \to x_0} f(x)$ 存在，则该极限唯一.

定理 2.4 （有界性）如果 $\lim\limits_{x \to x_0} f(x)$ 存在，则存在 $\mathring{U}(x_0, \delta)$，$f(x)$ 在其内有界.

定理 2.5 （局部保号性）如果 $\lim\limits_{x \to x_0} f(x) = A$，且 $A > 0$（或 $A < 0$），则存在 $\mathring{U}(x_0, \delta)$，当 $x \in \mathring{U}(x_0, \delta)$ 时，有 $f(x) > 0$（或 $f(x) < 0$）.

定理 2.6 （保号性）如果 $x \in \mathring{U}(x_0, \delta)$，有 $f(x) \geqslant 0$（或 $f(x) \leqslant 0$），且 $\lim\limits_{x \to x_0} f(x) = A$，则 $A \geqslant 0$（或 $A \leqslant 0$）.

定理 2.7 （夹逼原理）如果 $x \in \mathring{U}(x_0, \delta)$ 时，有 $g(x) \leqslant f(x) \leqslant h(x)$，且 $\lim\limits_{x \to x_0} g(x) = \lim\limits_{x \to x_0} h(x) = A$，则 $\lim\limits_{x \to x_0} f(x) = A$.

对于数列的极限，也有完全类似的夹逼原理.

例 2-5 用夹逼原理求 $\lim\limits_{n \to \infty} \dfrac{2 + (-1)^n}{n}$.

解 因为 n 为自然数，对任意的 n，有 $\dfrac{1}{n} \leqslant \dfrac{2 + (-1)^n}{n} \leqslant \dfrac{3}{n}$，且 $\lim\limits_{n \to \infty} \dfrac{1}{n} = \lim\limits_{n \to \infty} \dfrac{3}{n} = 0$，所以

$$\lim_{n \to \infty} \frac{2 + (-1)^n}{n} = 0$$

习题 2.1

基础题

1. 观察下列数列$\{x_n\}$的变化趋势，若数列收敛，写出其极限：

(1)$\left\{\frac{1}{2^n}\right\}$；　(2)$\left\{\frac{(-1)^n}{n^2}\right\}$；　(3)$\left\{\frac{n+2}{n+1}\right\}$；　(4)$\left\{\frac{1}{2}[1+(-1)^n]\right\}$；

(5)$\{\sqrt{n}\}$；　(6)$\left\{\frac{3^n-1}{5^n}\right\}$；　(7)$\{(-1)^n 2^n\}$；　(8)$\{\sin n\}$.

2. 画出下列函数的图形，并考察当$x\to 0$时，函数的极限是否存在：

(1)$f(x)=\begin{cases}x+1 & x<0\\ 2x-1 & x\geqslant 0\end{cases}$；　(2)$f(x)=\begin{cases}e^x & x<0\\ x^2+x+1 & x\geqslant 0\end{cases}$；

(3)$f(x)=\begin{cases}1-\cos x & x\leqslant 0\\ \sqrt{x} & x>0\end{cases}$；　(4)$f(x)=\begin{cases}\arctan x & x\leqslant 0\\ \ln(x+1) & x>0\end{cases}$.

3. 设函数$f(x)=\begin{cases}x+4 & x\leqslant 1\\ 2x+3 & x>1\end{cases}$，则$\lim\limits_{x\to 1}f(x)$是否存在？若存在，求$\lim\limits_{x\to 1}f(x)$.

4. 设函数$f(x)=\begin{cases}a+\sin x & x\geqslant 0\\ 6-x^3 & x<0\end{cases}$，且$\lim\limits_{x\to 0}f(x)$存在，求常数$a$.

提高题

1. 试做出函数$f(x)=\frac{x}{x}$，$g(x)=\frac{|x|}{x}$的图形，并讨论极限$\lim\limits_{x\to 0}f(x)$，$\lim\limits_{x\to 0}g(x)$的存在性.

2. 等比数列$x_n=aq^n\,(a\neq 0)$，讨论$\lim\limits_{n\to\infty}x_n$的存在性.

3. 试用夹逼原理证明下列极限：

(1)$\lim\limits_{x\to 0}x\sin\frac{1}{x}=0$；　(2)$\lim\limits_{x\to+\infty}\frac{\sin^2 x}{\sqrt{x}}=0$；　(3)$\lim\limits_{n\to\infty}\sqrt{1+\frac{1}{n}}=1$；

(4)$\lim\limits_{n\to\infty}n\left(\frac{1}{n^2+1}+\frac{1}{n^2+2}+\cdots+\frac{1}{n^2+n}\right)=1$；　(5)$\lim\limits_{n\to\infty}\sqrt[n]{1^n+2^n+3^n}=3$.

2.2　无穷小与无穷大

在研究变量的极限时，常遇到以零为极限的问题，使用无穷小和无穷大的方法来处理这类问题较方便.

2.2.1　无穷小

定义 2.5　在某一变化过程中，极限为零的量称为无穷小量，简称无穷小.

例如，当$x\to 0$时，x^2，$\ln(1+x)$，$\sin x$都是无穷小；当$x\to 1$时，x^2-1，$\sin(x-1)$亦是无穷小.

注意　1)绝对值很小的数，不是无穷小．如10^{-2017}虽然非常小，但它的极限不是零，所以不是无穷小；

2）在任何变化过程中，数 0 是无穷小.

定理 2.8 有限个无穷小的和、差、积仍为无穷小.

定理 2.9 有界函数与无穷小的乘积仍为无穷小.

特别地，常数与无穷小的乘积是无穷小.

例 2-6 求$\lim\limits_{x\to0}x\sin\dfrac{1}{x}$.

解 因为$\left|\sin\dfrac{1}{x}\right|\leqslant1$，即 $\sin\dfrac{1}{x}$是有界函数，当 $x\to0$ 时，x 是无穷小，据定理 2.9，当 $x\to0$ 时，乘积 $x\sin\dfrac{1}{x}$仍为无穷小，即

$$\lim_{x\to0}x\sin\frac{1}{x}=0$$

定理 2.10 （极限与无穷小的关系）极限$\lim\limits_{x\to x_0}f(x)=A$ 的充要条件是$f(x)=A+\alpha(x)$，其中 $\alpha(x)$是当 $x\to x_0$ 时的无穷小.

定理 2.10 中的自变量 x 的变化过程换成其他任一种情形（如 $x\to\infty$，$x\to x_0^+$ 等），该定理仍然成立.

例 2-7 当 $x\to\infty$ 时，将函数$f(x)=\dfrac{x+1}{x}$写成其极限值与一个无穷小之和.

解 因为$\lim\limits_{x\to\infty}f(x)=\lim\limits_{x\to\infty}\dfrac{x+1}{x}=\lim\limits_{x\to\infty}\left(1+\dfrac{1}{x}\right)=1$，所以$f(x)=1+\dfrac{1}{x}$，其中 $\alpha(x)=\dfrac{1}{x}$是当 $x\to\infty$ 时的无穷小.

2.2.2 无穷大

定义 2.6 在某一变化过程中，绝对值无限增大的变量称为无穷大量，简称无穷大，记作

$$\lim_{x\to x_0}f(x)=\infty \quad 或 \quad f(x)\to\infty\ (x\to x_0)$$

例如，

$$\lim_{x\to1}\frac{1}{1-x}=\infty,\ \lim_{x\to+\infty}e^x=\infty,\ \lim_{x\to0^+}\ln x=\infty,\ \lim_{n\to\infty}\frac{n^2+1}{n+1}=\infty$$

注意 1）无穷大不是数，不能与大数混淆，如$10^{2017000}$不是无穷大；

2）函数$f(x)$在 x_0 的任何邻域内无界，当 $x\to x_0$ 时，$f(x)$不一定是无穷大.

无穷大与无穷小之间的关系是简明的，即有如下定理：

定理 2.11 在自变量的某一变化过程中，如果$f(x)$为无穷大，则$\dfrac{1}{f(x)}$为无穷小；如果 $g(x)$为无穷小，且 $g(x)\neq0$，则$\dfrac{1}{g(x)}$为无穷大.

习题 2.2

基础题

1. 考察下列函数，当 $x\to0$ 时，哪些是无穷小：

(1) $f(x)=x^2+1$；　(2) $f(x)=\sin x$；　(3) $f(x)=e^x-1$；

(4) $f(x)=\ln(1+x)$；　(5) $f(x)=1-\cos x$；　(6) $f(x)=\sqrt{1+x}-1$.

2. 考察下列函数，当 $x\to0$ 时，哪些是无穷大：

(1) $f(x)=\dfrac{1}{x}$；　(2) $f(x)=e^x$；　(3) $f(x)=x\sin x$；

(4) $f(x)=\cot x$；　(5) $f(x)=\arctan x$；　(6) $f(x)=e^{\frac{1}{x^2}}$.

3. 考察下列函数，当 $x\to+\infty$ 时，哪些是无穷小：

(1) $f(x)=\dfrac{1}{\sqrt{x}}$；　(2) $f(x)=2^x$；　(3) $f(x)=\ln x$；　(4) $f(x)=\dfrac{\arctan x}{x}$.

4. 考察下列数列，当 $n\to\infty$ 时，哪些是无穷小：

(1) $x_n=\dfrac{1}{\sqrt{n^2+1}}$；　(2) $x_n=\dfrac{(-1)^n+1}{2}$；

(3) $x_n=(-1)^n\dfrac{1}{2^n}$；　(4) $x_n=\dfrac{2}{n^2+3}$.

5. 求下列极限：

(1) $\lim\limits_{x\to\infty}\dfrac{\sin x}{x}$；　(2) $\lim\limits_{n\to\infty}\dfrac{\cos n}{n}$；　(3) $\lim\limits_{x\to0}\dfrac{x}{0.01}$；　(4) $\lim\limits_{x\to\infty}e^{-x^2}$.

提高题

1. 两个无穷小的和是否一定是无穷小？举例说明.

2. 两个无穷大的和是否一定是无穷大？举例说明.

3. 考察函数 $f(x)=x\cos x$，

(1) $f(x)$ 在 $(-\infty,+\infty)$ 内是否有界？为什么？

(2) 当 $x\to+\infty$ 时，$f(x)$ 是否为无穷大？为什么？

2.3　极限代数运算法则

本节讨论极限的代数运算和直接求极限的方法.

定理 2.12　如果在同一极限过程中，设 $\lim f(x)=A$，$\lim g(x)=B$，则

1) $\lim[f(x)\pm g(x)]=\lim f(x)\pm\lim g(x)=A\pm B$；

2) $\lim[f(x)g(x)]=\lim f(x)\lim g(x)=AB$.

特别地，有

1) $\lim[Cf(x)]=C\lim f(x)=CA$（$C$ 为常数）；

2) $\lim[f(x)]^n=[\lim f(x)]^n=A^n$（$n$ 为正整数）；

3) 若有 $\lim g(x)=B\neq0$，则 $\lim\dfrac{f(x)}{g(x)}=\dfrac{\lim f(x)}{\lim g(x)}=\dfrac{A}{B}$.

注意　1）极限符号“lim”下边不标明自变量的变化过程，意思是对 $x\to x_0$ 或 $x\to\infty$ 所建立的结论都成立；

2）如果 $\lim f(x)$ 或 $\lim g(x)$ 不存在，就不能用定理 2.12 的结论. 例如，$\lim\limits_{x\to 0}x\tan\dfrac{1}{x}=\lim\limits_{x\to 0}x\lim\limits_{x\to 0}\tan\dfrac{1}{x}=0$ 是错误的，因为 $\lim\limits_{x\to 0}\tan\dfrac{1}{x}$ 不存在.

3）在定理 2.12 条件满足的情况下，极限的加、减、乘三个运算法则可以推广到有限次运算；但不能推广到无限次运算. 例如，对任意正整数 N，有

$$\lim_{n\to\infty}\left(1+\frac{1}{n}\right)^N=\left[\lim_{n\to\infty}\left(1+\frac{1}{n}\right)\right]^N=1^N=1$$

但

$$\lim_{n\to\infty}\left(1+\frac{1}{n}\right)^n\neq\left[\lim_{n\to\infty}\left(1+\frac{1}{n}\right)\right]^n$$

4）关于数列，也有类似的极限运算法则，请读者自己写出.

下列各极限在计算极限的过程中会经常用到，应熟记：

1）当 $|q|<1$ 时，$\lim\limits_{n\to\infty}q^n=0$；

2）$\lim\limits_{n\to\infty}\dfrac{1}{n^p}=0\ (p>0)$；

3）$\lim\limits_{x\to\infty}\dfrac{1}{x^n}$（$n$ 为正整数）；

4）$\lim C=C$（C 为常数）.

例 2-8　设 $f(x)=x^3+2x-5$，求 $\lim\limits_{x\to 1}f(x)$.

解　根据定理 2.12，有

$$\lim_{x\to 1}f(x)=\lim_{x\to 1}(x^3+2x-5)=\lim_{x\to 1}x^3+\lim_{x\to 1}2x-\lim_{x\to 1}5=(\lim_{x\to 1}x)^3+2\lim_{x\to 1}x-\lim_{x\to 1}5=1^3+2\times 1-5=-2$$

例 2-9　设 $x_n=\dfrac{(-2)^n+2\times 3^n}{3^n}$，求 $\lim\limits_{n\to\infty}x_n$.

解

$$\lim_{n\to\infty}x_n=\lim_{n\to\infty}\frac{(-2)^n+2\times 3^n}{3^n}=\lim_{n\to\infty}\left[\left(-\frac{2}{3}\right)^n+2\times\frac{3^n}{3^n}\right]$$

$$=\lim_{n\to\infty}\left(-\frac{2}{3}\right)^n+2\lim_{n\to\infty}1=0+2\times 1=2$$

例 2-10　设 $f(x)=\dfrac{x^2+x+1}{x^2+1}$，求 $\lim\limits_{x\to -1}f(x)$.

解　因为 $\lim\limits_{x\to -1}(x^2+1)=2\neq 0$，由定理 2.12，有

$$\lim_{x\to -1}f(x)=\lim_{x\to -1}\frac{x^2+x+1}{x^2+1}=\frac{\lim\limits_{x\to -1}(x^2+x+1)}{\lim\limits_{x\to -1}(x^2+1)}=\frac{1}{2}$$

例 2-10 中因为 $\lim\limits_{x\to -1}(x^2+1)=2\neq 0$ 而直接使用极限的运算法则，但有些函数在极限运算时不能直接使用法则. 例如，求 $\lim\limits_{x\to 1}\dfrac{x^2-1}{x-1}$ 时，因为当 $x\to 1$ 时，分母的极限为 0，所以不能使用运算法则.

在分式函数求极限时，如果分子、分母的极限都为 0，这种极限形式称为“不定式”，可

简单地表示为“$\frac{0}{0}$”型. 在高等数学中类似的不定式还有“$\frac{\infty}{\infty}$”型、“$0\cdot\infty$”型、“1^{∞}”型、“∞^{0}”型和“0^{0}”型等常见的类型. 求不定式的极限通常的方法是，首先对其进行恒等变形、整理，再使用极限的运算法则和基本极限公式，这种方法称为“直接求极限法”.

例 2-11　求$\lim\limits_{x\to3}\frac{x^2-x-6}{x^2-9}$.

解　当$x\to3$时，分子与分母的极限都是零，即所求极限为“$\frac{0}{0}$”型，不能直接使用极限运算法则求极限. 因为分子、分母有公因子$(x-3)$，而$x\to3$，$x\neq3$，即$(x-3)\neq0$，约去不为零的因子后分式的值不变，所以

$$\lim_{x\to3}\frac{x^2-x-6}{x^2-9}=\lim_{x\to3}\frac{(x+2)(x-3)}{(x+3)(x-3)}=\lim_{x\to3}\frac{x+2}{x+3}=\frac{5}{6}$$

例 2-12　求$\lim\limits_{x\to0}\frac{\sqrt{2x+1}-1}{x}$.

解　所求极限为“$\frac{0}{0}$”型，将分式的分子做有理化变形，整理得

$$\lim_{x\to0}\frac{\sqrt{2x+1}-1}{x}=\lim_{x\to0}\frac{(\sqrt{2x+1}-1)(\sqrt{2x+1}+1)}{x(\sqrt{2x+1}+1)}=\lim_{x\to0}\frac{2x}{x(\sqrt{2x+1}+1)}=\lim_{x\to0}\frac{2}{\sqrt{2x+1}+1}=1$$

例 2-13　求$\lim\limits_{x\to\infty}\frac{x^2+x-2}{3x^2+5x+1}$.

解　所求极限为“$\frac{\infty}{\infty}$”型，把分式的分子和分母同时除以x^2，然后再求极限，有

$$\lim_{x\to\infty}\frac{x^2+x-2}{3x^2+5x+1}=\lim_{x\to\infty}\frac{1+\frac{1}{x}-\frac{2}{x^2}}{3+\frac{5}{x}+\frac{1}{x^2}}=\frac{1}{3}$$

此处用到基本极限公式

$$\lim_{x\to\infty}\frac{C}{x^n}=C\lim_{x\to\infty}\frac{1}{x^n}=0\ (C\text{ 为常数})$$

例 2-14　求$\lim\limits_{x\to\infty}\frac{x^2+2x}{x^3+x+1}$.

解　所求极限为“$\frac{\infty}{\infty}$”型，把分子和分母同除以x^3(分母的最高次幂)，整理可得

$$\lim_{x\to\infty}\frac{x^2+2x}{x^3+x+1}=\lim_{x\to\infty}\frac{\frac{1}{x}+\frac{2}{x^2}}{1+\frac{1}{x^2}+\frac{1}{x^3}}=0$$

推广例 2-13 和例 2-14 到一般情形，设$a_0\neq0$，$b_0\neq0$，m，n为自然数，则有

$$\lim_{x\to\infty}\frac{a_0x^m+a_1x^{m-1}+\cdots+a_m}{b_0x^n+b_1x^{n-1}+\cdots+b_n}=\begin{cases}0 & n>m\\ \frac{a_0}{b_0} & n=m\\ \infty & n<m\end{cases}$$

例 2-15 求$\lim\limits_{x\to1}\left(\dfrac{1}{x-1}-\dfrac{2}{x^2-1}\right)$.

解 所求极限为“$\infty-\infty$”型，通分变形后转化为“$\dfrac{0}{0}$”型，再用例 2-11 的方法求解.

$$\lim_{x\to1}\left(\frac{1}{x-1}-\frac{2}{x^2-1}\right)=\lim_{x\to1}\frac{x-1}{x^2-1}=\lim_{x\to1}\frac{x-1}{(x+1)(x-1)}=\lim_{x\to1}\frac{1}{x+1}=\frac{1}{2}$$

例 2-16 求$\lim\limits_{x\to+\infty}x(\sqrt{x^2+1}-x)$.

解 所求极限为“$0\cdot\infty$”型，将$\sqrt{x^2+1}-x$有理化，把极限转化为“$\dfrac{\infty}{\infty}$”型，再用例 2-13 的方法求解.

$$\lim_{x\to+\infty}x(\sqrt{x^2+1}-x)=\lim_{x\to+\infty}\frac{x(\sqrt{x^2+1}-x)(\sqrt{x^2+1}+x)}{\sqrt{x^2+1}+x}=\lim_{x\to+\infty}\frac{x}{\sqrt{x^2+1}+x}$$

$$=\lim_{x\to+\infty}\frac{1}{\sqrt{1+\dfrac{1}{x^2}}+1}=\frac{1}{2}$$

习题 2.3

基础题

1. 求下列极限：

(1) $\lim\limits_{x\to0}(x^2-x+1)$； (2) $\lim\limits_{x\to-1}\dfrac{x^2-3}{x^2+1}$； (3) $\lim\limits_{x\to1}\dfrac{x^2-3x+2}{x^2-1}$；

(4) $\lim\limits_{x\to\infty}\dfrac{2x^2+x}{3x^2-x+1}$； (5) $\lim\limits_{x\to+\infty}\dfrac{5x-1}{\sqrt{x^2+x+1}}$； (6) $\lim\limits_{n\to\infty}\dfrac{(n-1)^2}{n^2+1}$；

(7) $\lim\limits_{n\to\infty}\dfrac{(-2)^n+3^n}{3^n+5^n}$； (8) $\lim\limits_{x\to1}\dfrac{\sqrt{x}-1}{x-1}$； (9) $\lim\limits_{x\to0}\dfrac{x^2}{1-\sqrt{1+x^2}}$；

(10) $\lim\limits_{x\to1}\left(\dfrac{1}{1-x}-\dfrac{3}{1-x^3}\right)$； (11) $\lim\limits_{x\to\infty}\dfrac{x^3-2x^2+x-11}{x^3+x+1}$； (12) $\lim\limits_{x\to2}\dfrac{\sqrt{x+2}-2}{\sqrt{x+1}-\sqrt{3}}$；

(13) $\lim\limits_{x\to\infty}\left(1+\dfrac{1}{x}\right)\left(2-\dfrac{1}{x^2}\right)\left(3+\dfrac{1}{x^3}\right)$； (14) $\lim\limits_{n\to\infty}\dfrac{1+2+\cdots+n}{n^2}$；

(15) $\lim\limits_{n\to\infty}\dfrac{(n+1)(n+2)(n+3)}{3n^3}$； (16) $\lim\limits_{h\to0}\dfrac{(x+h)^3-x^3}{h}$.

2. 求下列极限：

(1) $\lim\limits_{n\to\infty}\left(1+\dfrac{1}{2}+\dfrac{1}{2^2}+\cdots+\dfrac{1}{2^n}\right)$； (2) $\lim\limits_{n\to\infty}\dfrac{e^n-1}{e^{2n}+1}$；

(3) $\lim\limits_{n\to\infty}(\sqrt{n^2+n}-n)$； (4) $\lim\limits_{x\to\infty}\dfrac{x^2+1}{3x+2}$.

提高题

1. 求下列极限：

（1）$\lim\limits_{n\to\infty}\left[\dfrac{1}{1\times2}+\dfrac{1}{2\times3}+\cdots+\dfrac{1}{n\times(n+1)}\right]$；

（2）$\lim\limits_{n\to\infty}\left(\dfrac{1}{\sqrt{n^2+1}}+\dfrac{1}{\sqrt{n^2+2}}+\cdots+\dfrac{1}{\sqrt{n^2+n}}\right)$；

（3）$\lim\limits_{x\to+\infty}\dfrac{(x+1)^4(2x^2-1)^2}{(x^2+1)^4}$；　　（4）$\lim\limits_{x\to0}x^2\sin\dfrac{1}{x}$；　　（5）$\lim\limits_{x\to\infty}\dfrac{\arctan x}{x}$.

2. 讨论极限$\lim\limits_{x\to\infty}\dfrac{\sqrt{x^2}}{x+2}$的存在性.

3. 已知 a，b 为常数，且$\lim\limits_{x\to2}\dfrac{ax+b}{x-2}=3$，求 a，b 的值.

4. 已知 a，b 为常数，且$\lim\limits_{x\to\infty}\left(\dfrac{x^2+2}{x+1}-ax-b\right)=0$，求 a，b 的值.

5. 如果极限$\lim\limits_{x\to\infty}f(x)$存在，且有$f(x)=\dfrac{6x^2+1}{x^2-1}-5\lim\limits_{x\to\infty}f(x)$，求函数$f(x)$.

2.4　两个重要极限

下面讨论微积分中两个既基础又重要的极限.

1. $\lim\limits_{x\to0}\dfrac{\sin x}{x}=1$

设$f(x)=\dfrac{\sin x}{x}$，易知 $x\neq0$ 时，$f(-x)=f(x)$，即$f(x)$为偶函数，如图 2-6 所示.

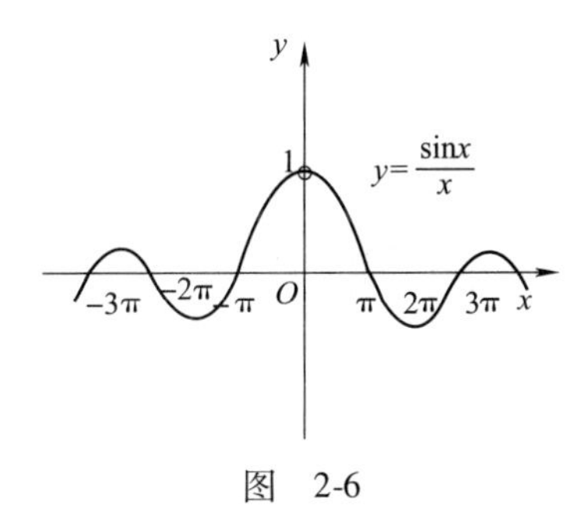

图　2-6

所以，$\lim\limits_{x\to0^-}\dfrac{\sin x}{x}=\lim\limits_{x\to0^+}\dfrac{\sin x}{x}$，即只需要在第一象限来讨论.

首先 x 取一系列趋于 0 的数，相应得到$\dfrac{\sin x}{x}$的一系列值，列表如下：

x	$\frac{\pi}{8}$	$\frac{\pi}{16}$	$\frac{\pi}{32}$	$\frac{\pi}{64}$	$\frac{\pi}{128}$	$\frac{\pi}{512}$	…
$\frac{\sin x}{x}$	0.97450	0.99359	0.99840	0.99960	0.99990	0.99999	…

从中易看出，当 x 越来越接近于 0 时，$\dfrac{\sin x}{x}$的值越来越接近于 1，也可以用夹逼原理证明$\lim\limits_{x\to0}\dfrac{\sin x}{x}=1$.

如图 2-7 所示，在四分之一单位圆中，设圆心角$\angle AOB=x\ \left(0<x<\dfrac{\pi}{2}\right)$，点 A 处的切线

与 OB 的延长线交于 C，又 $BD\perp OA$，则

$$\sin x=BD,\ x=\overset{\frown}{AB},\ \tan x=AC$$

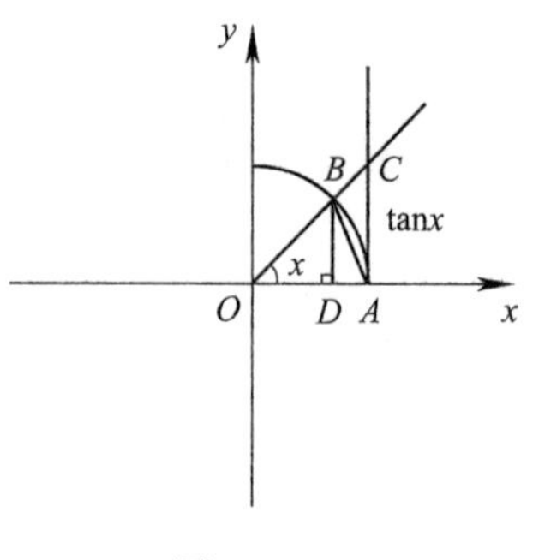

图　2-7

易知，$\triangle AOB$ 的面积 < 扇形 AOB 的面积 < $\mathrm{Rt}\triangle OAC$ 的面积，即

$$\frac{1}{2}\sin x<\frac{1}{2}x<\frac{1}{2}\tan x$$

同乘以$\frac{2}{\sin x}$，得
$$1<\frac{x}{\sin x}<\frac{1}{\cos x}$$

即
$$\cos x<\frac{\sin x}{x}<1$$

因为$\lim\limits_{x\to0}\cos x=\lim\limits_{x\to0}1=1$，由夹逼原理，可知

$$\lim_{x\to0}\frac{\sin x}{x}=1$$

例 2-17　求$\lim\limits_{x\to0}\frac{\sin7x}{x}$.

解　$\lim\limits_{x\to0}\frac{\sin7x}{x}=\lim\limits_{x\to0}\frac{\sin7x}{7x}\times7=\lim\limits_{x\to0}7\lim\limits_{x\to0}\frac{\sin7x}{7x}=7$

例 2-18　求$\lim\limits_{x\to0}\frac{\tan x}{x}$.

解　$\lim\limits_{x\to0}\frac{\tan x}{x}=\lim\limits_{x\to0}\frac{\sin x}{x}\frac{1}{\cos x}=\lim\limits_{x\to0}\frac{\sin x}{x}\lim\limits_{x\to0}\frac{1}{\cos x}=1$

例 2-19　求$\lim\limits_{x\to0}\frac{\sin3x}{\sin5x}$.

解　$\lim\limits_{x\to0}\frac{\sin3x}{\sin5x}=\lim\limits_{x\to0}\frac{\frac{\sin3x}{x}}{\frac{\sin5x}{x}}=\frac{\lim\limits_{x\to0}\frac{\sin3x}{3x}\times3}{\lim\limits_{x\to0}\frac{\sin5x}{5x}\times5}=\frac{3}{5}$

例 2-20　求$\lim\limits_{x\to0}\frac{1-\cos x}{x^2}$.

解　$\lim\limits_{x\to0}\frac{1-\cos x}{x^2}=\lim\limits_{x\to0}\frac{\sin^2x}{x^2(1+\cos x)}=\lim\limits_{x\to0}\left(\frac{\sin x}{x}\right)^2\lim\limits_{x\to0}\frac{1}{1+\cos x}=\frac{1}{2}$

例 2-21　求$\lim\limits_{x\to0}\frac{\arctan x}{x}$.

解　令 $t=\arctan x$，则 $x=\tan t$，当 $x\to0$ 时，有 $t\to0$，所以

$$\lim_{x\to0}\frac{\arctan x}{x}=\lim_{t\to0}\frac{t}{\tan t}=1$$

2. $\lim\limits_{n\to\infty}\left(1+\frac{1}{n}\right)^n=\mathrm{e}$

观察数列 $x_n=\left(1+\frac{1}{n}\right)^n$ 的变化趋势，如图 2-8 所示.

设$f(x)=\left(1+\frac{1}{x}\right)^x(x\neq0)$，其图形如图 2-9 所示.

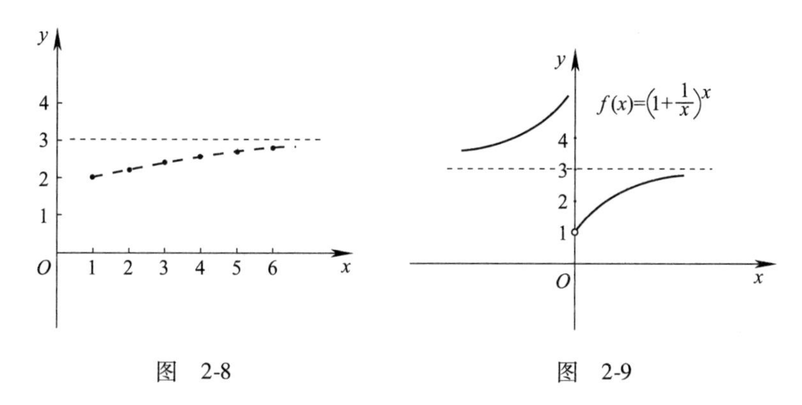

图　2-8　　　　图　2-9

可以证明

$$\lim_{x\to\infty}\left(1+\frac{1}{x}\right)^x=\mathrm{e}$$

更一般地，如果[ ]→∞，则有$\lim\limits_{[\,]\to\infty}\left(1+\frac{1}{[\,]}\right)^{[\,]}=\mathrm{e}$(其中[ ]表示同一变量).

例 2-22　求$\lim\limits_{n\to\infty}\left(1+\frac{1}{n}\right)^{3n}$.

解　所求极限为“1^∞”型，用幂指运算法则和极限$\lim\limits_{n\to\infty}\left(1+\frac{1}{n}\right)^n=\mathrm{e}$求解，有

$$\lim_{n\to\infty}\left(1+\frac{1}{n}\right)^{3n}=\left[\lim_{n\to\infty}\left(1+\frac{1}{n}\right)^n\right]^3=\mathrm{e}^3$$

例 2-23　求$\lim\limits_{x\to 0}(1-3x)^{\frac{2}{x}}$.

解　$\lim\limits_{x\to\infty}(1-3x)^{\frac{2}{x}}=\lim\limits_{x\to 0}\{[1+(-3x)]^{\frac{1}{-3x}}\}^{-6}=\mathrm{e}^{-6}$

例 2-24　求$\lim\limits_{x\to\infty}\left(\frac{x+2}{x-2}\right)^x$.

解　法一：$\lim\limits_{x\to\infty}\left(\frac{x+2}{x-2}\right)^x=\lim\limits_{x\to\infty}\left(1+\frac{4}{x-2}\right)^{\frac{x-2}{4}\times 4+2}=\lim\limits_{x\to\infty}\left\{\left[\left(1+\frac{4}{x-2}\right)^{\frac{x-2}{4}\times 4}\left(1+\frac{4}{x-2}\right)\right]^2\right\}$

$=\mathrm{e}^4\times 1=\mathrm{e}^4$

法二：$\lim\limits_{x\to\infty}\left(\frac{x+2}{x-2}\right)^x=\lim\limits_{x\to\infty}\left(\frac{1+\frac{2}{x}}{1-\frac{2}{x}}\right)^x=\lim\limits_{x\to\infty}\frac{\left(1+\frac{2}{x}\right)^{\frac{x}{2}\times 2}}{\left(1-\frac{2}{x}\right)^{\frac{-x}{2}\times(-2)}}=\frac{\mathrm{e}^2}{\mathrm{e}^{-2}}=\mathrm{e}^4$

3. 连续复利问题

复利就是复合利息，是一种计息方式，即每次(一个计息周期，如年、季、月、日)将上次结算的本利和作为本次的本金来计息，简单地说就是本利和共同产生的利息，或称为“利滚利”.

连续复利是指结算期数(次数)趋于无穷大的极限情形下得到的利息，不同周期之间结算间隔很短，是个无穷小量.

(1) 复利问题

设投资本金为 A_0，年利率为 i，以复利计息，

1）每年结算一次，那么 n 年的本息和为 $A_n = A_0(1+i)^n$；

2）如果每月结算一次，每次利率（月利率）为 $\frac{i}{12}$，每年结算 12 次，n 年共结算 $12n$ 次，则到期的本利和为 $A_n = A_0\left(1+\frac{i}{12}\right)^{12n}$；

3）如果每年结算 k 次，则每次利率为 $\frac{i}{k}$，n 年共结算 kn 次，到期的本利和为 $A_n = A_0\left(1+\frac{i}{k}\right)^{kn}$.

（2）连续复利

当复利周期数 $k\to\infty$（意味着资金运用率最大限度地提高）时，称为连续复利. 此时，因为

$$\lim_{k\to\infty}\left(1+\frac{i}{k}\right)^{kn} = \lim_{k\to\infty}\left(1+\frac{i}{k}\right)^{\frac{k}{i}\times(in)} = e^{in}$$

所以，当 $k\to\infty$ 时，连续复利本利和公式为

$$A_n = \lim_{k\to\infty}A_0\left(1+\frac{i}{k}\right)^{kn} = A_0e^{in}$$

其中，e^{in} 称为瞬间复利系数，或称一元钱瞬间复利本利和.

以一年为期限，对本金、年利率相同，但结算次数不同所得的收益做比较，很有价值. 例如，设本金 $A_0 = 100$ 元，年利率 $i = 5\%$，相应的计算结果见表 2-1.

表 2-1

结算周期	k/次	i/k	A_k/元
一年	1	0.05	105.00
半年	2	0.025	105.06
季度	4	0.0125	105.09
月	12	0.004167	105.12
周	52	0.0009615	105.12
日	365	0.0001370	105.13

从表中可以看出，100 元的本金每天结算一次也只比一年结算一次多 0.13 元，只比每月结算一次或每周结算一次多 0.01 元，所以选择何种形式的存款结算方式，其实差别不太大. 在实际生活中，如果本金扩大 100 倍，其收益差异也会扩大 100 倍.

为了观察在本金、年利率不变，而只是结算次数不断增大对收益的影响趋势，用简单且理想化的模型为例：假设 $A_0 = 1$、年利率 $i = 1 = 100\%$，年结算次数为 k，则有

$$A_k = \left(1+\frac{1}{k}\right)^k$$

相应的值见表 2-2.

表　2-2

k	$A_k=\left(1+\frac{1}{k}\right)^k$	k	$A_k=\left(1+\frac{1}{k}\right)^k$
1	2	100	2.70481
2	2.25	1000	2.71692
3	2.37037	10000	2.71815
4	2.44141	100000	2.71827
5	2.48832	1000000	2.71828
10	2.59374	10000000	2.71828
50	2.69159	…	…

易知，随着结算次数 $k\to\infty$，利息生长的上限是 e，即数列$\left\{\left(1+\frac{1}{k}\right)^k\right\}$单调增加趋于 e.

习题 2.4

基础题

1. 求下列极限：

(1) $\lim\limits_{x\to 0}\frac{\sin 3x}{2x}$；　(2) $\lim\limits_{x\to 0}\frac{5x}{\tan 2x}$；　(3) $\lim\limits_{x\to 0}\frac{\sin 2x}{\sin 3x}$；

(4) $\lim\limits_{x\to 0}\frac{\tan 2x-\sin x}{x}$；　(5) $\lim\limits_{x\to 0}\frac{\tan x-\sin x}{x\sin^2 x}$；　(6) $\lim\limits_{x\to 0}\frac{1-\cos 2x}{\tan^2 x}$；

(7) $\lim\limits_{x\to 1}\frac{\sin(x-1)}{x^2-1}$；　(8) $\lim\limits_{n\to\infty}2^n\sin\frac{x}{2^n}$ $(x\neq 0)$；　(9) $\lim\limits_{x\to 0}(1-2x)^{\frac{3}{x}}$；

(10) $\lim\limits_{x\to\infty}\left(1+\frac{3}{x}\right)^{2x}$；　(11) $\lim\limits_{x\to\infty}\left(\frac{x+1}{x+3}\right)^{x+5}$；　(12) $\lim\limits_{x\to\infty}\left(1-\frac{1}{x^2}\right)^{x}$；

(13) $\lim\limits_{x\to 0}(1-2x)^{\frac{2}{x}+2}$；　(14) $\lim\limits_{x\to 0}(1-3\tan x)^{\cot x}$；　(15) $\lim\limits_{n\to\infty}\left(\frac{n^2+1}{n^2+2}\right)^{n^2+3}$.

2. 计算下列极限：

(1) $\lim\limits_{n\to\infty}\left(1+\frac{1}{3n}\right)^{4n-1}$；　(2) $\lim\limits_{x\to\pi}\frac{\sin x}{\pi-x}$；　(3) $\lim\limits_{x\to\frac{\pi}{2}}(1+\cos x)^{3\sec x}$；

(4) $\lim\limits_{x\to 0}\frac{1-\cos x}{x\sin x}$；　(5) $\lim\limits_{x\to 0}\frac{\cos 2x-\cos x}{x^2}$；　(6) $\lim\limits_{x\to 0}\frac{(x+2)\sin 2x}{x}$.

提高题

1. 计算下列极限：

(1) $\lim\limits_{n\to\infty}\sqrt{n}\sin\frac{1}{\sqrt{n}}$；　(2) $\lim\limits_{n\to\infty}\left(\frac{2n+10}{2n+8}\right)^{n+2}$；　(3) $\lim\limits_{x\to 0}\frac{\ln(1+x)}{x}$；

(4) $\lim\limits_{n\to\infty}n[\ln(n+1)-\ln n]$；　(5) $\lim\limits_{x\to 2}\left(\frac{x}{2}\right)^{\frac{2}{x-2}}$；　(6) $\lim\limits_{x\to 1}(2-x)^{\frac{6}{x-1}}$；

(7) $\lim\limits_{x\to\infty}\dfrac{2x+1}{x^2+x}(x+\sin x)$；　(8) $\lim\limits_{x\to0}\dfrac{e^x-1}{x}$；　(9) $\lim\limits_{x\to0}(\cos x)^{\frac{1}{x^2}}$；

(10) $\lim\limits_{x\to\frac{\pi}{2}}\dfrac{\cos x}{x-\dfrac{\pi}{2}}$；　(11) $\lim\limits_{x\to\infty}x\sin\dfrac{1}{x}$；　(12) $\lim\limits_{x\to0}x\sin\dfrac{2}{x}$.

2. 已知$\lim\limits_{x\to\infty}\left(\dfrac{x-1}{x}\right)^{kx}=e^2$，求常数 k.

3. 求下列极限：

(1) $\lim\limits_{x\to\infty}\dfrac{x-\sin x}{x+2\sin x}$；　(2) $\lim\limits_{x\to\infty}x^2\left(1-\cos\dfrac{1}{x}\right)$；

(3) $\lim\limits_{x\to\infty}x^2(e^{\frac{1}{x^2}}-1)$；　(4) $\lim\limits_{x\to3}\dfrac{\ln(x-2)}{x^2-9}$.

4. 求$\lim\limits_{x\to0}\sqrt[x]{1-2x}$.

2.5 无穷小的比较

在2.2节中介绍过，有限个无穷小的和、差、积仍是无穷小，但两个无穷小的商是"$\dfrac{0}{0}$"型，将会出现不同情形. 例如，当 $x\to0$ 时，$-2x$，x^3，$\sin x$，e^x-1 都是无穷小，但

$$\lim_{x\to0}\frac{x^3}{-2x}=0,\ \lim_{x\to0}\frac{\sin x}{x^3}=\infty,\ \lim_{x\to0}\frac{e^x-1}{\sin x}=1,\ \lim_{x\to0}\frac{\sin x}{-2x}=-\frac{1}{2}$$

这种差别反映出不同无穷小在同一极限过程(如 $x\to0$)中趋于零的"速度"不同. 例如，当 $x\to0$ 时，$x^3\to0$ 比 $-2x\to0$"快"，$\sin x\to0$ 比 $x^3\to0$"慢"，$\sin x\to0$ 与 $-2x\to0$"快慢相近".

定义 2.7 设 α，β 都是在同一自变量变化过程中的无穷小，$\alpha\neq0$，且 $\lim\dfrac{\beta}{\alpha}$存在，

1）如果 $\lim\dfrac{\beta}{\alpha}=0$，则称 β 是比 α 更高阶的无穷小；

2）如果 $\lim\dfrac{\beta}{\alpha}=\infty$，则称 β 是比 α 更低阶的无穷小；

3）如果 $\lim\dfrac{\beta}{\alpha}=k\neq0$，则称 β 与 α 是同阶无穷小；

4）如果 $\lim\dfrac{\beta}{\alpha^n}=k\neq0$ $(n>0)$，则称 β 是关于 α 的 n 阶无穷小；

5）如果 $\lim\dfrac{\beta}{\alpha}=1$，则称 β 与 α 是等价无穷小，记为 $\alpha\sim\beta$.

显然，等价无穷小是同阶无穷小的 $k=1$ 的特殊情形. 因为$\lim\limits_{x\to0}\dfrac{\sin x}{x}=1$，所以可以说，当 $x\to0$ 时，$\sin x$ 与 x 是同阶无穷小；也可以更准确地说，当 $x\to0$ 时，$\sin x$ 与 x 是等价无穷小，表示为 $\sin x\sim x$ $(x\to0)$；又$\lim\limits_{n\to\infty}\dfrac{\sqrt{1+\dfrac{1}{n}}-1}{\dfrac{1}{n}}=\dfrac{1}{2}$，所以，当 $n\to\infty$ 时，$\sqrt{1+\dfrac{1}{n}}-1$ 与$\dfrac{1}{n}$是同

阶无穷小；而$\lim\limits_{x\to 0}\dfrac{3x^2}{\sin x}=0$，所以，当 $x\to 0$ 时，$3x^2$ 是比 $\sin x$ 更高阶的无穷小.

下面给出几对常用的等价无穷小(当 $x\to 0$ 时)：

$$\sin x\sim x,\ \tan x\sim x,\ 1-\cos x\sim\frac{1}{2}x^2,\ \arcsin x\sim x,\ \arctan x\sim x$$

$$e^x-1\sim x,\ \ln(1+x)\sim x,\ \sqrt[n]{1+x}-1\sim\frac{1}{n}x$$

易知，等价无穷小具有“传递性”，即 $\sin x\sim x$，$x\sim\tan x$，所以有 $\sin x\sim\tan x$.

根据下列定理，利用等价无穷小，可以简化一些极限的计算.

定理 2.13 (等价无穷小代换定理)在同一变化过程中，有无穷小 α，$\bar{\alpha}$，β，$\bar{\beta}$ 满足 $\alpha\sim\bar{\alpha}$，$\beta\sim\bar{\beta}$，且 $\lim\dfrac{\bar{\alpha}}{\bar{\beta}}$存在，则

$$\lim\frac{\alpha}{\beta}=\lim\frac{\bar{\alpha}}{\bar{\beta}}$$

证 $\lim\dfrac{\alpha}{\beta}=\lim\left(\dfrac{\alpha}{\bar{\alpha}}\dfrac{\bar{\alpha}}{\bar{\beta}}\dfrac{\bar{\beta}}{\beta}\right)=\lim\dfrac{\alpha}{\bar{\alpha}}\lim\dfrac{\bar{\alpha}}{\bar{\beta}}\lim\dfrac{\bar{\beta}}{\beta}=\lim\dfrac{\bar{\alpha}}{\bar{\beta}}$

定理 2.13 表明，在求“$\dfrac{0}{0}$”型的极限时，如果选取适当的等价无穷小分别代换分子、分母，可以使极限计算简化.

例 2-25 求$\lim\limits_{x\to 0}\dfrac{\sin 2x}{\tan 5x}$.

解 当 $x\to 0$ 时，$\sin 2x\sim 2x$，$\tan 5x\sim 5x$，则

$$\lim_{x\to 0}\frac{\sin 2x}{\tan 5x}=\lim_{x\to 0}\frac{2x}{5x}=\frac{2}{5}$$

例 2-26 求$\lim\limits_{x\to 0}\dfrac{1-\cos x}{x^2}$.

解 当 $x\to 0$ 时，$1-\cos x\sim\dfrac{1}{2}x^2$，则

$$\lim_{x\to 0}\frac{1-\cos x}{x^2}=\lim_{x\to 0}\frac{\frac{1}{2}x^2}{x^2}=\frac{1}{2}$$

例 2-27 求$\lim\limits_{x\to 0}\dfrac{\sin(\cos x-1)}{\sqrt{1+x^2}-1}$.

解 当 $x\to 0$ 时，$\sin(\cos x-1)\sim(\cos x-1)\sim\left(-\dfrac{1}{2}x^2\right)$，$\sqrt{1+x^2}-1\sim\dfrac{1}{2}x^2$，则

$$\lim_{x\to 0}\frac{\sin(\cos x-1)}{\sqrt{1+x^2}-1}=\lim_{x\to 0}\frac{\cos x-1}{\frac{1}{2}x^2}=\lim_{x\to 0}\frac{-\frac{1}{2}x^2}{\frac{1}{2}x^2}=-1$$

习题 2.5

基础题

1. 判定下列无穷小之间的关系：

(1) 当 $x\to 0$ 时，$\sqrt{1+x}-1$ 与 x^2+x；

(2) 当 $x\to 0$ 时，$\sin 3x-\sin 2x$ 与 x；

(3) 当 $x\to 1$ 时，$\tan(2x-2)$ 与 x^2-x；

(4) 当 $n\to\infty$ 时，$1-\cos\dfrac{2}{n}$ 与 $\dfrac{1}{n^2}+\dfrac{2}{n}$；

(5) 当 $x\to 0$ 时，$x^2\sin\dfrac{1}{x}$ 与 x.

2. 证明：当 $x\to 0$ 时，有

(1) $\ln(1+x)\sim x$；　(2) $\sec x-1\sim\dfrac{1}{2}x^2$；　(3) $e^x-1\sim x$.

3. 设当 $x\to 0$ 时，$\sqrt{1+ax^2}-1$ 与 x^2 是等价无穷小，求常数 a.

4. 利用等价无穷小代换定理求下列极限：

(1) $\lim\limits_{x\to 0}\dfrac{-2x}{\tan 3x}$；　(2) $\lim\limits_{x\to 2}\dfrac{\sin^2(x-2)}{x^2-4}$；　(3) $\lim\limits_{x\to 0}\dfrac{1-\cos 3x}{x\sin x}$；

(4) $\lim\limits_{x\to 0}\dfrac{\tan x-\sin x}{\sin^3 x}$；　(5) $\lim\limits_{x\to 0}\dfrac{\sin(2x^2)}{\sqrt{1+\tan^2 x}-1}$；　(6) $\lim\limits_{x\to 0}\dfrac{\sin x-\tan x}{(\sqrt{1+x^2}-1)(e^x-1)}$.

提高题

1. 当 $x\to 0$ 时，将下列无穷小按低阶到高阶的顺序排列：

(1) $e^{\sqrt{x}}-1$；　(2) $\tan x^2$；　(3) $1-\cos x^2$；　(4) $\ln(1+\sqrt[3]{x})$.

2. 设 α，β，γ 是同一过程中的三个等价无穷小，试证：

(1) $\alpha\sim\alpha$（自反性）；　(2) 若 $\alpha\sim\beta$，则 $\beta\sim\alpha$（对称性）；

(3)若 $\alpha\sim\beta$，$\beta\sim\gamma$，则 $\alpha\sim\gamma$（传递性）.

3. 证明：当 $x\to 0$ 时，有：

(1) $a^x-1\sim x\ln a$ $(a>0)$；　(2) $(1+x)^\alpha-1\sim\alpha x$ $(\alpha\neq 0,\ \alpha\in\mathbf{R})$.

4. 求下列极限：

(1) $\lim\limits_{x\to 0}\dfrac{e^{5x}-1}{\arcsin 3x}$；　(2) $\lim\limits_{x\to 0}\dfrac{\sqrt[3]{x+8}-2}{x}$；　(3) $\lim\limits_{x\to 0}\dfrac{(\sqrt{1+x}-1)\sin 3x}{x\ln(1+x)}$；

(4) $\lim\limits_{x\to\infty}x^2\left(1-\cos\dfrac{2}{x}\right)$；　(5) $\lim\limits_{x\to 0}\dfrac{(e^{2x}-1)(e^x-1)}{\sqrt{1+x^2}-1}$；　(6) $\lim\limits_{x\to 0}\dfrac{\sqrt{1+\tan x}-\sqrt{1+\sin x}}{\sin x\ln(1+x^2)}$.

2.6　函数的连续性

现实世界中，变量的变化一般有两种方式：一种是连续变化的，如气温的变化、河水的流动、动植物的生长等，这种变化不会从一个状态(取值)跳跃到另一个状态，这种现象反

映在函数关系中，称为函数的连续性. 另一种是不连续的变化，即变量的取值从一个值跳跃到另一个值. 微积分中重点研究连续型变量.

2.6.1 函数的连续性定义

1. 函数的增量

设函数 $y=f(x)$ 在点 x_0 的某一邻域内有定义，当自变量 x 从初始值 x_0 变到终点值 x 时，对应的函数值也由 $f(x_0)$ 变到 $f(x)$，把自变量 x 的终点值 x 与初始值 x_0 的差称为自变量的增量(或自变量的改变量)，记为 Δx，即 $\Delta x=x-x_0$；对应地，把函数的终点值 $f(x)$ 与初始值 $f(x_0)$ 之差 $f(x)-f(x_0)$ 称为函数的增量(或函数的改变量)，记为 Δy，即 $\Delta y=f(x)-f(x_0)$.

由于 $\Delta x=x-x_0$，所以自变量的终点值 x 也可以表示为 $x=x_0+\Delta x$，相应的函数的终点值 $f(x)$ 也可表示为 $f(x)=f(x_0)+\Delta y$.

函数增量的几何意义如图 2-10 所示.

由图可知，当自变量 x 的增量 Δx 变化时，对应的函数 y 的增量 Δy 一般也随之变化，且 Δx，Δy 都可以为正，也可以为负或零，即如果 $x<x_0$ 时，则 $\Delta x<0$.

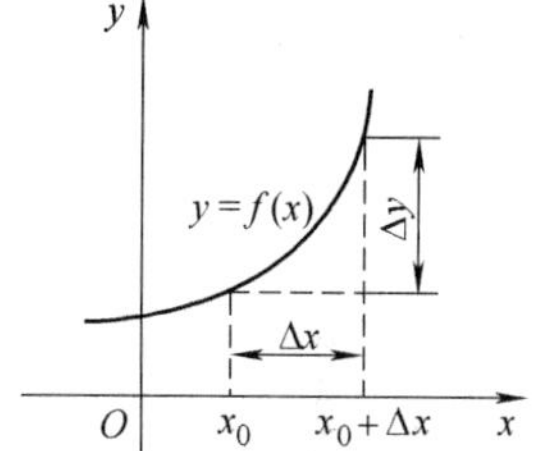

图 2-10

2. 连续的定义

在平面直角坐标系中，一个函数 $y=f(x)$ 如果是连续变化的，那么它的图形就是一条连续不断的曲线，如图 2-10 所示，函数 $y=f(x)$ 在点 x_0 处是连续的. 如果当 Δx 趋于零时，函数对应的增量 Δy 也趋于零，即

$$\lim_{\Delta x\to 0}\Delta y=0 \quad 或 \quad \lim_{\Delta x\to 0}[f(x_0+\Delta x)-f(x_0)]=0$$

定义 2.8 设函数 $y=f(x)$ 在点 x_0 的某一邻域内有定义，如果

$$\lim_{\Delta x\to 0}\Delta y=\lim_{\Delta x\to 0}[f(x_0+\Delta x)-f(x_0)]=0$$

那么称函数 $y=f(x)$ 在点 $x=x_0$ 处连续.

函数 $y=f(x)$ 在点 $x=x_0$ 处连续的定义有不同的方式，为方便应用，给出下面常见的两种定义：

设 $x=x_0+\Delta x$，$\Delta x\to 0$ 时，$x\to x_0$，又

$$\Delta y=f(x_0+\Delta x)-f(x_0)=f(x)-f(x_0)$$

即

$$f(x)=f(x_0)+\Delta y$$

定义 2.9 设函数 $y=f(x)$ 在点 x_0 的某一邻域内有定义，如果

$$\lim_{x\to x_0}f(x)=f(x_0)$$

那么称函数 $y=f(x)$ 在点 $x=x_0$ 处连续.

定义 2.9 给出了函数 $f(x)$ 在点 x_0 连续的三个条件：

1) $f(x)$ 在点 x_0 及其邻域内有定义；

2) 极限 $\lim\limits_{x\to x_0}f(x)$ 存在；

3) 极限值等于该点的函数值，即 $\lim\limits_{x\to x_0}f(x)=f(x_0)$.

如果 $\lim\limits_{x\to x_0^-}f(x)=f(x_0^-)$ 存在且等于 $f(x_0)$，即 $\lim\limits_{x\to x_0^-}f(x)=f(x_0)$，就称函数 $f(x)$ 在点 x_0 左

连续；如果 $\lim\limits_{x\to x_0^+}f(x)=f(x_0^+)$存在且等于$f(x_0)$，即 $\lim\limits_{x\to x_0^+}f(x)=f(x_0)$，称函数$f(x)$在点 x_0 右连续. 由定义 2.9 可知：

定义 2.10 设函数 $y=f(x)$在点 x_0 的某一邻域内有定义，如果$f(x)$在点 x_0 既是左连续的又是右连续的，那么就称函数$f(x)$在点 x_0 处连续.

以上讨论的是函数在某点 x_0 处的连续概念，但常常还需要了解函数在某一区间上变化的状态，下面给出函数$f(x)$在区间上连续的概念.

定义 2.11 如果函数$f(x)$在区间(a, b)内或区间$[a, b]$上的每一点(区间左端点右连续，右端点左连续)都连续，那么称函数$f(x)$在区间(a, b)内或区间$[a, b]$上是连续的. 如果函数在其定义域内每点都连续，那么就称函数$f(x)$在其定义域内是连续的.

显然，在直角坐标系中，连续函数$f(x)$的几何意义是$y=f(x)$的图形是一条连续不断的曲线.

例 2-28 证明函数$f(x)=x^2$ 在点 x_0 处连续($x_0\in\mathbf{R}$).

证 因为$f(x)=x^2$ 在任意实数点 x_0 处的邻域有定义，且

$$\lim_{x\to x_0}f(x)=\lim_{x\to x_0}x^2=(\lim_{x\to x_0}x)^2={x_0}^2$$

而

$$f(x_0)={x_0}^2$$

所以，函数$f(x)=x^2$ 在点 x_0 处连续.

例 2-29 讨论函数$f(x)=\begin{cases}2x-1 & x\neq0\\ 2 & x=0\end{cases}$在点 $x=0$ 处的连续性.

解 因为$f(0)=2$，$\lim\limits_{x\to0}f(x)=\lim\limits_{x\to0}(2x-1)=-1$，所以

$$\lim_{x\to0}f(x)\neq f(0)$$

因此，函数$f(x)$在点 $x=0$ 处不连续.

例 2-30 设函数$f(x)=\begin{cases}x^2 & x\leqslant1\\ x-1 & x>0\end{cases}$，讨论函数在点 $x=1$ 处的连续性.

解 $f(x)$的图形如图 2-11 所示. 因为

$$\lim_{x\to1^-}f(x)=\lim_{x\to1^-}x^2=1=f(1^-)$$

$$\lim_{x\to1^+}f(x)=\lim_{x\to1^+}(x-1)=0=f(1^+)$$

所以$f(1^-)\neq f(1^+)$，即函数$f(x)$在点 $x=1$ 处不连续.

然而因为$f(1^-)=1=f(1)$，所以函数$f(x)$在点 $x=1$ 处左连续.

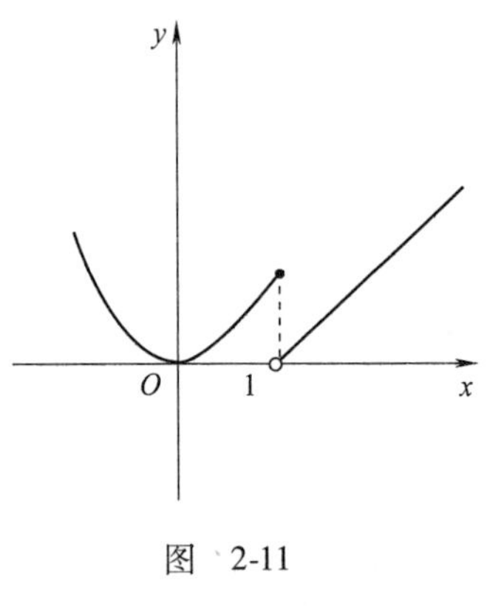

图 2-11

例 2-31 设函数$f(x)=\begin{cases}e^x & x>0\\ a & x=0\\ \dfrac{\sin bx}{x} & x<0\end{cases}$在点 $x=0$ 处连续，求常数 a，b.

解 由于$f(x)$在点 $x=0$ 处连续，所以

$$\lim_{x\to0^-}f(x)=\lim_{x\to0^+}f(x)=f(0)$$

又因为

$$\lim_{x\to0^-}f(x)=\lim_{x\to0^-}\frac{\sin bx}{x}=b,\quad \lim_{x\to0^+}f(x)=\lim_{x\to0^+}e^x=1$$

且 $f(0)=a$，所以 $a=b=1$.

3. 函数的间断点

如果函数 $f(x)$ 在点 x_0 处不连续，那么就称函数 $f(x)$ 在点 x_0 处间断，x_0 称为函数 $f(x)$ 的间断点或不连续点. 如何描述函数 $f(x)$ 在点 x_0 处不连续呢?

定义 2.12　设 $f(x)$ 在点 x_0 的某去心邻域内有定义，如果函数 $f(x)$ 有下列三种情形之一：

1) $f(x)$ 在点 x_0 处无定义；

2) $f(x)$ 在点 x_0 处有定义，但极限 $\lim\limits_{x\to x_0}f(x)$ 不存在；

3) $f(x)$ 在点 x_0 处有定义，且极限 $\lim\limits_{x\to x_0}f(x)$ 存在，但 $\lim\limits_{x\to x_0}f(x)\neq f(x_0)$，

那么就称函数 $f(x)$ 在点 x_0 处不连续.

通常把函数 $f(x)$ 的间断点分为两类：如果 x_0 是函数 $f(x)$ 的间断点，$f(x)$ 在点 x_0 处的左极限 $f(x_0^-)$ 和右极限 $f(x_0^+)$ 都存在，那么点 x_0 称为函数 $f(x)$ 的第一类间断点，不是第一类间断点的其他任何间断点称为第二类间断点. 在第一类间断点中，如果左右极限相等，即 $f(x_0^-)=f(x_0^+)$，称点 x_0 为 $f(x)$ 的可去间断点；如果左右极限不等，即 $f(x_0^-)\neq f(x_0^+)$，称点 x_0 为 $f(x)$ 的跳跃间断点或不可去间断点.

例 2-32　指出下列函数的间断点，并说明这些间断点属于哪一类：

(1) $f(x)=\dfrac{x^2-1}{x-1}$；　　(2) $f(x)=\begin{cases}x-2 & x<0\\ 0 & x=0\\ x+1 & x>0\end{cases}$；

(3) $f(x)=\sin\dfrac{1}{x}$；　　(4) $f(x)=\dfrac{1}{x^2}$.

解　(1) 函数 $f(x)=\dfrac{x^2-1}{x-1}$ 在点 $x=1$ 处没有定义，所以 $x=1$ 是函数的间断点. 又因为

$$\lim_{x\to1}\frac{x^2-1}{x-1}=\lim_{x\to1}(x+1)=2$$

即 $f(x)=\dfrac{x^2-1}{x-1}$ 在点 $x=1$ 处左右极限存在且相等，所以，$x=1$ 是函数 $f(x)$ 的可去间断点. 如果补充函数在 $x=1$ 处的定义，即令 $x=1$ 时，$f(x)=2$，由此得函数

$$f_1(x)=\begin{cases}\dfrac{x^2-1}{x-1} & x\neq1\\ 2 & x=1\end{cases}$$

则 $f_1(x)$ 在点 $x=1$ 处连续，如图 2-12 和图 2-13 所示.

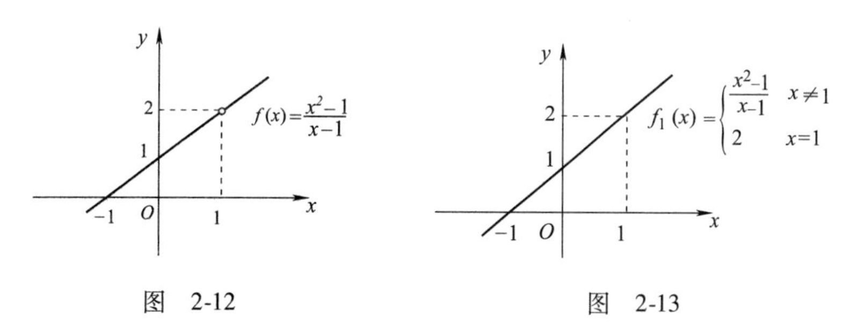

图　2-12　　　　图　2-13

(2)因为

$$\lim_{x\to0^-}f(x)=\lim_{x\to0^-}(x-2)=-2,\quad \lim_{x\to0^+}f(x)=\lim_{x\to0^+}(x+1)=1$$

所以$f(0^-)\neq f(0^+)$，即函数$f(x)$在点$x=0$处的左右极限虽然存在，但不相等，故$x=0$是函数$f(x)$的跳跃间断点，如图2-14所示.

(3)函数$f(x)=\sin\frac{1}{x}$在点$x=0$处无意义，因此$x=0$是函数的间断点. 又当$x\to0$时，$f(x)=\sin\frac{1}{x}$的函数值在-1和1之间变动无限多次，故$x=0$是函数$f(x)$的第二类间断点(称为振荡间断点)，如图2-15所示.

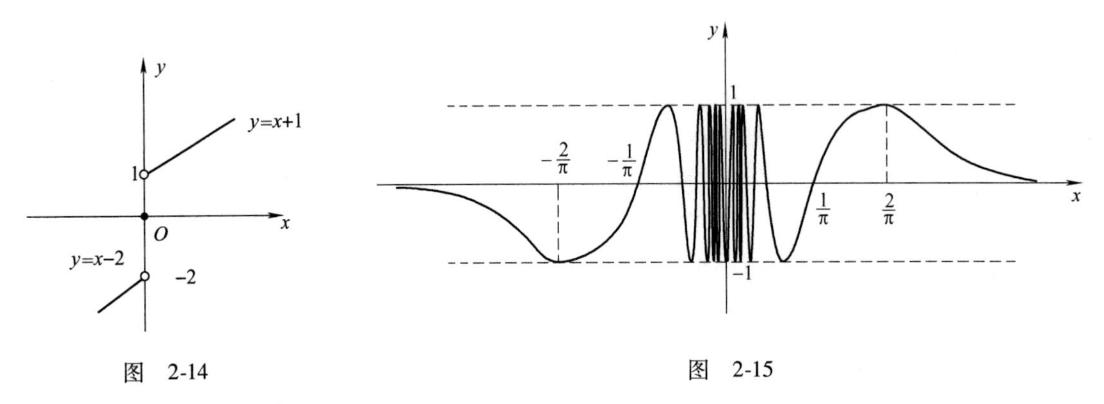

图　2-14　　　图　2-15

(4)函数$f(x)=\frac{1}{x^2}$在点$x=0$处无意义，因此$x=0$是函数的间断点. 又因为

$$\lim_{x\to0}f(x)=\lim_{x\to0}\frac{1}{x^2}=\infty$$

所以$x=0$是函数$f(x)$的第二类间断点(称为无穷间断点)，如图2-16所示.

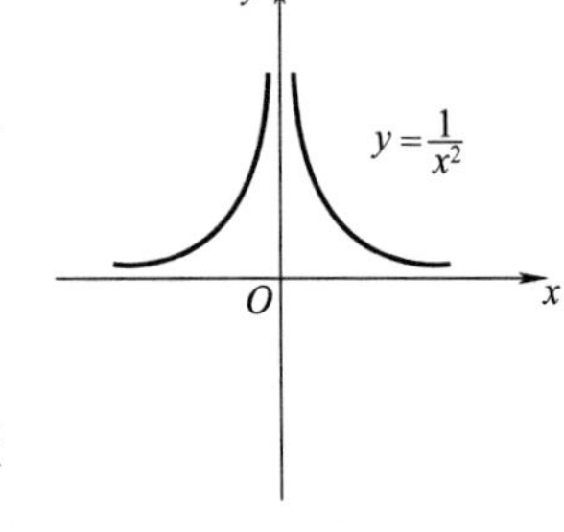

图　2-16

2.6.2　初等函数的连续性

由极限的四则运算法则和函数在点x_0处连续的定义，可以证明下列定理：

定理2.14　如果函数$f(x)$和$g(x)$在点x_0处连续，那么函数$f(x)\pm g(x)$，$f(x)g(x)$，$\frac{f(x)}{g(x)}$ $(g(x_0)\neq0)$在点x_0处连续.

例如，因为$f(x)=\sin x$，$g(x)=\cos x$在定义域$(-\infty,+\infty)$内连续，那么$\tan x=\frac{\sin x}{\cos x}$，$\sin x\pm\cos x$，$\sin x\cos x=\frac{1}{2}\sin2x$在其各自的定义域内都是连续的.

定理2.15　如果函数$u=g(x)$在点$x=x_0$处连续，$g(x_0)=u_0$，而函数$y=f(u)$在点$u=u_0$处连续，函数$y=f[g(x)]$由函数$u=g(x)$与函数$y=f(u)$复合而成，那么复合函数$y=f[g(x)]$在点$x=x_0$处连续.

在定理2.15的条件下可得

$$\lim_{x \to x_0} f[g(x)] = f[\lim_{x \to x_0} g(x)] = f[g(x_0)]$$

即函数符号 f 与极限符号 $\lim\limits_{x \to x_0}$ 可以交换顺序.

例如，

$$\lim_{x \to 0} \sqrt{1 + \sin x} = \sqrt{\lim_{x \to 0}(1 + \sin x)} = 1$$

进一步地，可以证明下列结论：

一切初等函数在其定义区间内都是连续的. 因此，如果 $f(x)$ 是初等函数，x_0 是 $f(x)$ 定义区间内的点，那么 $\lim\limits_{x \to x_0} f(x) = f(x_0)$.

例如，$x = 0$ 是初等函数 $f(x) = \ln(\sqrt{1 - x^2})$ 的定义区间 $(-1, 1)$ 内的一点，所以有

$$\lim_{x \to 0} f(x) = \lim_{x \to 0} \ln(\sqrt{1 - x^2}) = \ln 1 = 0$$

例 2-33　求 $\lim\limits_{x \to 0} \dfrac{\ln(1 + 6x)}{x}$.

解　$\lim\limits_{x \to 0} \dfrac{\ln(1 + 6x)}{x} = \lim\limits_{x \to 0} \ln(1 + 6x)^{\frac{1}{x}} = \ln[\lim\limits_{x \to 0}(1 + 6x)^{\frac{1}{6x} \times 6}] = \ln e^6 = 6$

2.6.3　闭区间上连续函数的性质

定理 2.16　(最大值和最小值定理) 如果函数 $f(x)$ 在闭区间 $[a, b]$ 上连续，那么 $f(x)$ 在闭区间 $[a, b]$ 上一定有最大值和最小值.

定理 2.17　(介值定理) 如果函数 $f(x)$ 在闭区间 $[a, b]$ 上连续，m 和 M 分别为 $f(x)$ 在 $[a, b]$ 上的最大值和最小值，那么对任意的 $C \in [m, M]$，必存在至少一点 $\xi \in (a, b)$，使得 $f(\xi) = C$.

如果有 x_0 使 $f(x_0) = 0$，那么称 $x = x_0$ 为函数 $f(x)$ 的零点.

定理 2.18　(零点定理) 设函数 $f(x)$ 在闭区间 $[a, b]$ 上连续，且 $f(a)f(b) < 0$，那么至少存在一点 $\xi \in (a, b)$，使得 $f(\xi) = 0$.

定理 2.18 的几何意义是，一条连续曲线的两个端点分别位于 x 轴的上方和下方时，曲线必与 x 轴至少有一个交点，即 $f(x)$ 的零点，如图 2-17 所示.

由图 2-17 可知，方程 $f(x) = 0$ 在区间 (a, b) 内有三个实数根 $x = \xi_1$，$x = \xi_2$，$x = \xi_3$.

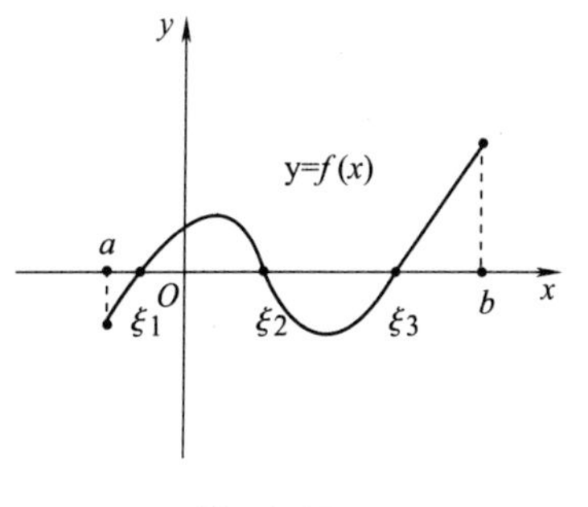

图　2-17

例 2-34　证明：方程 $x^7 - 3x^2 + 1 = 0$ 在区间 $(0, 1)$ 内至少有一个根.

证　设 $f(x) = x^7 - 3x^2 + 1$，$x \in [0, 1]$，易知 $f(x)$ 在 $[0, 1]$ 上连续，且 $f(0) = 1 > 0$，$f(1) = -1 < 0$，由零点定理知，在 $(0, 1)$ 内至少存在一点 ξ，使 $f(\xi) = 0$，即

$$\xi^7 - 3\xi^2 + 1 = 0 \ (0 < \xi < 1)$$

故方程 $x^7 - 3x^2 + 1 = 0$ 在区间 $(0, 1)$ 内至少有一个根 ξ.

习题 2.6

基础题

1. 试画出下列函数的图形，并研究其连续性：

(1) $f(x)=\begin{cases} x & 0\leqslant x<1 \\ 2-x & 1\leqslant x\leqslant 2 \end{cases}$；　(2) $f(x)=\begin{cases} \dfrac{x^2}{x} & x\neq 0 \\ 2 & x=0 \end{cases}$.

2. 指出下列函数的间断点，并判断其类型：

(1) $y=\dfrac{x^2-3x+2}{x^2-1}$；　(2) $y=\dfrac{x}{\sin x}$；　(3) $y=\dfrac{x+1}{e^x-1}$；

(4) $y=\begin{cases} x-4 & x\leqslant 1 \\ x^2+1 & x>1 \end{cases}$；　(5) $y=x\cos\dfrac{1}{x}$.

3. 求下列函数的连续区间：

(1) $y=\sqrt{x+1}$；　(2) $y=\ln|x+1|$；　(3) $y=\dfrac{x-2}{x^2-4x+3}$；

(4) $y=\sqrt{1-4x^2}$；　(5) $y=\arcsin\dfrac{x-1}{2}$；　(6) $y=\dfrac{e^x+e^{-x}}{2}$.

4. 利用函数的连续性求下列极限：

(1) $\lim\limits_{x\to 0}\dfrac{x^2-x}{x^2+x+1}$；　(2) $\lim\limits_{x\to 0}\sin\left(\dfrac{\pi}{2}\cos x\right)$；　(3) $\lim\limits_{x\to \pi}\dfrac{x\cos x}{x^2+1}$；

(4) $\lim\limits_{x\to 0}\ln\dfrac{\sin x}{x}$；　(5) $\lim\limits_{x\to 0}\dfrac{e^x-\tan x}{\sqrt{x^2+4}}$；　(6) $\lim\limits_{x\to 2}(1+4x)^{\frac{1}{x}}$.

5. 设函数 $f(x)=\begin{cases} e^x & x<0 \\ x^2+a & x\geqslant 0 \end{cases}$，当 a 为何值时，才能使 $f(x)$ 在 $(-\infty,\ +\infty)$ 内连续？

6. 证明：方程 $x^3-x-2=0$ 在区间 $(0,\ 2)$ 内至少有一个根.

7. 证明：方程 $x\ln x+x^2=0$ 在区间 $(e^{-1},\ e)$ 内至少有一个实数根.

提高题

1. 设 $f(x)=\dfrac{1-\cos 2x}{x^2}$，当 $x\neq 0$ 时，$F(x)=f(x)$，若 $F(x)$ 在点 $x=0$ 处连续，求 $F(0)$.

2. 设 $f(x)=\begin{cases} \dfrac{2}{x} & x\geqslant 1 \\ a\cos\pi x & x<1 \end{cases}$ 在点 $x=1$ 处连续，求 a 的值.

3. 设函数 $f(x)=\begin{cases} a+x^2 & x>1 \\ 2 & x=1 \\ b-x & x<1 \end{cases}$ 在 $(-\infty,\ +\infty)$ 内连续，求 a，b 的值.

4. 指出下列函数的间断点，并判定其类型：

(1) $y=\dfrac{\tan x}{x}$；　(2) $y=e^{\frac{1}{x}}$；　(3) $y=\dfrac{e^{\frac{1}{x}}-1}{e^{\frac{1}{x}}+1}$.

5. 已知$f(x)$在点$x=0$处连续，且$\lim\limits_{x\to 0}\dfrac{f(x)}{x}=5$，求$f(0)$.

6. 设函数$f(x)=\begin{cases}1+x\sin\dfrac{1}{x} & x>0\\ a & x=0\\ \dfrac{1}{x}\sin x & x<0\end{cases}$，若$f(x)$在其定义域内连续，求$a$.

7. 求下列极限：

(1) $\lim\limits_{x\to\frac{\pi}{2}}\dfrac{\sqrt{2}+\sin\dfrac{x}{2}}{\sin^2 x+1}$；　　(2) $\lim\limits_{x\to 0}\arcsin\left(\dfrac{1-x}{2+x+x^2}\right)$；

(3) $\lim\limits_{x\to 0}e^{\frac{\ln(3+x)}{x+1}}$；　　(4) $\lim\limits_{x\to+\infty}x[\ln(x+1)-\ln x]$.

8. 证明：方程$xe^x=1$至少有一个正实数根.

9. 设函数$f(x)$在$[a,b]$上连续，且$f(a)<a$，$f(b)>b$，证明：方程$f(x)=x$在(a,b)内至少有一个实根.

10. 若$f(x)$在$[a,b]$上连续，且无零点，证明：$f(x)$在$[a,b]$上恒为正或恒为负.

复习题 2

1. 填空题

(1) $\lim\limits_{x\to x_0}f(x)=f(x_0)$是函数$f(x)$在点$x_0$处连续的________条件.

(2) $\lim\limits_{n\to\infty}n\sin\dfrac{1}{n}=$________.

(3) 当$x\to$________时，$f(x)=\dfrac{1}{(x-3)^2}$是无穷大.

(4) $\lim\limits_{x\to\infty}\dfrac{\sin x}{x}=$________.

(5) $\lim\limits_{n\to\infty}\dfrac{(2n-1)^6(2n+5)^3}{(n^2+1)(n+6)^7}=$________.

(6) 如果函数$f(x)$在点x_0处连续，则$\lim\limits_{x\to x_0}[f(x)-f(x_0)]=$________.

(7) 如果$\lim\limits_{x\to\infty}\dfrac{3x^2+x-1}{ax^n+x+\sqrt{2}}=\dfrac{3}{5}$，则$n=$________，$a=$________.

(8) 函数$f(x)=\dfrac{2x}{\sqrt{1-x^2}}$的连续区间为________.

(9) 当$x\to 0$时，$a(e^x-1)$与$\arcsin 3x$是等价无穷小，则$a=$________.

(10) 函数$f(x)=\dfrac{\sin x}{x(x-1)}$的可去间断点为________.

(11) 当$x\to 0$时，$\tan x-\sin x$是x的________无穷小.

2. 求下列极限：

(1) $\lim\limits_{x\to 0}\dfrac{\sqrt{\sin x+4}-2}{x}$；　(2) $\lim\limits_{x\to -1}\left(\dfrac{1}{x+1}-\dfrac{2}{1-x^2}\right)$；　(3) $\lim\limits_{x\to +\infty}x(\sqrt{x^2+1}-x)$；

(4) $\lim\limits_{n\to\infty}\left(1+\dfrac{1}{n}+\dfrac{1}{n^2}\right)^n$；　(5) $\lim\limits_{x\to\infty}\left(\dfrac{x+1}{x+2}\right)^{x+3}$；　(6) $\lim\limits_{x\to 0}\dfrac{x\tan 2x}{\sqrt{1-x^2}-1}$；

(7) $\lim\limits_{x\to 0}\dfrac{\ln(1+3x)}{e^{2x}-1}$；　(8) $\lim\limits_{x\to\infty}x^2\left(1-\cos\dfrac{2}{x}\right)$；　(9) $\lim\limits_{x\to 0}\dfrac{\ln(1+2x)\arctan 9x}{x\ln(1+x)}$；

(10) $\lim\limits_{x\to 0}\left(\dfrac{a^x+b^x}{2}\right)^{\frac{1}{x}}(a>0,\ b>0)$.

3. 若$\lim\limits_{x\to 0}\dfrac{\sqrt{1+f(x)\tan 2x}-1}{e^{3x}-1}=2$，求$\lim\limits_{x\to 0}f(x)$.

4. 已知$\lim\limits_{x\to\infty}\left(\dfrac{x+a}{x-a}\right)^x=4$，求常数$a$.

5. 设函数$f(x)=\begin{cases}(1-kx)^{\frac{1}{x}} & x\neq 0\\ e & x=0\end{cases}$在点$x=0$处连续，求$k$.

6. 指出下列函数的间断点，并判定其类型：

(1) $y=\begin{cases}e^{x-1} & x\leqslant 1\\ a+\cos\dfrac{\pi}{2}x & x>1\end{cases}$；　(2) $y=\begin{cases}x^2-1 & x\leqslant 1\\ 3-x^2 & x>1\end{cases}$；

(3) $y=x\arcsin\dfrac{1}{x}$；　(4) $y=\dfrac{x}{\ln|1+x|}$.

7. 已知$\lim\limits_{x\to\infty}(\sqrt{1+x+4x^2}-ax-b)=0$，求$a$，$b$的值.

8. 证明：方程$x^3-3x=1$至少有一个根介于1和2之间.

9. 设函数$f(x)$在区间$(a,\ b)$上连续，又设x_1，x_2，$x_3\in(a,\ b)$，证明：存在$\xi\in(a,\ b)$，使$f(\xi)=\dfrac{f(x_1)+f(x_2)+f(x_3)}{3}$.

阅读材料

极限思想方法简介

极限思想是近代数学的一种重要思想，高等数学、数学分析就是以极限思想为理论基础、以极限方法为主要工具来研究函数的一门学科，现在我们把本质上与极限思想方法有关的数学分支统称为分析数学，而且几何学的各大分支绝大部分直接或间接地与极限思想方法多有关系.

然而，极限在数学中的严格定义对初学者而言相当难理解，不易学懂. 极限的$\varepsilon-\delta$定义，术语抽象，其中的辩证关系更是模糊不清. 甚至有人会说，数学家怎么会想出这么古怪的数学概念. 数学家和数学教师当然发现了这些问题，数学家柯朗说，初次遇到它时暂时不理解没有什么奇怪的，遗憾的是那些课本的作者故弄玄虚，不做充分准备就把极限定义直接向读者列出，认为做出一些解析就会影响数学家的身份. 要弄清楚极限问题，我们先打开数学史，看看极限的来历，并从哲学的角度剖析它.

那么什么是极限思想方法？

所谓极限思想，是指用极限概念分析问题和解决问题的一种数学思想. 用极限思想解决问题的一般步骤可概括为：

对于被考察的未知量，先设法构思一个与它有关的变量，确认这变量通过无限过程的结果就是所求的未知量；最后用极限计算来得到这结果. 极限思想方法与我们以前的初等数学有一个显著的区别：普通代数方法，如代数中四则运算等都是由两个数来确定出另一个数，如遇多个数相加，用逐个相加来完成，不能运算无穷多个数相加；而在极限运算中则是由无穷多个数来确定一个数.

极限思想是微积分的基本思想，高等数学、数学分析中的一系列重要概念，如函数的连续性、导数、定积分、无穷级数收敛等核心概念都是借助于极限来定义的. 如果要问：我们所学的高等数学、数学分析是什么样的一门学科？那么可简单概括地说："高等数学、数学分析就是用极限思想方法来研究函数的一门学科."

那么极限思想方法又是从哪里来的呢？

其实极限的思想古代就有了. 中国魏晋时期杰出的数学家刘徽(263 年左右)创造性地运用极限思想方法证明圆面积公式及计算圆周率的方法，即刘徽割圆术. 古希腊数学家的穷竭法也包含了极限的思想. 虽然那时候的极限思想在局部取得了辉煌成就，但没有形成系统的理论方法，属于极限思想方法的雏形.

极限思想的进一步发展是与微积分的建立紧密相连的. 16 世纪的欧洲处于资本主义萌芽时期，生产力得到极大的发展，生产和技术中大量的问题，只用初等数学的方法已无法解决，要求数学突破只研究常量的传统范围，而提供能够用以描述和研究运动、变化过程的新工具，这是促进极限发展、建立微积分的社会背景.

起初，英国的牛顿和德国的莱布尼茨以无穷小概念为基础建立微积分，后来因遇到了逻辑困难，所以在他们的晚期都不同程度地接受了极限思想. 牛顿用路程的改变量 Δs 与时间的改变量 Δt 之比表示运动物体的平均速度，让 Δt 无限趋近于零，得到物体的瞬时速度，并由此引出导数概念和微分学理论. 但牛顿的极限观念也是建立在几何直观上的，因而他无法得出极限的严格表述. 牛顿所运用的极限概念，只是接近于下列直观性的语言描述："如果当 n 无限增大时，数列 a_n 无限地接近于常数 A，那么就说数列 a_n 以 A 为极限."

这种描述性语言，人们容易接受，现代一些初等的微积分读物中还经常采用这种定义. 但是，这种定义没有定量地给出两个"无限过程"之间的联系，自然语言的科学局限性和逻辑漏洞使这种描述性概念不能作为科学论证的逻辑基础. 因此，学习数学概念必须理解准确，才具备正确的推理和运算基础.

正因为当时缺乏严格的极限定义，微积分理论才受到人们的怀疑与攻击. 例如，在瞬时速度概念中，究竟 Δt 是否等于零？如果说是零，怎么能用它去做除法呢？如果它不是零，又怎么能把包含着它的那些项去掉呢？这就是数学史上所说的无穷小悖论. 英国哲学家、大主教贝克莱对微积分的攻击最为激烈，他说微积分的推导是"分明的诡辩".

当时由于微积分缺乏牢固的理论基础，连牛顿自己也无法摆脱极限概念中的混乱. 人们争论、怀疑这样的数学还可信可靠吗？微积分的理论根基究竟是什么？弄清极限概念，建立严格的微积分理论基础，不但是数学本身所需要的，而且有着认识论上的重大意义.

极限思想的完善与微积分的严格化有着密切联系. 在很长一段时间里，微积分理论基础的问题，许多人都曾尝试解决，但都未能如愿以偿. 这是因为数学的研究对象已从常量扩展到变量，而人们对变量数学特有的规律还不十分清楚，对变量数学和常量数学的区别和联系还缺乏了解，对有限和无限的对立统一关系还不明确. 这样，人们使用习惯了的处理常量数学的传统思想方法，就不能适应变量数学的新需要，仅用旧的概念说明不了这种“零”与“非零”相互转化的辩证关系！

首先用极限概念给出导数正确定义的是捷克数学家波尔查诺(Bolzano，1781—1848). 他把函数$f(x)$的导数定义为差商$\frac{\Delta y}{\Delta x}$的极限$f'(x)$，强调指出$f'(x)$不是两个零的商. 波尔查诺的思想是有价值的，但关于极限的本质他仍未说清楚.

到了19世纪，法国数学家柯西在前人工作的基础上，比较完整地阐述了极限概念及其理论，他在《分析教程》中指出：“当一个变量逐次所取的值无限趋于一个定值时，最终使变量的值和该定值之差要多小就多小，这个定值就叫作所有其他值的极限值，特别地，当一个变量的数值(绝对值)无限地减小使之收敛到极限0，就说这个变量成为无穷小. ”

柯西把无穷小视为以0为极限的变量，这就澄清了无穷小“似零非零”的模糊认识，这就是说，在变化过程中，它的值可以是非零，但它变化的趋向是“零”，可以无限地接近于零.

柯西试图消除极限概念中的几何直观，做出极限的明确定义，然后去完成牛顿的愿望. 但柯西的叙述中还存在描述性的词语，如“无限趋近”“要多小就多小”等，因此还保留着几何和物理的直观痕迹，没有达到彻底严密化的程度. 这是自然语言与严密的数学语言的区别，怎样跨越这条鸿沟?

为了排除极限概念中的直观痕迹，德国数学家魏尔斯特拉斯(Weierstrass，1815—1897)提出了极限的静态定义，给微积分提供了严格的理论基础，从而得到举世的一致公认.

设函数$f(x)$在点x_0的邻域$\mathring{U}(x_0)$内有定义，则$f(x)$当$x \to x_0$时以A为极限是指：对任意给定的正数ε(不论它多么小)，总存在$\delta > 0$，使得满足$0 < |x - x_0| < \delta$的一切点x的函数值$f(x)$都满足$|f(x) - A| < \varepsilon$，那么常数A称为函数$f(x)$当$x \to x_0$时的极限. 这一事实记作$\lim\limits_{x \to x_0} f(x) = A$.

这个定义，借助不等式，通过ε和δ之间的关系，定量地、具体地刻画了两个“无限过程”之间的联系. 因此，这样的定义是严格的，可以作为科学论证的基础，至今仍在数学分析书籍中使用. 在该定义中，涉及的仅仅是数及其大小关系，此外只是给定、存在、任取等词语，已经摆脱了“趋近”一词，不再求助于运动的直观，是公认的严密的极限概念.

众所周知，常量数学静态地研究数学对象，自从解析几何和微积分问世以后，运动进入了数学，人们有可能对物理过程进行动态研究. 之后，魏尔斯特拉斯建立的$\varepsilon-\delta$语言，则用静态的定义刻画变量的变化趋势. 这种“静态—动态—静态”的螺旋式的演变，反映了数学发展的辩证规律. 随着科学严密的极限概念的建立，它所具备的数学理论性、方法工具性等逐渐被人们认识、应用.

极限思想方法的意义

极限思想在现代数学乃至物理学等学科中有着广泛的应用，这是由它本身固有的思维功能所决定的. 极限思想揭示了变量与常量、无限与有限的对立统一关系，是唯物辩证法的对立统一规律在数学领域中的应用. 借助极限思想，人们可以从有限认识无限，从“不变”认识“变”，从直线形认识曲线形，从量变认识质变，从近似认识精确.

1. 用极限思想方法认识“有限”与“无限”的辩证统一

无限与有限有本质的不同，但二者又有联系，无限是有限的发展. 无限个数的和不是一般的代数和，用逐项相加不能求解，把它定义为“部分和”的极限，就是借助于极限的思想方法，从有限来认识无限，是“有限”与“无限”间的桥梁.

2. 用极限思想方法认识“变”与“不变”的辩证统一

“变”与“不变”反映了事物运动变化与相对静止两种不同状态，但它们在一定条件下又可相互转化，这种转化是“数学科学的有力杠杆之一”. 例如，要求变速直线运动的瞬时速度，用初等方法是无法解决的，困难在于速度是变量. 为此，人们先在小范围内用匀速代替变速，并求其平均速度，把瞬时速度定义为平均速度的极限，就是借助于极限的思想方法，从“不变”来认识“变”的.

3. 用极限思想方法认识“直线”与“曲线”的辩证统一

曲线形与直线形有着本质的差异，但在微分(微元)状态下也可相互转化，正如恩格斯所说：“直线和曲线在微分中终于等同起来了.” 善于利用这种对立统一关系是处理数学问题的重要手段之一. 直线形的面积容易求得，求曲线形的面积问题用初等的方法是不能解决的. 刘徽用圆内接多边形逼近圆，一般地，人们用小矩形的面积来逼近曲边梯形的面积，都是借助于极限的思想方法，从直线形来认识曲线形的.

4. 用极限思想方法认识“量变”与“质变”的辩证统一

量变和质变既有区别又有联系，两者之间有着辩证的关系. 量变能引起质变，质和量的互变规律是辩证法的基本规律之一，在数学研究工作中起着重要作用. 有限多个无穷小相加仍然是无穷小，但无穷多个无穷小相加就不一定是无穷小；对任何一个圆内接正多边形来说，当它边数加倍后，得到的还是内接正多边形，是量变而不是质变；但是，不断地让边数加倍，经过无限过程之后，多边形就“变”成圆，多边形面积便转化为圆面积. 这就是借助于极限的思想方法，从量变来认识质变的.

5. 用极限思想方法认识“近似”与“精确”的辩证统一

近似与精确是对立统一关系，两者在一定条件下也可相互转化，这种转化是数学应用于实际计算的重要诀窍. 前面所讲到的“部分和”“平均速度”“圆内接正多边形面积”，分别是相应的“无穷级数和”“瞬时速度”“圆面积”的近似值，取极限后就可得到相应的精确值，如 $0.9999999\cdots=1$，这都是借助于极限的思想方法，从近似来认识精确的.

用数学语言表达的严密的极限概念，其思想理论方法的成功建立，为分析数学打下了坚实的基础，为分析数学的不断发展壮大提供了理论支撑，使人类的理论思维达到了新高度.

第3章　导数与微分

微积分的主要内容是微分学和积分学. 本章及第4章，是一元函数微分学的内容，包括导数和微分的概念、计算和应用. 导数是微积分最重要的概念之一，它描述函数在一点附近相对于自变量的变化快慢程度和变化方向；而微分则描述当自变量在一点产生微小变化时，函数的绝对变化数量. 本章主要介绍导数和微分的概念、求导方法以及导数作为变化率的一些简单应用.

3.1　导数的概念

导数的思想最初是法国数学家费马(Fermat)为解决极大、极小问题而引入的，但导数作为微分学中最主要的概念，却是英国数学家牛顿和德国数学家莱布尼茨分别在研究力学和几何学的过程中建立的.

3.1.1　两个引例

1. 瞬时速度

在数学史上，变速直线运动的速度是导致微积分创立的主要问题之一.

设一物体做直线运动. 在它运动的直线上建立数轴，如图3-1所示，则它的位置坐标 s 为时刻 t 的函数 $s=s(t)$，称为位置函数. 由于 $s(t)$ 就是起点为 $s(0)$ 的位移，因此也称 $s(t)$ 为位移函数. 当时刻 t 从 t_0 变化到 $t_0+\Delta t$ 时，物体的位移为

$$\Delta s=s(t_0+\Delta t)-s(t_0)$$

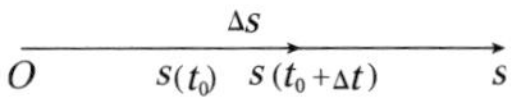

Δs

O　$s(t_0)$　$s(t_0+\Delta t)$　s

图　3-1

当物体做匀速直线运动时，它的速度为 $v=\dfrac{\Delta s}{\Delta t}$(速度 = 位移/时间)；当物体做变速直线运动(即在各个时刻的速度不尽相同)时，为了定义物体在时刻 t_0 的速度 v，取一段很小的时间 Δt，则在时间 Δt 内速度变化也很小，可用一个不变的速度 $\bar{v}=\dfrac{\Delta s}{\Delta t}$ 近似代替 v. $\bar{v}$ 称为(在 Δt 内的)平均速度. Δt 越接近于0，$\bar{v}$ 与 v 越接近. 如果当 $\Delta t\to 0$ 时，$\bar{v}$ 有极限

$$v=\lim_{\Delta t\to 0}\bar{v}=\lim_{\Delta t\to 0}\frac{\Delta s}{\Delta t}=\lim_{\Delta t\to 0}\frac{s(t_0+\Delta t)-s(t_0)}{\Delta t} \tag{3.1}$$

则称极限 v 为物体在 t_0 的瞬时速度，也就是物体在 t_0 的速度.

如果 $v>0$，由极限的局部保号性可知，在 t_0 附近有 $\dfrac{\Delta s}{\Delta t}>0$，$s(t)$ 随 t 增大而增大，即运动方向与坐标轴正方向相同. 如果 $v<0$，则 $s(t)$ 随 t 增大而减小，即运动方向与坐标轴正方向相反. 可见 v 的正负表明运动的方向(也就是 v 的方向). $|v|$ 称为速率. 显然 $|v|$ 越大，说明函数 $s(t)$ 在 t_0 附近相对于 t 变化得越快，即物体运动越快.

2. 曲线的斜率与切线

直线 $y=kx+b$ 的斜率 k 可用来描述直线的倾斜性：如果 $k>0$（<0），则直线是上升（下降）的；$|k|$ 越大（小），直线越陡（平）.

与直线不同的是，曲线在不同点处的倾斜性是不尽相同的. 例如，曲线 $y=x^2$（图 3-2）在对应于 $x>0$ 的各点附近是上升的，在对应于 $x<0$ 的各点附近是下降的；在原点附近平一些，在远离原点时陡一些. 下面来探讨描述曲线在各点的倾斜性的方法.

设 $P(x_0, y_0)$ 是曲线 $y=f(x)$ 上一点. 在曲线上取点 P 附近的点 $Q(x_0+\Delta x, y_0+\Delta y)$，作割线 PQ，如图 3-3 所示.

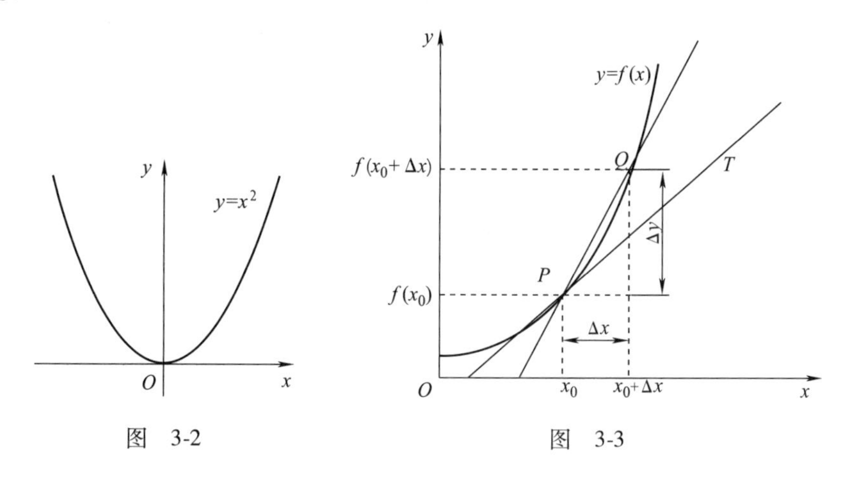

图　3-2　　　　图　3-3

由平面解析几何知道，割线 PQ 的斜率为

$$k_{PQ}=\frac{\Delta y}{\Delta x}=\frac{f(x_0+\Delta x)-f(x_0)}{\Delta x}$$

当 $|\Delta x|$ 很小（即 Q 与 P 很接近）时，曲线在点 P 的倾斜性与割线 PQ 的倾斜性相近，$|\Delta x|$ 越小，二者越是接近. 因此，如果当 $\Delta x\to 0$ 时（这时点 Q 任意接近于点 P），k_{PQ} 有极限 k，则 k 即描述了曲线在点 P 的倾斜性. 称 k 为曲线 $y=f(x)$ 在点 P 的斜率，即

$$k=\lim_{\Delta x\to 0}k_{PQ}=\lim_{\Delta x\to 0}\frac{f(x_0+\Delta x)-f(x_0)}{\Delta x} \tag{3.2}$$

容易看出，k 的正负描述了曲线在点 P 附近的倾斜方向：如果 $k>0$，则在点 P 附近有 $\frac{\Delta y}{\Delta x}>0$，曲线上升；如果 $k<0$，则在点 P 附近曲线下降. $|k|$ 的大小描述了曲线在点 P 附近的倾斜程度：$|k|$ 越大，曲线越陡；$|k|$ 越小，曲线越平.

曲线在点 P 的切线是当点 Q 充分接近点 P 时，割线 PQ 的“极限位置”. 如果它有斜率，则这个斜率应该是割线 PQ 的斜率的极限，即曲线在点 P 的斜率. 反过来，如果曲线在点 P 有斜率，则曲线在点 P 应该有切线.

上面讨论的瞬时速度和曲线斜率，虽然其具体意义不同，但它们都描述了一个函数在某一点附近相对于自变量的变化快慢程度及变化方向，并且具有相同的数学形式——函数增量与自变量增量的商的极限，把它称为函数的变化率. 在自然科学和工程技术领域内，还有许多概念，如物质比热、电流、线密度、股价变化率等，尽管它们的具体背景各不相同，但最终都归结为讨论形如式(3.1)和式(3.2)的数学形式，也正是由于这类问题的研究促使导数概念的诞生.

3.1.2 导数的定义

定义 3.1 (函数在一点的导数)设函数 $y=f(x)$ 在点 x_0 及其附近有定义. 当自变量 x 从 x_0 变到 $x_0+\Delta x$ 时，函数增量为 $\Delta y=f(x_0+\Delta x)-f(x_0)$. 如果极限 $\lim\limits_{\Delta x\to 0}\dfrac{\Delta y}{\Delta x}$ 存在，则称 f 在点 x_0 可导，否则称 f 在点 x_0 不可导. 称极限 $\lim\limits_{\Delta x\to 0}\dfrac{\Delta y}{\Delta x}$ 为 f 在点 x_0 的导数，记作 $f'(x_0)$，即

$$f'(x_0)=\lim_{\Delta x\to 0}\frac{\Delta y}{\Delta x}=\lim_{\Delta x\to 0}\frac{f(x_0+\Delta x)-f(x_0)}{\Delta x} \tag{3.3}$$

$f'(x_0)$ 也可记作 $y'\Big|_{x=x_0}$，$\dfrac{dy}{dx}\Big|_{x=x_0}$ 或 $\dfrac{d}{dx}f(x)\Big|_{x=x_0}$.

也就是说，函数在某点的导数，是函数在该点处的差商当自变量增量趋于零时的极限. 若上式的极限不存在，则说函数 f 在 x_0 不可导.

导数 $f'(x_0)$ 描述了函数 $f(x)$ 在点 x_0 附近的变化方向及快慢程度. $f'(x_0)>0(<0)$ 表明 $f(x)$ 在点 x_0 附近增大(减小)；$|f'(x_0)|$ 越大，表明 $f(x)$ 在点 x_0 附近变化越快.

定义 3.2 (右导数与左导数)令 $\Delta y=f(x_0+\Delta x)-f(x_0)$，如果 $\lim\limits_{\Delta x\to 0^+}\dfrac{\Delta y}{\Delta x}\left(\lim\limits_{\Delta x\to 0^-}\dfrac{\Delta y}{\Delta x}\right)$ 存在，则称它为 f 在点 x_0 的右(左)导数.

显然，f 在点 x_0 可导的充要条件是 f 在点 x_0 的左导数和右导数都存在并且相等.

定义 3.3 (导函数)如果函数 f 在区间 (a, b) 内每一点可导，则称 f 在 (a, b) 内可导. 这时对于 (a, b) 内任一点 x，都有唯一的 $f'(x)$ 与其对应. 因此 $f'(x)$ 是 x 的函数，称为导函数，记作 y' 或 $\dfrac{dy}{dx}$ 等. 在不会引起混淆的情况下，导函数也简称导数.

在式(3.3)中把 x_0 换成 x，即得导函数的定义式

$$f'(x)=\lim_{\Delta x\to 0}\frac{f(x+\Delta x)-f(x)}{\Delta x}$$

注意 在上式中，虽然 x 可以取区间 (a, b) 内的任何数值，但是在求极限过程中，x 是常量，Δx 是变量. 显然，函数 f 在点 x_0 的导数 $f'(x_0)$ 就是导函数 $f'(x)$ 在点 x_0 的值.

要根据导数的定义求导数，步骤如下：

1)求函数增量 Δy；

2)求差商 $\dfrac{\Delta y}{\Delta x}$；

3)求差商的极限.

下面举几个根据导数的定义求导数的例子.

例 3-1 求函数 $f(x)=C$ (C 为常数)的导数.

解 $f'(x)=\lim\limits_{\Delta x\to 0}\dfrac{\Delta y}{\Delta x}=\lim\limits_{\Delta x\to 0}\dfrac{f(x+\Delta x)-f(x)}{\Delta x}=\lim\limits_{\Delta x\to 0}\dfrac{C-C}{\Delta x}=0$

这就是说，常数的导数等于零.

例 3-2　求函数$f(x)=x^2$在$x=5$处的导数.

解　$f'(5)=\lim\limits_{\Delta x\to 0}\dfrac{\Delta y}{\Delta x}=\lim\limits_{\Delta x\to 0}\dfrac{f(5+\Delta x)-f(5)}{\Delta x}$

$$=\lim_{\Delta x\to 0}\frac{(5+\Delta x)^2-5^2}{\Delta x}=\lim_{\Delta x\to 0}\frac{10\Delta x+(\Delta x)^2}{\Delta x}=10$$

例 3-3　求函数$f(x)=x^2$的导数$f'(x)$.

解　$\Delta y=f(x+\Delta x)-f(x)=(x+\Delta x)^2-x^2=2x\Delta x+(\Delta x)^2$

所以

$$y'=\lim_{\Delta x\to 0}\frac{\Delta y}{\Delta x}=\lim_{\Delta x\to 0}\frac{2x\Delta x+(\Delta x)^2}{\Delta x}=\lim_{\Delta x\to 0}(2x+\Delta x)=2x$$

即有

$$(x^2)'=2x$$

后面将证明：对于任意实数α，都有

$$(x^\alpha)'=\alpha x^{\alpha-1}$$

这就是幂函数的导数公式. 利用这个公式，可以很方便地求出幂函数的导数，例如$y_1=\sqrt{x}$ $(x>0)$的导数为

$$y'_1=(\sqrt{x})'=\frac{1}{2}x^{\frac{1}{2}-1}=\frac{1}{2\sqrt{x}}$$

$y_2=x^{-1}=\dfrac{1}{x}$ $(x\neq 0)$的导数为

$$y'_2=(x^{-1})'=(-1)x^{-1-1}=-x^{-2}=-\frac{1}{x^2}$$

例 3-4　设$y=\ln x$，求y'.

解　$y'=\lim\limits_{\Delta x\to 0}\dfrac{\ln(x+\Delta x)-\ln x}{\Delta x}=\lim\limits_{\Delta x\to 0}\ln\left[\left(1+\dfrac{\Delta x}{x}\right)^{\frac{1}{\Delta x}}\right]=\ln\left[\lim\limits_{\Delta x\to 0}\left(1+\dfrac{\Delta x}{x}\right)^{\frac{x}{\Delta x}\cdot\frac{1}{x}}\right]=\ln(\mathrm{e}^{\frac{1}{x}})=\dfrac{1}{x}$

即有

$$(\ln x)'=\frac{1}{x}$$

例 3-5　设$y=\sin x$，求y'.

解　$y'=\lim\limits_{\Delta x\to 0}\dfrac{\sin(x+\Delta x)-\sin x}{\Delta x}=\lim\limits_{\Delta x\to 0}\dfrac{1}{\Delta x}\times 2\cos\left(x+\dfrac{\Delta x}{2}\right)\sin\dfrac{\Delta x}{2}$

$$=\lim_{\Delta x\to 0}\cos\left(x+\frac{\Delta x}{2}\right)\frac{\sin\dfrac{\Delta x}{2}}{\dfrac{\Delta x}{2}}=\cos x$$

即

$$(\sin x)'=\cos x$$

这就是说，正弦函数的导数是余弦函数.

用类似的方法，可求得

$$(\cos x)'=-\sin x$$

即余弦函数的导数是负的正弦函数.

3.1.3　导数的几何意义

由解析几何知道，在曲线$y=f(x)$上一点$P(x_0,\ y_0)$ $(y_0=f(x_0))$处的切线，是割线PQ当沿曲线趋近于P时的极限位置. 如果它有斜率，则这个斜率应该是割线PQ的斜率的极

限，即曲线在点 P 的斜率. 反过来，如果曲线在点 P 有斜率，则曲线在点 P 应该有切线.

割线 PQ 的斜率为

$$\bar{k}=\frac{f(x)-f(x_0)}{x-x_0}$$

而过点 P 的切线斜率 k，正是割线斜率当 $x\to x_0$ 时的极限，即

$$k=\lim_{x\to x_0}\frac{f(x)-f(x_0)}{x-x_0}$$

由导数的定义 $k=f'(x_0)$，所以曲线在点 P 处的切线方程为

$$y-y_0=f'(x_0)(x-x_0)$$

这就是说：函数 f 在点 x_0 的导数 $f'(x_0)$ 是曲线 $y=f(x)$ 在点 $(x_0, f(x_0))$ 处切线的斜率. 若用 α 表示这个切线与 x 轴正向的夹角，即 $f'(x_0)=\tan\alpha$，从而 $f'(x_0)>0$ 意味着切线与轴正向的夹角为锐角；$f'(x_0)<0$ 意味着切线与轴正向的夹角为钝角；$f'(x_0)=0$ 表明切线与轴平行.

当然曲线也可能存在垂直切线则该切线没有斜率，或者说，斜率是无穷大.

定义 3.4 如果曲线 $y=f(x)$ 在点 $P(x_0, y_0)$ 处有

$$\lim_{\Delta x\to 0}\frac{f(x_0+\Delta x)-f(x_0)}{\Delta x}=+\infty \text{ 或 } -\infty$$

则称曲线 $y=f(x)$ 在点 P 处有一条垂直切线. 这时切线方程为 $x=x_0$.

例 3-6 求抛物线 $y=x^2$ 在点 $(2, 4)$ 处的斜率以及在该点的切线方程.

解 $\lim\limits_{\Delta x\to 0}\dfrac{f(2+\Delta x)-f(2)}{\Delta x}=\lim\limits_{\Delta x\to 0}\dfrac{(2+\Delta x)^2-2^2}{\Delta x}=\lim\limits_{\Delta x\to 0}(4+\Delta x)=4$

所以抛物线 $y=x^2$ 在点 $(2, 4)$ 的斜率为 4，它也是在该点的切线的斜率. 于是该切线的方程为

$$y-4=4(x-2)，\text{即 } 4x-y-4=0$$

例 3-7 求曲线 $y=x^{\frac{1}{3}}$ 在点 $(0, 0)$ 处的切线方程.

解 $\lim\limits_{\Delta x\to 0}\dfrac{f(0+\Delta x)-f(0)}{\Delta x}=\lim\limits_{\Delta x\to 0}(\Delta x)^{-\frac{2}{3}}=+\infty$

所以曲线 $y=x^{\frac{1}{3}}$ 在点 $(0, 0)$ 处有一条垂直切线，方程为 $x=0$，如图 3-4 所示.

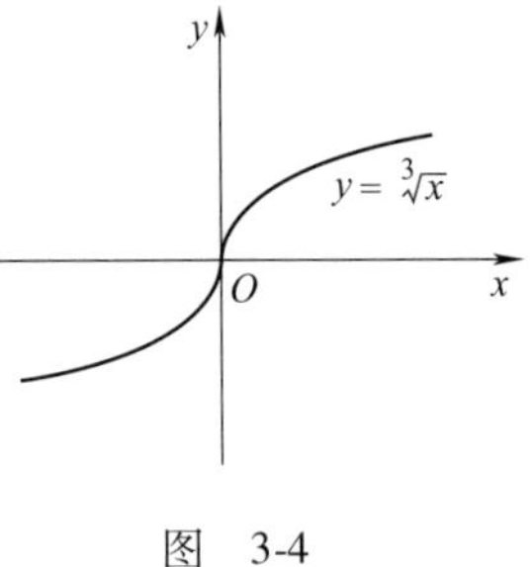

图 3-4

注意这时曲线在点 $(0, 0)$ 处的切线是没有斜率的.

思考 用导数的观点来陈述：曲线在怎样的点有斜率？在该点的切线是怎样的？在怎样的点没有切线？在怎样的点有垂直切线？

3.1.4 导数的经济意义

在经济学中，也用函数的变化率来分析经济量的局部变化方向和快慢程度，称为边际分析. 经济学中把变化率或导数称为边际，如成本函数 $C(x)$ 的导数 $C'(x)$ 称为边际成本，记作 MC；收益函数 $R(x)$ 的导数 $R'(x)$ 称为边际收益，记作 MR；利润函数 $L(x)$ 的导数 $L'(x)$ 称为边际利润，记作 ML 等.

由导数的定义有

$$f'(x_0) \approx \frac{\Delta y}{\Delta x} = \frac{f(x_0+\Delta x)-f(x_0)}{\Delta x} \quad (|\Delta x| \text{很小})$$

当 x_0 足够大，令 $\Delta x=1$，有

$$f'(x_0) \approx \frac{f(x_0+1)-f(x_0)}{1} = f(x_0+1)-f(x_0)$$

这就是说，当 x_0 足够大时，如果自变量 x 从 x_0 增加一个单位，函数 f 大约增加 $f'(x_0)$. 这称为导数的经济意义.

例如，某种葡萄酒当产量为 100 瓶时的边际成本 $C'(100)=20$（元/瓶），说明当产量从 100 瓶增加 1 瓶（或者说增加到 101 瓶）时，该产品成本大约增加 20 元，或者说生产第 101 瓶葡萄酒的成本大约为 20 元.

又如，某种衬衫当价格为 80 元时的边际需求为 $Q'(80)=-5$（件/元），说明当价格从 80 元提高 1 元时，这种衬衫需求量大约减少 5 件.

3.1.5　函数可导性与连续性的关系

设函数 $y=f(x)$ 在点 x 处可导，即 $f'(x)=\lim\limits_{\Delta x\to 0}\frac{\Delta y}{\Delta x}$ 存在，则

$$\lim_{\Delta x\to 0}\Delta y=\lim_{\Delta x\to 0}\frac{\Delta y}{\Delta x}\Delta x=\lim_{\Delta x\to 0}\frac{\Delta y}{\Delta x}\lim_{\Delta x\to 0}\Delta x=f'(x)\times 0=0$$

因此 $y=f(x)$ 在点 x 处连续. 即有：

定理 3.1　如果函数 $y=f(x)$ 在点 x 处可导，则 $y=f(x)$ 在点 x 处连续.

那么当函数 $y=f(x)$ 在点 x 处连续时，它在点 x 处是否一定可导呢？

例 3-8　考察函数 $y=|x|$ 在 $x=0$ 处的连续性和可导性.

解　在 $x=0$ 处，因为 $\Delta y=|0+\Delta x|-|0|=|\Delta x|$，所以 $\lim\limits_{\Delta x\to 0}\Delta y=\lim\limits_{\Delta x\to 0}|\Delta x|=0$，即函数 $y=|x|$ 在 $x=0$ 处连续. 而函数在 $x=0$ 的右导数为

$$\lim_{\Delta x\to 0^+}\frac{\Delta y}{\Delta x}=\lim_{\Delta x\to 0^+}\frac{|\Delta x|}{\Delta x}=\lim_{\Delta x\to 0^+}\frac{\Delta x}{\Delta x}=1$$

左导数为

$$\lim_{\Delta x\to 0^-}\frac{\Delta y}{\Delta x}=\lim_{\Delta x\to 0^-}\frac{|\Delta x|}{\Delta x}=\lim_{\Delta x\to 0^-}\frac{-\Delta x}{\Delta x}=-1$$

因为左导数与右导数不相等，所以函数 $y=|x|$ 在 $x=0$ 处不可导，如图 3-5 所示.

例 3-8 表明，在一点连续的函数，在该点不一定可导.

由以上讨论可知，函数在某点连续是函数在该点可导的必要条件，但不是充分条件.

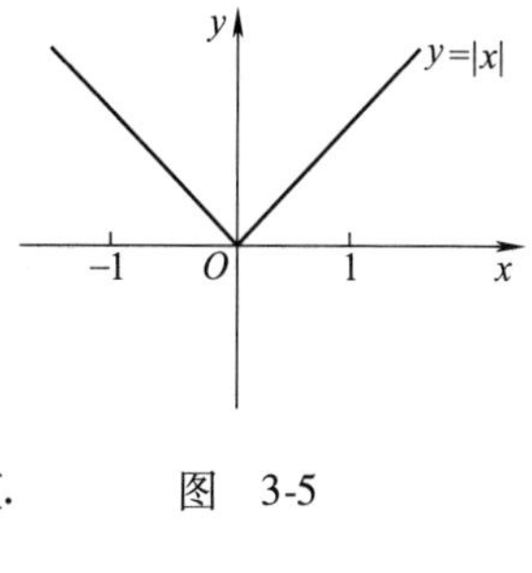

图　3-5

习题 3.1

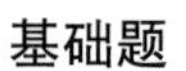

基础题

1. 用导数定义，求函数 $f(x)=x^2-2x$ 在 $x=0$ 与 $x=1$ 处的导数.
2. 设物体的运动方程为 $s=t^2+3$，求：

(1) 物体在 $t=2\mathrm{s}$ 和 $t=3\mathrm{s}$ 间的平均速度；

(2) 求物体在 $t=2\mathrm{s}$ 时的瞬时速度.

3. 求曲线 $y=\sqrt{x}$在点(4，2)处的切线方程.

4. 假设某种产品的可变成本为 $C_1=\sqrt[3]{q}$(单位：百元)，其中 q 是产量(单位：kg). 试通过计算指出当产量 q 从 1000kg 增加 1kg 时，可变成本 C_1 将怎样变化？

5. 设某产品的成本函数 $C(x)=\frac{1}{3}x^3+x-1$，求其边际成本？

6. 假设生产 x 台空调获得的收入为 $R(x)=10(x^2+2x)$元，

(1) 求空调产量为 100 台时的边际收入；

(2) 解释(1)的计算结果的经济意义.

7. 求下列函数的导数(可利用基本函数导数公式)：

(1) $y=x^2$；　(2) $y=\sqrt[2]{x^3}$；　(3) $y=2\sin x$；　(4) $y=\frac{1}{x}$.

8. 求下列函数的连续区间：

(1) $y=\frac{x}{\sqrt{x^2-1}}$；　(2) $y=\ln(2x+1)$.

9. 设$f(x)=\begin{cases} x\sin\frac{1}{x} & x\neq 0 \\ 0 & x=0 \end{cases}$，$f(x)$在点 $x=0$ 处是否连续？是否可导？为什么？

提高题

1. 在抛物线 $y=x^2$ 上取横坐标 $x_1=1$ 及 $x_2=3$ 的两点，作过这两点的割线. 问该抛物线上哪一点的切线平行于这条割线？

2. 如果$f(x)$为偶函数，且$f'(0)$存在，证明：$f'(0)=0$.

3. 设$f'(x_0)=2$，求$\lim\limits_{h\to 0}\frac{f(x_0+h)-f(x_0-2h)}{h}$.

4. 设$f(x)=\begin{cases} x^2 & x\leqslant 1 \\ ax+b & x>1 \end{cases}$，问 a，b 为何值时，函数$f(x)$处处连续、可导？

3.2 函数的求导法则与高阶导数

在本节中，将介绍求导数的几个基本法则以及前一节中未讨论过的几个基本初等函数的导数公式. 借助于这些法则和基本初等函数的导数公式，就能比较方便地求出常见的初等函数的导数.

3.2.1 函数的求导法则

对于可导函数 $u=u(x)$和 $v=v(x)$，有如下求导法则：

1) $(u+v)'=u'+v'$；

2) $(u-v)'=u'-v'$；

3) $(uv)'=u'v+uv'$，特别地，有$(Cu)'=Cu'$，其中 C 为常数；

4) $\left(\dfrac{u}{v}\right)'=\dfrac{u'v-uv'}{v^2}\ (v\neq 0)$.

前三个法则比较容易，请读者自己证明，下面仅证明法则4.

证　设$f(x)=\dfrac{u(x)}{v(x)}$. 因为$v'(x)$存在，所以$v(x)$在点x处连续. 又因为$v(x)\neq 0$，所以当$|\Delta x|$充分小时，$v(x+\Delta x)\neq 0$. 由导数定义和极限四则运算法则，有

$$
\begin{aligned}
f'(x)&=\lim_{\Delta x\to 0}\frac{f(x+\Delta x)-f(x)}{\Delta x}=\lim_{\Delta x\to 0}\frac{\dfrac{u(x+\Delta x)}{v(x+\Delta x)}-\dfrac{u(x)}{v(x)}}{\Delta x}\\
&=\lim_{\Delta x\to 0}\frac{u(x+\Delta x)v(x)-u(x)v(x+\Delta x)}{v(x+\Delta x)v(x)\Delta x}\\
&=\lim_{\Delta x\to 0}\frac{[u(x+\Delta x)-u(x)]v(x)-u(x)[v(x+\Delta x)-v(x)]}{v(x+\Delta x)v(x)\Delta x}\\
&=\lim_{\Delta x\to 0}\frac{\dfrac{u(x+\Delta x)-u(x)}{\Delta x}v(x)-u(x)\dfrac{v(x+\Delta x)-v(x)}{\Delta x}}{v(x+\Delta x)v(x)}\\
&=\frac{u'(x)v(x)-u(x)v'(x)}{[v(x)]^2}
\end{aligned}
$$

法则1～法则3可推广到任意有限个可导函数的情形. 例如，$u=u(x)$，$v=v(x)$，$w=w(x)$均可导，则有

$$(u+v-w)'=u'+v'-w'$$
$$(uvw)'=u'vw+uv'w+uvw'$$

例3-9　$y=3x^2-x^3+2$，求y'.

解　$y'=3(x^2)'-(x^3)'+(2)'=6x-3x^2$

例3-10　$y=3x-\sqrt{x}+2\sin x-\ln 2$，求$y'$.

解　$y'=3(x)'-(\sqrt{x})'+2(\sin x)'-(\ln 2)'$

$$=3-\frac{1}{2}x^{-\frac{1}{2}}+2\cos x$$

例3-11　求曲线$y=x^3-\ln x$在点$(1,1)$处的切线方程.

解　$y'=3x^2-\dfrac{1}{x}$，切线斜率$k=y'\Big|_{x=1}=2$，于是所求切线的方程为

$$y-1=2(x-1)，即\ y=2x-1$$

例3-12　$y=e^x(\sin x-\cos x)$，求y'.

解　$y'=(e^x)'(\sin x-\cos x)+e^x(\sin x-\cos x)'$

$$=e^x(\sin x-\cos x)+e^x(\cos x+\sin x)$$
$$=2e^x\sin x$$

例3-13　设$y=(\sqrt{x}-3)(2x+1)$，求y'.

解　$y'=(\sqrt{x}-3)'(2x+1)+(\sqrt{x}-3)(2x+1)'$

$$=\frac{1}{2\sqrt{x}}(2x+1)+2(\sqrt{x}-3)=3\sqrt{x}+\frac{1}{2\sqrt{x}}-6$$

例 3-14 设 $y=\log_a x\ (a>0,\ a\neq 1)$，求 y'.

解 $y'=(\log_a x)'=\left(\dfrac{\ln x}{\ln a}\right)'=\dfrac{1}{\ln a}(\ln x)'=\dfrac{1}{x\ln a}$，即有

$$(\log_a x)'=\frac{1}{x\ln a}$$

例 3-15 设 $y=\tan x$，求 y'.

解 $y'=\left(\dfrac{\sin x}{\cos x}\right)'=\dfrac{(\sin x)'\cos x-\sin x(\cos x)'}{\cos^2 x}=\dfrac{\cos x\ \cos x-\sin x\ (-\sin x)}{\cos^2 x}$

$$=\frac{\cos^2 x+\sin^2 x}{\cos^2 x}=\frac{1}{\cos^2 x}=\sec^2 x$$

即有

$$(\tan x)'=\sec^2 x$$

类似地，可以求出

$$(\cot x)'=-\csc^2 x,\ (\sec x)'=\sec x\tan x,\ (\csc x)'=-\csc x\cot x$$

3.2.2 高阶导数

由物理学可知，变速直线运动的速度 $v(t)$ 是位移 $s(t)$ 对时间 t 的变化率，即

$$v=s'(t)$$

而加速度 a 则是速度 v 对时间 t 的变化率，即

$$a=v'(t)$$

因此加速度 a 是 $s(t)$ 的导数的导数.

定义 3.5 （高阶导数）如果函数 $y=f(x)$ 的导数 $f'(x)$ 是可导的，则把 $f'(x)$ 的导数称为 $f(x)$ 的二阶导数，记作 y'' 或 $\dfrac{d^2y}{dx^2}$，即

$$y''=(y')' \quad 或 \quad \frac{d^2y}{dx^2}=\frac{d}{dx}\left(\frac{dy}{dx}\right)$$

相应地，把 $f'(x)$ 称为 $f(x)$ 的一阶导数.

类似地，y'' 的导数称为三阶导数，记作 y'''；y''' 的导数称为四阶导数，记作 $y^{(4)}$；……函数 $y=f(x)$ 的 $n-1$ 阶导数的导数称为 $f(x)$ 的 n 阶导数，记作 $y^{(n)}$ 或 $\dfrac{d^ny}{dx^n}$.

当 $n\geqslant 2$ 时的 n 阶导数统称为高阶导数.

由此可见，求高阶导数就是多次连续地求导数. 所以，仍可应用前面学过的求导方法来计算高阶导数.

例 3-16 $y=ax+b$，求 y' 及 y''.

解 $y'=a$，$y''=0$

例 3-17 求多项式函数 $y=x^3-3x^2+2x+5$ 的各阶导数.

解 $y'=3x^2-6x+2$，$y''=6x-6$，$y'''=6$，当 $k\geqslant 4$ 时，$y^{(k)}=0$.

例 3-18 求指数函数 $y=e^x$ 的 n 阶导数.

解 $y'=e^x$，$y''=e^x$，$y'''=e^x$，$y^{(4)}=e^x$

一般地，可得

$$(e^x)^{(n)}=e^x$$

3.2.3　反函数的求导法则

定理 3.2　设 $y=f(x)$ 是增(减)函数，其反函数为 $x=\varphi(y)$，$x=\varphi(y)$ 在点 y 处可导，且 $\varphi'(y)\neq 0$，则 $y=f(x)$ 在点 x 处可导，且有

$$f'(x)=\frac{1}{\varphi'(y)}$$

也就是说，互为反函数的两个可导的增(减)函数的导数互为倒数.

事实上，由于 $y=f(x)$ 是增(减)函数，因此当 $\Delta x\neq 0$ 时，$\Delta y\neq 0$. 又因为 $\varphi'(y)\neq 0$ 存在，从而连续，所以当 $\Delta y\to 0$ 时，$\Delta x\to 0$. 于是有

$$f'(x)=\lim_{\Delta x\to 0}\frac{\Delta y}{\Delta x}=\lim_{\Delta x\to 0}\frac{1}{\frac{\Delta x}{\Delta y}}=\frac{1}{\lim\limits_{\Delta y\to 0}\frac{\Delta x}{\Delta y}}=\frac{1}{\varphi'(y)}$$

例 3-19　设 $y=a^x(a>0,\ a\neq 1)$，求 y'.

解　$y=a^x$ 的反函数是 $x=\log_a y$，且 $\frac{dx}{dy}=\frac{1}{y\ln a}$，所以

$$y'=\frac{dy}{dx}=\frac{1}{\frac{dx}{dy}}=y\ln a=a^x\ln a$$

即有
$$(a^x)'=a^x\ln a$$

特别地，有
$$(e^x)'=e^x$$

例 3-20　设 $y=\arcsin x\ (x\in(-1,\ 1))$，求 y'.

解　$y=\arcsin x(x\in(-1,\ 1))$ 的反函数是 $x=\sin y$，$y\in\left(-\frac{\pi}{2},\ \frac{\pi}{2}\right)$，且 $\frac{dx}{dy}=\cos y$，所以

$$y'=\frac{dy}{dx}=\frac{1}{\frac{dx}{dy}}=\frac{1}{\cos y}=\frac{1}{\sqrt{1-\sin^2 y}}=\frac{1}{\sqrt{1-x^2}}$$

即有
$$(\arcsin x)'=\frac{1}{\sqrt{1-x^2}}\ (x\in(-1,\ 1))$$

类似地，可以求出

$$(\arccos x)'=-\frac{1}{\sqrt{1-x^2}}\ (x\in(-1,\ 1))$$

$$(\arctan x)'=\frac{1}{1+x^2},\quad(\operatorname{arccot} x)'=-\frac{1}{1+x^2}$$

习题 3.2

基础题

1. 设 $f(x)=x^2+2\sin x+3$，求 $f'(0)$，$f'\left(\frac{\pi}{2}\right)$.

2. 若 $y=\cos x\sin x$，求 $y'\left(\frac{\pi}{3}\right)$，$y'\left(\frac{\pi}{4}\right)$.

3. 求 $s=2t^3-t+3$ 在 $t=2$ 时的速度和加速度.

4. 求下列函数的导数：

(1) $y=x\sin x$；　(2) $y=\dfrac{2x}{1-x}$；　(3) $y=x\ln x-\dfrac{1}{x}$；

(4) $y=\dfrac{e^x}{1-x^2}$；　(5) $y=2x+\sqrt{x}-\ln x$；　(6) $s=\dfrac{1}{\sqrt{t}-1}$.

5. 设 $y=x^3+x^2+x+1$，求 y 的一到四阶导数.

6. 求下列函数的 n 阶导数的表达式：

(1) $y=x\ln x$；　(2) $y=xe^x$.

7. 已知曲线 $y=x\ln\sqrt{x}$的切线与直线 $2x+2y+3=0$ 垂直，求此切线方程.

提高题

1. 设 $y=a_nx^n+a_{n-1}x^{n-1}+\cdots+a_1x+a_0$ $(n\in\mathbf{Z}_+)$，求 $y^{(n)}$.

2. 设 $y=a^x$ $(a>0,\ a\neq1)$，求 $y^{(n)}$.

3. 下列各题给出了沿 s 轴运动的物体的位置函数 $s=s(t)$. 求速度函数 $v(t)=s'(t)$和加速度函数 $a(t)=s''(t)$，并把 $s(t)$，$v(t)$和 $a(t)$的图形画在一起，然后描述物体的下列运动性态(向前方向指 s 轴正方向)：何时物体处于静止状态；何时向前，何时向后运动；何时运动加快，何时减慢；何时运动最快，何时最慢. 并指出上述运动性态与 v 或 a 的正负和绝对值大小的关系.

(1) $s=t^2-3t+2$，$0\leqslant t\leqslant5$；

(2) $s=4-7t+6t^2-t^3$，$0\leqslant t\leqslant4$.

4. (人体对药物的反应)人体对一定剂量药物的反应有时可用形如 $R=M^2\left(\dfrac{C}{2}-\dfrac{M}{3}\right)$的公式来表示，其中 C 是一正常数而 M 是血液中吸收的一定量的药物. 如果反应是血压的变化，那么 R 是用毫米水银柱高来度量的；如果反应是温度的变化，那么 R 是用摄氏度来度量的. 求$\dfrac{dR}{dM}$(称为人体对药物的敏感性).

5. (股票走势)设 $y(t)$代表某日某公司在时刻 t 的股票价格，试根据以下情形判定一阶、二阶导数的正、负号：

(1)股票价格上升越来越快；　(2)股票价格接近最低点.

6. 求曲线 $y=\dfrac{x^3-3x^2+5}{x+1}$在点(0，5)处的切线方程，并画出图形.

3.3 复合函数的求导法则

3.3.1 链式法则

到目前为止，对于 $\ln\sin x$，e^{x^2}，$\sin\dfrac{x^2+1}{2x}$这样的函数，还无法确定它们是否可导，可导的话又该怎样求它们的导数呢？这些问题借助于下面的重要法则可以得到解决，从而使可以求得导数的函数的范围扩充.

定理3.3　如果函数$u=g(x)$在点x处可导，而函数$y=f(u)$在点$u=g(x)$处可导，则复合函数$y=f[g(x)]$在点x处可导，且有

$$\frac{\mathrm{d}y}{\mathrm{d}x}=\frac{\mathrm{d}y}{\mathrm{d}u}\frac{\mathrm{d}u}{\mathrm{d}x}$$

上式也可写为

$$y'_x=y'_u u'_x \quad \text{或} \quad y'(x)=f'(u)g'(x)$$

定理3.3给出了求复合函数的导数的法则，称为链式法则.

下面仅给出链式法则的一个粗略的证明大意.

当x有增量Δx时，u有增量$\Delta u=g(x+\Delta x)-g(x)$，$y$有增量$\Delta y=f(u+\Delta u)-f(u)$. 由于$u$可导，因此$u$连续，于是当$\Delta x\to 0$时，$\Delta u\to 0$，有

$$\frac{\mathrm{d}y}{\mathrm{d}x}=\lim_{\Delta x\to 0}\frac{\Delta y}{\Delta x}=\lim_{\Delta x\to 0}\frac{\Delta y\Delta u}{\Delta u\Delta x}=\lim_{\Delta u\to 0}\frac{\Delta y}{\Delta u}\lim_{\Delta x\to 0}\frac{\Delta u}{\Delta x}=\frac{\mathrm{d}y}{\mathrm{d}u}\frac{\mathrm{d}u}{\mathrm{d}x}$$

链式法则可以推广到由两个以上可导函数构成的复合函数的情形. 例如，如果函数$y=f\{g[h(x)]\}$是由可导函数$y=f(u)$，$u=g(v)$，$v=h(x)$构成的复合函数，则

$$y'_x=y'_u u'_v v'_x$$

例3-21　设$y=\mathrm{e}^{x^2}$，求$\frac{\mathrm{d}y}{\mathrm{d}x}$.

解　$y=\mathrm{e}^{x^2}$可以看作是由$y=\mathrm{e}^u$和$u=x^2$复合而成的，所以

$$\frac{\mathrm{d}y}{\mathrm{d}x}=\frac{\mathrm{d}y}{\mathrm{d}u}\frac{\mathrm{d}u}{\mathrm{d}x}=\mathrm{e}^u 2x=2x\mathrm{e}^{x^2}$$

例3-22　设$y=\ln(3-2x)$，求y'.

解　$y=\ln(3-2x)$可以看作是由$y=\ln u$和$u=3-2x$复合而成的，所以

$$y'=y'_u u'_x=\frac{1}{u}(-2)=-\frac{2}{3-2x}$$

从以上例子可以看出，应用复合函数求导法则时，首先要分析所给函数可看作由哪些基本初等函数复合而来，或者说，所给函数能分解成哪些函数，如果所给函数能分解成比较简单的函数，而这些简单函数的导数我们已经会求，那么应用复合函数求导法则就可以很顺利地求出所给函数的导数了.

熟悉链式法则以后，也可以不写出中间变量，而按照下面例题的方式来计算.

例3-23　设$y=\sqrt{2-x^2}$，求y'.

解　$y'=\frac{1}{2\sqrt{2-x^2}}(2-x^2)'=\frac{1}{2\sqrt{2-x^2}}(-2x)=-\frac{x}{\sqrt{2-x^2}}$

例3-24　试利用公式$(\sin x)'=\cos x$推导$\cos x$的导数公式.

解　因为$\cos x=\sin\left(x+\frac{\pi}{2}\right)$，所以

$$(\cos x)'=\left[\sin\left(x+\frac{\pi}{2}\right)\right]'=\cos\left(x+\frac{\pi}{2}\right)\left(x+\frac{\pi}{2}\right)'$$

$$=\cos\left(x+\frac{\pi}{2}\right)=-\sin x$$

例3-25　设$y=\ln\cos(\mathrm{e}^x)$，求$\frac{\mathrm{d}y}{\mathrm{d}x}$.

解 $\frac{dy}{dx}=[\ln\cos(e^x)]'=\frac{1}{\cos(e^x)}[\cos(e^x)]'=\frac{-\sin(e^x)}{\cos(e^x)}(e^x)'=-e^x\tan(e^x)$

例 3-26　$y=x^\alpha$，$x>0$，其中 α 是任意实数，求 y'.

解 $y'=(x^\alpha)'=(e^{\ln x^\alpha})'=(e^{\alpha\ln x})'=e^{\alpha\ln x}(\alpha\ln x)'=x^\alpha\frac{\alpha}{x}=\alpha x^{\alpha-1}$

即有

$$(x^\alpha)'=\alpha x^{\alpha-1}$$

3.3.2　利用导数公式和法则求初等函数的导数

我们知道，初等函数是由常数和基本初等函数经过有限次四则运算或有限次复合形成的. 在前面几节已经得到了常数和全部基本初等函数的导数公式，并给出了导数的四则运算法则和复合函数求导的链式法则. 因此，现在可以利用上述导数公式和法则求出任何一个可导的初等函数的导数或偏导数.

为了方便查阅，现在把上述公式和法则归纳如下：

1. 基本初等函数的导数公式

1）$(C)'=0$；

2）$(x^\alpha)'=\alpha x^{\alpha-1}$；

3）$(a^x)'=a^x\ln a$（$a>0$，$a\neq1$），特别地，有 $(e^x)'=e^x$；

4）$(\log_a x)'=\frac{1}{x\ln a}$（$a>0$，$a\neq1$），特别地，有 $(\ln x)'=\frac{1}{x}$；

5）$(\sin x)'=\cos x$；

6）$(\cos x)'=-\sin x$；

7）$(\tan x)'=\sec^2 x$；

8）$(\cot x)'=-\csc^2 x$；

9）$(\sec x)'=\sec x\tan x$；

10）$(\csc x)'=-\csc x\cot x$；

11）$(\arcsin x)'=\frac{1}{\sqrt{1-x^2}}$；

12）$(\arccos x)'=-\frac{1}{\sqrt{1-x^2}}$；

13）$(\arctan x)'=\frac{1}{1+x^2}$；

14）$(\text{arccot}\, x)'=-\frac{1}{1+x^2}$.

2. 导数的四则运算法则

1）$(u+v)'=u'+v'$；

2）$(u-v)'=u'-v'$；

3）$(uv)'=u'v+uv'$，特别地，有 $(Cu)'=Cu'$；

4）$\left(\frac{u}{v}\right)'=\frac{u'v-uv'}{v^2}$（$v\neq0$）.

3. 链式法则

设函数 $y=f[\varphi(x)]$ 是由可导函数 $y=f(u)$ 和 $u=\varphi(x)$ 复合而成的函数，则有

$$y'_x=y'_u u'_x \quad 或 \quad y'(x)=f'(u)\varphi'(x)$$

下面再举两个综合运用这些法则和公式求初等函数的导数的例子.

例 3-27　设 $y=\cos\sqrt{x^2+2}$，求 y'.

解　$y'=-\sin\sqrt{x^2+2}(\sqrt{x^2+2})'$

$$=-\sin\sqrt{x^2+2}\frac{1}{2\sqrt{x^2+2}}(x^2+2)'=-\frac{x}{\sqrt{x^2+2}}\sin\sqrt{x^2+2}$$

例 3-27 说明，当函数是由三个或更多函数复合而成时，可多次运用链式法则.

例 3-28　求 $y=\mathrm{e}^{-x}\ln(x^2-\sqrt{\sin x})$ 的导数.

解　$y'=(\mathrm{e}^{-x})'\ln(x^2-\sqrt{\sin x})+\mathrm{e}^{-x}[\ln(x^2-\sqrt{\sin x})]'$（先用四则求导法则）

$$=-\mathrm{e}^{-x}\ln(x^2-\sqrt{\sin x})+\mathrm{e}^{-x}\left[\frac{1}{x^2-\sqrt{\sin x}}\left(2x-\frac{\cos x}{2\sqrt{\sin x}}\right)\right]$$（再用复合函数求导法则）

例 3-29　设 $y=\ln(x+\sqrt{1+x^2})$，求 y'.

解　$y'=\dfrac{1}{x+\sqrt{1+x^2}}(x+\sqrt{1+x^2})'$（先用复合函数求导法则）

$$=\frac{1}{x+\sqrt{1+x^2}}\left[1+\frac{1}{2\sqrt{1+x^2}}(1+x^2)'\right]$$（再用四则运算法则）

$$=\frac{1}{x+\sqrt{1+x^2}}\left(1+\frac{x}{\sqrt{1+x^2}}\right)=\frac{1}{x+\sqrt{1+x^2}}\frac{\sqrt{1+x^2}+x}{\sqrt{1+x^2}}$$

$$=\frac{1}{\sqrt{1+x^2}}$$

例 3-28、例 3-29 说明，当混合运用导数的四则运算法则和链式法则时，要注意分清运算顺序；求导结果应尽可能化简.

例 3-30　设 $y=\ln\sqrt{\dfrac{1-x}{1+x}}$，求 y'.

解　因为

$$y=\ln\sqrt{\frac{1-x}{1+x}}=\frac{1}{2}[\ln(1-x)-\ln(1+x)]$$

所以

$$y'=\frac{1}{2}\left[\frac{1}{1-x}(1-x)'-\frac{1}{1+x}(1+x)'\right]=\frac{1}{2}\left(\frac{1}{x-1}-\frac{1}{x+1}\right)=\frac{1}{x^2-1}$$

例 3-30 说明，有时可能应该先化简后求导.

习题 3.3

基础题

1. 求下列函数的导数：

(1) $y=(3x-1)^5$；　(2) $y=\sqrt{2-x^2}$；　(3) $y=\sin^2 x+\sin 2x$；

(4) $y=x\cos(2x+1)$；　(5) $s=\ln(1-2t)$；　(6) $y=\mathrm{e}^{x^2-1}$.

2. 求$f(x)=\ln\sin x$，在点$x=\frac{\pi}{6}$处的导数值.

3. 已知物体运动方程为$s=3\sin\left(2t+\frac{\pi}{3}\right)$，求$t=\frac{\pi}{4}$时物体运动的速度与加速度.

4. 求下列函数的导数：

(1) $y=(2x+1)^2\ln(1-x)$；　(2) $y=\frac{\sin 3x}{\cos x}$；　(3) $y=(\sin 5x^5)^5$；

(4) $y=\sqrt{1+\ln^2 x}$；　(5) $y=x^2\sin\frac{1}{x}$；　(6) $r=2\theta\sqrt{\cos\theta}$；

(7) $y=(x^2-2x+2)\mathrm{e}^{4x}$；　(8) $y=\frac{\ln(1+2x)}{x}$.

提高题

1. 设$[f(x^3)]'=\frac{1}{x}$，求$f'(1)$.

2. 设$y=f(\ln x)$，$f'(x)=\mathrm{e}^x$，求$\frac{\mathrm{d}y}{\mathrm{d}x}$.

3. 设$y=f(\mathrm{e}^x)\mathrm{e}^{f(x)}$，求$\frac{\mathrm{d}y}{\mathrm{d}x}$.

4. 设函数$f(x)$和$g(x)$可导，且$f^2(x)+g^2(x)\neq 0$，试求函数$y=\sqrt{f^2(x)+g^2(x)}$的导数.

5. 某铜线的长度L随温度H的变化率为2 cm/℃，而温度H随时间t变化的速率为$\frac{5}{\sqrt{t+1}}$℃/h，求当$t=3$h时，L随t变化的速率.

3.4 隐函数求导

3.4.1 隐函数的一般求导方法

由方程$F(x,y)=0$所确定的y与x的函数关系称为隐函数. 从方程$F(x,y)=0$中有时可解出$y=f(x)$的形式(称为显函数)，如从方程$3x+5y+1=0$可解出显函数$y=-\frac{3}{5}x-\frac{1}{5}$；有时，从方程$F(x,y)=0$中可以解出不止一个显函数，如从方程$x^2+y^2-R^2=0(R>0)$中可以解出$y=\pm\sqrt{R^2-x^2}$，它包含两个显函数，其中$y=\sqrt{R^2-x^2}$代表上半圆周，$y=-\sqrt{R^2-x^2}$代表下半圆周. 但有时隐函数并不能表示为显函数的形式，如方程$y-x-\sin y=0$就不能解出来$y=f(x)$的形式.

对于由方程$F(x,y)=0$所确定的y与x的函数关系，并且y对x可导(即$y'(x)$存在)，在不解出y的情况下，如何求y'呢？其办法是在方程$F(x,y)=0$中，把y看成x的函数$y=y(x)$，于是方程可看成关于x的恒等式：$F(x,y(x))\equiv 0$. 在等式两端同时对x求导(左端要用到复合函数的求导法则)，然后解出 y' 即可.

例 3-31　求由方程 $2xy+y^2=x+y$ 所确定的隐函数的导数 y'.

解　两边对 x 求导，把 y 看成 x 的函数 $y=y(x)$，得

$$2(y+xy')+2yy'=1+y'，即(2x+2y-1)y'=1-2y$$

所以
$$y'=\frac{1-2y}{2x+2y-1}$$

例 3-32　求由方程 $x^2+y^2=R^2(R>0)$ 所确定的隐函数的导数 y'.

解　对方程 $x^2+y^2=R^2$ 的两端同时对 x 求导时，则应有($y=y(x)$是中间变量)

$$2x+2y\,y'=0$$

解出
$$y'=-\frac{x}{y}\quad(y\neq0)$$

思考　证明：圆 $x^2+y^2=R^2(R>0)$ 在其上一点 $M_0(x_0,\ y_0)$ 处的切线方程为 $x_0x+y_0y=R^2$. 法线方程又是什么?

例 3-33　求曲线 $xy+\ln y=1$ 在点(1，1)处的切线方程.

解　将曲线方程两边对 x 求导，得 $(xy)'_x+(\ln y)'_x=0$，即 $y+xy'+\frac{1}{y}y'=0$. 于是

$$y'=\frac{-y^2}{xy+1}$$

过点(1，1)处的切线斜率

$$k=y'\Big|_{(1,1)}=\frac{-y^2}{xy+1}\Big|_{(1,1)}=-\frac{1}{2}$$

故所求切线方程为

$$y-1=-\frac{1}{2}(x-1)，即\ x+2y-3=0$$

例 3-34　已知 $xy-\sin(\pi y^2)=0$，求 $y'\Big|_{(0,-1)}$.

解　方程两边对 x 求导，得

$$(xy)'_x-[\sin(\pi y^2)]'_x=0，即\ y+xy'-\cos(\pi y^2)\times2\pi yy'=0$$

$$y'=\frac{-y}{x-2\pi y\cos(\pi y^2)}$$

$$y'\Big|_{(0,-1)}=\frac{1}{2\pi\cos\pi}=-\frac{1}{2\pi}$$

例 3-35　证明：双曲线 $xy=a^2$ 上任意一点的切线与两坐标轴形成的三角形的面积等于常数 $2a^2$.

证　在双曲线 $xy=a^2$ 上任取一点(x_0，y_0)，过此点的切线斜率为 $k=y'\Big|_{x=x_0}=-\frac{y}{x}\Big|_{(x_0,y_0)}=-\frac{y_0}{x_0}$. 故切线方程为

$$y-y_0=-\frac{y_0}{x_0}(x-x_0)$$

此切线在 y 轴与 x 轴上的截距分别为 $2y_0$，$2x_0$，故此三角形面积为

$$\frac{1}{2}|2y_0||2x_0|=2|x_0y_0|=2a^2$$

3.4.2 对数求导法

形如 $y=[f(x)]^{\varphi(x)}$ 的函数称为幂指函数. 设 $f(x)$, $\varphi(x)$ 都是 x 的可导函数，下面求 $[f(x)]^{\varphi(x)}$ 的导数. 由于它既不是幂函数，也不是指数函数，因此不能用幂函数或者指数函数的导数公式来求它的导数，可以用下面的方法来求它的导数.

设 $y=[f(x)]^{\varphi(x)}$，两边取对数 $\ln y=\varphi(x)\ln f(x)$，两边对 x 求导，有

$$\frac{1}{y}y'=\varphi'(x)\ln f(x)+\varphi(x)\frac{1}{f(x)}f'(x)$$

解出

$$y'=y\left[\varphi'(x)\ln f(x)+\varphi(x)\frac{f'(x)}{f(x)}\right]$$

$$=[f(x)]^{\varphi(x)}\left[\varphi'(x)\ln f(x)+\varphi(x)\frac{f'(x)}{f(x)}\right]$$

像这种先取对数再求(隐函数)导数的方法称为对数求导法.

例 3-36 设 $y=a^x(a>0, a\neq1)$. 求 y'.

解 此为指数函数，两边取对数得 $\ln y=\ln a^x$，即 $\ln y=x\ln a$，这是隐函数形式，按隐函数求导法：将此式两边对 x 求导，得

$$(\ln y)'_x=(x\ln a)', \text{即} (\ln y)'_y y'_x=\ln a$$

$$\frac{1}{y}y'=\ln a, y'=y\ln a=a^x\ln a$$

即指数函数 $y=a^x$ 的导数为

$$(a^x)'=a^x\ln a \tag{3.4}$$

特别地，当 $a=\mathrm{e}$ 时，有 $(\mathrm{e}^x)'=\mathrm{e}^x$

由复合函数求导法，利用式(3.4)容易求出 $y=a^{-x}$ 的导数

$$y'=(a^{-x})'=(a^{-x})'_{(-x)}(-x)'=(a^{-x}\ln a)(-1)=-a^{-x}\ln a$$

而

$$(\mathrm{e}^{ax^2+bx+c})'=\mathrm{e}^{ax^2+bx+c}(ax^2+bx+c)'=\mathrm{e}^{ax^2+bx+c}(2ax+b)$$

若求由方程 $\mathrm{e}^y=xy$ 所确定的隐函数 y 的导数，只需两边对 x 求导，得 $\mathrm{e}^y y'=y+xy'$，所以

$$y'=\frac{y}{\mathrm{e}^y-x}$$

另一种解法：因为 $\mathrm{e}^y=xy$，从中容易解出 $x=\frac{\mathrm{e}^y}{y}$. 此为 $y=y(x)$ 的反函数. 而

$$\frac{\mathrm{d}x}{\mathrm{d}y}=\frac{y\frac{\mathrm{d}}{\mathrm{d}y}(\mathrm{e}^y)-\mathrm{e}^y\frac{\mathrm{d}}{\mathrm{d}y}y}{y^2}=\frac{y\mathrm{e}^y-\mathrm{e}^y}{y^2}$$

由此易知

$$\frac{\mathrm{d}y}{\mathrm{d}x}=\frac{1}{\frac{\mathrm{d}x}{xy}}=\frac{y^2}{y\mathrm{e}^y-\mathrm{e}^y}=\frac{y^2}{y\mathrm{e}^y-xy}=\frac{y}{\mathrm{e}^y-x}$$

即
$$\frac{\mathrm{d}y}{\mathrm{d}x}=\frac{y}{\mathrm{e}^y-x}$$

例 3-37　求幂函数 $y=x^a$($x>0$，a 为任意实数)的导数 y'.

解　当 $a=n\in\mathbf{N}$，已有$(x^n)'=nx^{n-1}$. 现在 $\forall a\in\mathbf{R}$，在 $y=x^a$ 两边取对数，则有 $\ln y=\ln x^a$，即 $\ln y=a\ln x$. 两边对 x 求导数(y 做中间变量)，有

$$(\ln y)'_x=(a\ln x)',\ \frac{1}{y}y'=a(\ln x)'=a\frac{1}{x}$$

所以
$$y'=a\frac{y}{x}=a\frac{x^a}{x}=ax^{a-1}.$$

即
$$(x^a)'=ax^{a-1}\ (a\in\mathbf{R}).$$

例 3-36、例 3-37 说明：对指数函数、幂函数求导都可以利用“取对数求导法”. 但注意，要尽量利用已有公式，如求$(\sqrt{1+x^2})'$，不必再去令 $y=\sqrt{1+x^2}$，然后两边取对数，而可直接求得

$$(\sqrt{1+x^2})'=[(1+x^2)^{\frac{1}{2}}]'=\frac{1}{2}(1+x^2)^{-\frac{1}{2}}(1+x^2)'$$
$$=\frac{1}{2}\frac{1}{\sqrt{1+x^2}}\times 2x=\frac{x}{\sqrt{1+x^2}}$$

例 3-38　求幂指数函数 $y=x^x$ 的导数 y'.

解　法一：利用两边取对数方法，得

$$\ln y=\ln x^x$$

即 $\ln y=x\ln x$. 再利用复合函数求导法则（这里中间变量是 y），得

$$\frac{1}{y}y'=\ln x+x(\ln x)'=\ln x+x\frac{1}{x}$$

所以有
$$y'=y(1+\ln x)=x^x(1+\ln x)$$

法二：由 $y=x^x$，可变形为 $y=\mathrm{e}^{\ln x^x}=\mathrm{e}^{x\ln x}$，所以有

$$y'=(\mathrm{e}^{x\ln x})'=\mathrm{e}^{x\ln x}(x\ln x)'=\mathrm{e}^{x\ln x}[\ln x+x(\ln x)']$$
$$=\mathrm{e}^{x\ln x}\left(\ln x+x\frac{1}{x}\right)=\mathrm{e}^{\ln x^x}(1+\ln x)=x^x(1+\ln x)$$

法一是对幂指函数两边取对数，法二是利用$f(x)=\mathrm{e}^{\ln f(x)}$（当 $f(x)>0$ 时），两种方法都要掌握.

例 3-36 ~ 例 3-38 说明，对于指数函数、幂函数和幂指函数都可采用先取对数、再求导、最后解出 y'的方法，即“取对数求导法”. 不仅如此，“取对数求导法”也常用来求那些含乘、除、乘方、开方因子较多的函数的求导. 这是因为对数能变乘、除为加、减，把乘方变乘法.

例 3-39　求$(\sqrt[3]{(x^2-1)(2-x)})'$.

解　法一：
$$(\sqrt[3]{(x^2-1)(2-x)})'=\{[(x^2-1)(2-x)]^{\frac{1}{3}}\}'$$
$$=\frac{1}{3}[(x^2-1)(2-x)]^{-\frac{2}{3}}[(x^2-1)(2-x)]'$$
$$=\frac{1}{3}\frac{1}{\sqrt[3]{(x^2-1)^2(2-x)^2}}[2x(2-x)+(x^2-1)(-1)]$$
$$=\frac{1}{3}\frac{4x-2x^2-x^2+1}{\sqrt[3]{(x^2-1)^2(2-x)^2}}=\frac{-3x^2+4x+1}{3\sqrt[3]{(x^2-1)^2(2-x)^2}}$$

法二：令 $y=[(x^2-1)(2-x)]^{\frac{1}{3}}$，两边取对数，得

$$\ln y=\frac{1}{3}[\ln(x^2-1)+\ln(2-x)]$$

两边对 x 求导数，得

$$\frac{1}{y}y'=\frac{1}{3}\left[\frac{2x}{x^2-1}+\frac{-1}{2-x}\right]=\frac{1}{3}\ \frac{-3x^2+4x+1}{(x^2-1)(2-x)}$$

所以

$$y'=y\times\frac{1}{3}\ \frac{-3x^2+4x+1}{(x^2-1)(2-x)}=\frac{-3x^2+4x+1}{3\sqrt[3]{(x^2-1)(2-x)^2}}$$

法二与法一不同，但结果一样. 细心的读者可能会对法二提出质疑：在表达式 $y=[(x^2-1)(2-x)]^{\frac{1}{3}}$中，并未说明有 $x^2-1>0$，$(2-x)>0$，$y>0$，那么，怎么可以对它们取对数呢？严格说来，应该分情况：

1）当 $x^2-1=0$ 或 $2-x=0$ 时，由导数定义可以知道 $y=[(x^2-1)(2-x)]^{\frac{1}{3}}$的导数在 $x=\pm1$，$x=2$ 处不存在；

2）当 $x^2-1\neq0$ 且 $2-x\neq0$ 时，$y\neq0$，此时可先在表达式 $y=[(x^2-1)(2-x)]^{\frac{1}{3}}$两边取绝对值，得

$$|y|=\sqrt[3]{|x^2-1|\ |2-x|}$$

因为 $|x^2-1|>0$，$|2-x|>0$，$|y|>0$，所以可在上式两边取对数，有

$$\ln|y|=\frac{1}{3}[\ln|x^2-1|+\ln|2-x|]$$

再将两边对 x 求导数，注意$(\ln|x|)'_x=\frac{1}{x}$与$(\ln x)'_x=\frac{1}{x}$是相同的，即对上式关于 x 求导的结果应该与不带绝对值的式子

$$\ln y=\frac{1}{3}[\ln(x^2-1)+\ln(2-x)]$$

两边对 x 求导的结果完全一样. 因此，今后做题取对数时，可不用取绝对值，而直接取对数就可以了.

3.4.3　由参数方程所确定的函数的导数

平面曲线一般可用方程 $F(x, y)=0$ 或 $y=f(x)$ 表示. 但有时动点坐标 x，y 之间的关系不是这样直接给出，而是通过另一个变量 t 间接给出的，例如，圆心在原点(0，0)，半径为 R 的圆周可用方程组

$$\begin{cases}x=R\cos t\\ y=R\sin t\end{cases},\ t\in[0, 2\pi]$$

表示. 一般来说，如果平面曲线 L 上的动点坐标 x，y 可表为如下形式：

$$\begin{cases}x=\varphi(t)\\ y=\psi(t)\end{cases},\ t\in[\alpha, \beta] \tag{3.5}$$

则称此方程组为曲线 L 的参数方程，t 称为参数. 在$[\alpha, \beta]$上取一点 t 的值，则对应曲线 L 上一点(x, y). 当 t 取遍$[\alpha, \beta]$上的所有值时，对应的点(x, y)便组成曲线 L.

当函数 $y=f(x)$ 由参数方程(3.5)给出时，怎样求导数 y'? 设 $\varphi'(t)$，$\psi'(t)$ 都存在，$\varphi'(t)\neq 0$，且函数 $x=\varphi(t)$ 存在反函数 $t=\varphi^{-1}(x)$，则 y 通过 t 成为 x 的复合函数 $y=\psi(t)=\psi[\varphi^{-1}(x)]$. 再由复合函数求导法则知 $y'_x=y'_t t'_x$，又由反函数求导法可知

$$t'_x=\frac{\mathrm{d}t}{\mathrm{d}x}=\frac{1}{\frac{\mathrm{d}x}{\mathrm{d}t}}=\frac{1}{\varphi'(t)}$$

所以
$$\frac{\mathrm{d}y}{\mathrm{d}x}=\frac{\mathrm{d}y}{\mathrm{d}t}\frac{\mathrm{d}t}{\mathrm{d}x}=\psi'(t)\frac{1}{\varphi'(t)}=\frac{\psi'(t)}{\varphi'(t)}$$

就相当于
$$\frac{\mathrm{d}y}{\mathrm{d}x}=\frac{\frac{\mathrm{d}y}{\mathrm{d}t}}{\frac{\mathrm{d}x}{\mathrm{d}t}}=\frac{\psi'(t)}{\varphi'(t)}$$

例 3-40　求椭圆 $\begin{cases}x=a\cos t\\ y=b\sin t\end{cases}$ 在 $t=\frac{\pi}{4}$ 处的切线方程.

解　当 $t=\frac{\pi}{4}$ 时，$x=a\cos\frac{\pi}{4}=\frac{a}{\sqrt{2}}$，$y=b\sin\frac{\pi}{4}=\frac{b}{\sqrt{2}}$. 于是椭圆上的切点是 $M_0=\left(\frac{a}{\sqrt{2}},\frac{b}{\sqrt{2}}\right)$. 椭圆在切点 M_0 处的切线斜率为

$$\left.\frac{\mathrm{d}y}{\mathrm{d}x}\right|_{t=\frac{\pi}{4}}=\left.\frac{\frac{\mathrm{d}y}{\mathrm{d}t}}{\frac{\mathrm{d}x}{\mathrm{d}t}}\right|_{t=\frac{\pi}{4}}=\left.\frac{(b\sin t)'_t}{(a\cos t)'_t}\right|_{t=\frac{\pi}{4}}=\left.\frac{b\cos t}{-a\sin t}\right|_{t=\frac{\pi}{4}}=-\frac{b\times\frac{\sqrt{2}}{2}}{a\times\frac{\sqrt{2}}{2}}=-\frac{b}{a}$$

利用点斜式可写出切线方程

$$y-\frac{b}{\sqrt{2}}=-\frac{b}{a}\left(x-\frac{a}{\sqrt{2}}\right)$$

即 $y=-\frac{b}{a}x+\frac{2b}{\sqrt{2}}$，或写为 $y=-\frac{b}{a}x+\sqrt{2}b$.

习题 3.4

基础题

1. 求由下列方程所确定的隐函数的导数 y'：

(1) $y+xy-x^3+1=0$；　(2) $y=x+\ln y$；　(3) $xy=\mathrm{e}^{x+y}-2$；　(4) $y=1-x\mathrm{e}^y$.

2. 设 $f(x)=\ln\sqrt{\frac{1-x}{1+x^2}}$，求 $f''(0)$.

3. 求曲线 $x^3+y^3-xy=7$ 在点(1，2)处的切线与法线方程。

4. 求由方程 $\ln(x^2+y^2)=x+y-1$ 所确定的函数 $y=y(x)$ 的导数 $\frac{\mathrm{d}y}{\mathrm{d}x}$.

5. 假设球的半径 r 和表面积 $S=4\pi r^2$ 都是 t 的可导函数，那么 $\frac{\mathrm{d}S}{\mathrm{d}t}$ 和 $\frac{\mathrm{d}r}{\mathrm{d}t}$ 有何关系?

6. 利用对数求导法求下列函数的导数：

(1) $y=\dfrac{\sqrt{x+1}(2-x)^5}{(x+3)^2}$；　　(2) $y=(1+x)^x$；　　(3) $y=x^{\ln x}$.

提高题

1. 求下列参数方程所确定的函数的导数$\dfrac{dy}{dx}$：

(1) $\begin{cases}x=at^2\\ y=bt^3\end{cases}$；　　(2) $\begin{cases}x=t(1-\sin t)\\ y=t\cos t\end{cases}$.

2. 已知$\begin{cases}x=e^t\sin t\\ y=e^t\cos t\end{cases}$，求当 $t=\dfrac{\pi}{3}$时$\dfrac{dy}{dx}$的值.

3. 求由下列方程所确定的隐函数的二阶导数：

(1) $y=\tan(x+y)$；　　(2) $x^2-y^2=1$.

4. 落在平静水面上的石头，产生同心波纹，若最外一圈波半径的增大速率总是6m/s，问在2s末扰动水面面积增大的速率为多少？

3.5 函数的微分

3.5.1 微分的定义

计算函数增量 $\Delta y=f(x_0+\Delta x)-f(x_0)$是微积分中非常重要的问题. 一般来说，函数的增量的计算是比较复杂的，因此希望寻求计算函数增量的近似计算方法.

先分析一个具体问题，一块正方形金属薄片受温度变化的影响，其边长由 x_0 变到 $x_0+\Delta x$，如图3-6所示，问此薄片的面积改变了多少？

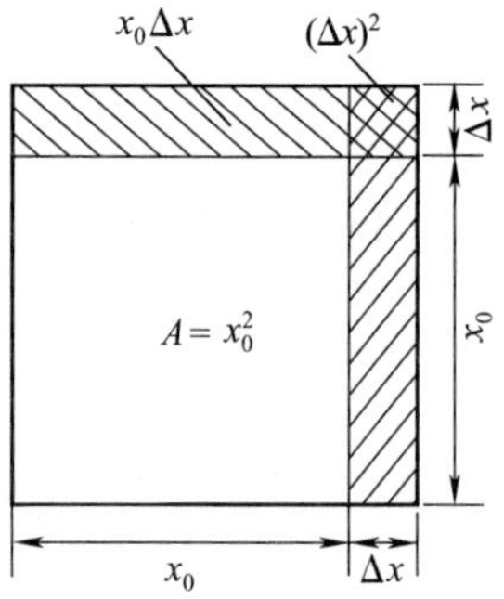

设此薄片的边长为 x，面积为 A，则 A 是 x 的函数：$A=x^2$. 薄片受温度变化影响时面积的改变量，可以看成是当自变量 x 自 x_0 取得增量 Δx 时，函数 A 相应的增量 ΔA，即

图 3-6

$$\Delta A=(x_0+\Delta x)^2-x_0^2=2x_0\Delta x+(\Delta x)^2$$

从上式可以看出，ΔA 分成两部分，第一部分 $2x_0\Delta A$ 是 ΔA 的线性函数，即图中带有斜线的两个矩形面积之和，而第二部分$(\Delta x)^2$ 在图中是带有交叉斜线的小正方形的面积，当 $\Delta x\to 0$ 时，第二部分$(\Delta x)^2$ 是比 Δx 高阶的无穷小，即$(\Delta x)^2=o(\Delta x)$. 由此可见，如果边长改变很微小，即 $|\Delta x|$ 很小时，面积的改变量 ΔA 可近似地用第一部分来代替.

一般地，如果函数 $y=f(x)$满足一定条件，则函数的增量 Δy 可表示为

$$\Delta y=A\Delta x+o(\Delta x)$$

其中 A 是不依赖于 Δx 的常数，因此 $A\Delta x$ 是 Δx 的线性函数，且它与 Δy 之差

$$\Delta y-A\Delta x=o(\Delta x)$$

是比 Δx 高阶的无穷小. 所以，当 $A\neq 0$，且 $|\Delta x|$ 很小时，就可近似地用 $A\Delta x$ 来代替 Δy.

定义 3.6　设函数 $y=f(x)$在某区间内有定义，$x_0+\Delta x$ 及 x_0 在这区间内，如果函数的增量

$$\Delta y=f(x_0+\Delta x)-f(x_0)$$

可表示为

$$\Delta y=A\Delta x+o(\Delta x) \tag{3.6}$$

其中 A 是不依赖于 Δx 的常数，而 $o(\Delta x)$ 是比 Δx 高阶的无穷小，那么称函数 $y=f(x)$ 在点 x_0 是可微的，而 $A\Delta x$ 叫作函数 $y=f(x)$ 在点 x_0 处相应于自变量增量 Δx 的微分，记作 $\mathrm{d}y$，即

$$\mathrm{d}y=A\Delta x$$

下面讨论函数可微的条件. 设函数 $y=f(x)$ 在点 x_0 处可微，则按定义有式(3.6)成立. 两边除以 Δx，得

$$\frac{\Delta y}{\Delta x}=A+\frac{o(\Delta x)}{\Delta x}$$

于是，当 $\Delta x\to 0$ 时，由上式就得到

$$A=\lim_{\Delta x\to 0}\frac{\Delta y}{\Delta x}=f'(x_0)$$

因此，如果函数 $f(x)$ 在点 x_0 处可微，则 $f(x)$ 在点 x_0 处也一定可导(即 $f'(x_0)$ 存在)，且 $A=f'(x_0)$.

反之，如果 $y=f(x)$ 在点 x_0 处可导，即

$$\lim_{\Delta x\to 0}\frac{\Delta y}{\Delta x}=f'(x_0)$$

存在，根据极限与无穷小的关系，上式可写成

$$\frac{\Delta y}{\Delta x}=f'(x_0)+\alpha$$

其中 $\alpha\to 0$(当 $\Delta x\to 0$ 时). 由此又有

$$\Delta y=f'(x_0)\Delta x+\alpha\Delta x$$

因 $\alpha\Delta x=o(\Delta x)$，且不依赖于 Δx，故上式相当于式(3.6)，所以 $f(x)$ 在点 x_0 处也是可微的.

由此可见，函数 $f(x)$ 在点 x_0 处可微的充分必要条件是函数 $f(x)$ 在点 x_0 处可导，且当 $f(x)$ 在点 x_0 处可微时，其微分一定是

$$\mathrm{d}y=f'(x_0)\Delta x$$

当 $f'(x_0)\neq 0$ 时，有

$$\lim_{\Delta x\to 0}\frac{\Delta y}{\mathrm{d}y}=\lim_{\Delta x\to 0}\frac{\Delta y}{f'(x_0)\Delta x}=\frac{1}{f'(x_0)}\lim_{\Delta x\to 0}\frac{\Delta y}{\Delta x}=1$$

从而，当 $\Delta x\to 0$ 时，Δy 与 $\mathrm{d}y$ 是等价无穷小，这时有

$$\Delta y=\mathrm{d}y+o(\mathrm{d}y) \tag{3.7}$$

即 $\mathrm{d}y$ 是 Δy 的主部. 又由于 $\mathrm{d}y=f'(x_0)\Delta x$ 是 Δx 的线性函数，所以在 $f'(x_0)\neq 0$ 的条件下，称 $\mathrm{d}y$ 是 Δy 的线性主部(当 $\Delta x\to 0$ 时). 这时由式(3.7)有

$$\lim_{\Delta x\to 0}\frac{\Delta y-\mathrm{d}y}{\mathrm{d}y}=0$$

从而也有

$$\lim_{\Delta x\to 0}\left|\frac{\Delta y-\mathrm{d}y}{\mathrm{d}y}\right|=0$$

式子 $\left|\frac{\Delta y-\mathrm{d}y}{\mathrm{d}y}\right|$ 表示以 $\mathrm{d}y$ 近似代替 Δy 时的相对误差，于是得到结论：在 $f'(x_0)\neq 0$ 的条

件下，以微分 $dy=f'(x_0)\Delta x$ 近似代替增量 $\Delta y=f(x_0+\Delta x)-f(x_0)$ 时，相对误差当 $\Delta x\to 0$ 时趋于零. 因此，在 $|\Delta x|$ 很小时，有精确度较好的近似等式

$$\Delta y\approx dy$$

函数 $y=f(x)$ 在任意点 x 的微分，称为函数的微分，记作 dy 或 $df(x)$，即

$$dy=f'(x)\Delta x$$

说明 1)由微分的定义，可以把导数看成微分的商. 例如，求 $\sin x$ 对 $\sqrt{x}$ 的导数时，就可以看成 $\sin x$ 微分与 $\sqrt{x}$ 微分的商，即

$$\frac{d\sin x}{d\sqrt{x}}=\frac{\cos x dx}{\frac{1}{2\sqrt{x}}dx}=2\sqrt{x}\cos x$$

2)函数在一点处的微分是函数增量的近似值，它与函数增量仅相差 Δx 的高阶无穷小. 因此要会应用下面两个公式：

$$\Delta y\approx dy=f'(x_0)\Delta x$$

$$f(x_0+\Delta x)\approx f(x_0)+f'(x_0)\Delta x$$

做近似计算.

3.5.2 微分的几何意义

为了对微分有比较直观的了解，下面来说明微分的几何意义.

在直角坐标系中，函数 $y=f(x)$ 的图形是一条曲线. 对于某一固定的 x_0 值，曲线上有一个确定点 $M(x_0, y_0)$ 当自变量 x 有微小增量 Δx 时，就得到曲线上另一点 $N(x_0+\Delta x, y_0+\Delta y)$，如图 3-7 所示. 从图中可知

$$MQ=\Delta x$$

$$QN=\Delta y$$

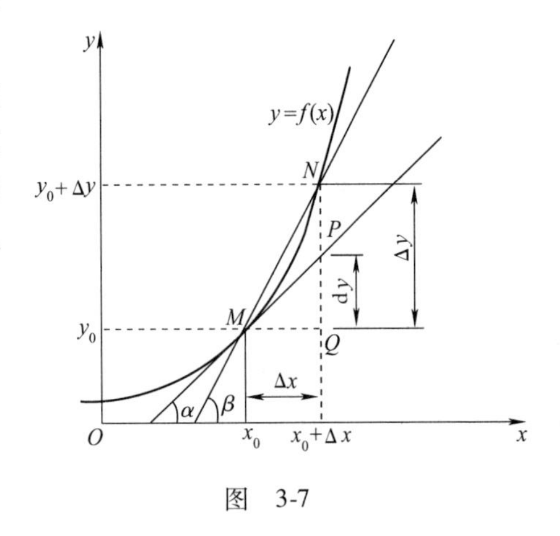

图 3-7

过点 M 作曲线的切线，它的倾角为 α，则

$$QP=MQ\tan\alpha=\Delta x f'(x_0)$$

即

$$dy=QP$$

由此可见，当 Δy 是曲线 $y=f(x)$ 上 M 点的纵坐标的增量时，dy 就是曲线的切线上 M 点的纵坐标的相应增量. 当 $|\Delta x|$ 很小时，$|\Delta y-dy|$ 比 $|\Delta y|$ 小得多. 因此在点 M 的邻近，可以用切线段来近似代替曲线段. 在数学上，这是微分学的基本思想方法之一. 这种思想方法在自然科学和工程问题的研究中经常采用.

3.5.3 基本初等函数的微分公式与微分运算法则

由 $dy=f'(x)dx$，很容易得到微分的运算法则及微分公式表(当 u，v 都可导)：

1) $d(u\pm v)=du\pm dv$;

2) $d(Cu)=Cdu$，其中 C 为常数;

3) $d(uv)=vdu+udv$;

4）$d\left(\frac{u}{v}\right)=\frac{v du-u dv}{v^2}$ $(v\neq0)$.

基本微分公式表：

1）$d(x^{\mu})=\mu x^{\mu-1}dx$;

2）$d(\sin x)=\cos x dx$;

3）$d(\cos x)=-\sin x dx$;

4）$d(\tan x)=\sec^2 x dx$;

5）$d(\cot x)=-\csc^2 x dx$;

6）$d(\sec x)=\sec x\tan x dx$;

7）$d(\csc x)=-\csc x\cot x dx$;

8）$d(a^x)=a^x\ln a dx$ $(a>0,\ a\neq1)$，特别地，$d(e^x)=e^x dx$;

9）$d(\log_a x)=\frac{1}{x\ln a}dx$ $(a>0,\ a\neq1)$，特别地，$d(\ln x)=\frac{1}{x}dx$;

10）$d(\arcsin x)=\frac{1}{\sqrt{1-x^2}}dx$;

11）$d(\arccos x)=-\frac{1}{\sqrt{1-x^2}}dx$;

12）$d(\arctan x)=\frac{1}{1+x^2}dx$;

13）$d(\text{arccot}\, x)=-\frac{1}{1+x^2}dx$.

注意　上述公式必须记牢，对以后学习积分学很有用处，而且上述公式要从右向左背. 例如：

$$\frac{1}{\sqrt{x}}dx=2d(\sqrt{x}),\ \frac{1}{x^2}dx=-d\left(\frac{1}{x}\right),\ dx=\frac{1}{a}d(ax+b),\ a^x dx=\frac{1}{\ln a}d(a^x)$$

与复合函数的求导法则相应的复合函数的微分法则可推导如下：

设 $y=f(u)$ 及 $u=\varphi(x)$ 都可导，则复合函数 $y=f[\varphi(x)]$ 的微分为

$$dy=y'_x dx=f'(u)\varphi'(x)dx$$

由于 $\varphi'(x)dx=du$，所以，复合函数 $y=f[\varphi(x)]$ 的微分公式也可以写成

$$dy=f'(u)du\quad 或\quad dy=y'_u du$$

由此可见，无论 u 是自变量还是另一个变量的可微函数，微分形式 $dy=f'(u)du$ 保持不变. 这一性质称为微分形式不变性. 这性质表示，当变换自变量时（即设 u 为另一变量的任一可微函数时），微分形式 $dy=f'(u)du$ 并不改变.

例 3-41　已知 $y=1+xe^y$，求 dy.

解　$dy=d(1+xe^y)=e^y dx+xe^y dy$

所以

$$dy=\frac{e^y}{1-xe^y}dx$$

例 3-42　设 $y=\sqrt{a^2+x^2}$，利用微分形式不变性求 dy.

解　记 $u=a^2+x^2$，则 $y=\sqrt{u}$，于是

$$dy = y'_u du = \frac{1}{2\sqrt{u}} du$$

又

$$du = u'(x) dx = 2x dx$$

故

$$dy = \frac{1}{2\sqrt{a^2 + x^2}} \times 2x dx = \frac{x}{\sqrt{a^2 + x^2}} dx$$

例 3-43 (1)若函数 $y = [f(x^2)]^{\frac{1}{x}}$，其中 f 是可微的正值函数，则 $dy =$ ________；(2)设函数 $y = y(x)$ 由方程 $2^{xy} = x + y$ 确定，则 $dy|_{x=0} =$ ________.

解 (1)由于函数可写为 $y = e^{\frac{1}{x}\ln f(x^2)}$，所以 $dy = [f(x^2)]^{\frac{1}{x}} d\left[\frac{1}{x}\ln f(x^2)\right]$，故

$$dy = [2f'(x^2)f(x^2)^{\frac{1}{x}-1} - \frac{1}{x^2}[f(x^2)]^{\frac{1}{x}}\ln f(x^2)]dx$$

(2)这是一个求隐函数微分的问题. 由方程 $2^{xy} = x + y$ 可得，当 $x = 0$ 时，$y = 1$.

在方程两端同时求微分，有

$$2^{xy} \times \ln 2 \times (ydx + xdy) = dx + dy$$

代入 $x = 0$，$y = 1$，得

$$\ln 2 \times dx = dx + dy|_{x=0}$$

故

$$dy|_{x=0} = (\ln 2 - 1)dx$$

3.5.4 微分在近似计算中的应用

在工程问题中，经常会遇到一些复杂的计算公式，如果直接用这些公式进行计算是很费力的，利用微分往往可以把一些复杂的计算公式改用简单的近似公式来代替.

1. 函数增量的近似计算

如果 $y = f(x)$ 在点 x_0 处可微，则函数的增量

$$\Delta y = f'(x_0)\Delta x + o(\Delta x) = dy + o(\Delta x)$$

当 $|\Delta x|$ 很小时，有

$$\Delta y \approx f'(x_0)\Delta x$$

例 3-44 半径为 10cm 的金属原片加热后半径伸长了 0.05cm，问面积增大了多少?

解 设 $A = \pi r^2$，$r = 10\text{cm}$，$\Delta r = 0.05\text{cm}$，则

$$\Delta A \approx dA = 2\pi r\Delta r = 2\pi \times 10 \times 0.05 = \pi(\text{cm}^2)$$

例 3-45 有一批半径为 1cm 的球，为了提高球面的粗糙度，要镀上一层铜，厚度定为 0.01cm，估计一下每只球需用多少铜(铜的密度是 8.9g/cm^3)?

解 先求出镀层的体积，再求相应的质量.

因为镀层的体积等于两个球体体积之差 ΔV，所以它就是球体体积 $V = \frac{4}{3}\pi R^3$ 当 R 自 R_0 取得增量 ΔR 时的增量，求 V 对 R 的导数，得

$$V'\Big|_{R=R_0} = \left(\frac{4}{3}\pi R^3\right)'\Big|_{R=R_0} = 4\pi {R_0}^2, \ \Delta V \approx 4\pi {R_0}^2 \Delta R$$

将 $R_0 = 1$，$\Delta R = 0.01$ 代入上式，得

$$\Delta V \approx 4 \times 3.14 \times 1^2 \times 0.01 = 0.13(\text{cm}^3)$$

于是镀每只球需用的铜约为0.13×8.9=1.16(g).

2. 函数值的近似计算

由 $\Delta y=f(x_0+\Delta x)-f(x_0)$，$dy=f'(x_0)dx\approx f'(x_0)\Delta x$，$\Delta y\approx dy$，得

$$f(x_0+\Delta x)\approx f(x_0)+f'(x_0)\Delta x$$

令 $x=x_0+\Delta x$，有

$$f(x)\approx f(x_0)+f'(x_0)(x-x_0)\quad\text{（用导数作近似计算公式）}$$

若 $x_0=0$，则

$$f(x)\approx f(0)+f'(0)x$$

说明　1)要计算 $f(x)$ 在点 x 处的数值，直接计算 $f(x)$ 比较困难，而在点 x 附近点的 x_0 处的函数值 $f(x_0)$ 和它的导数 $f'(x_0)$ 却都比较容易求出，于是可以利用 $f(x_0)+f'(x_0)(x''-x_0)$ 作为 $f(x)$ 的近似值，x 与 x_0 越接近越精确.

2)常用的近似公式(假定 $|x|$ 是较小的数值)如下：

① $\sqrt[n]{1+x}\approx 1+\frac{1}{n}x$；

② $e^x\approx 1+x$；

③ $\ln(1+x)\approx x$；

④ $\sin x\approx x$（x 用 rad 作单位来表达）；

⑤ $\tan x\approx x$（x 用 rad 作单位来表达）.

证　① 取 $f(x)=\sqrt[n]{1+x}$，则

$$f(0)=1,\ f'(0)=\frac{1}{n}(1+x)^{\frac{1}{n}-1}\Big|_{x=0}=\frac{1}{n}$$

代入 $f(x)\approx f(0)+f'(0)x$，便得

$$\sqrt[n]{1+x}\approx 1+\frac{1}{n}x$$

④ 取 $f(x)=\sin x$，则

$$f(0)=0,\ f'(0)=\cos x\big|_{x=0}=1$$

代入 $f(x)\approx f(0)+f'(0)x$，便得

$$\sin x\approx x$$

其他公式请读者自己证明. 熟练应用这些近似公式，可以简化计算，例如：

1）$\sqrt{1.05}\approx 1+\frac{1}{2}\times 0.05=1.025$（直接开方的结果是 $\sqrt{1.05}=1.02470$）；

2）$\sqrt[3]{1.00012}\approx 1+\frac{1}{3}\times 0.00012=1.00004$；

3）$e^{0.0213}\approx 1+0.0213=1.0213$；

4）$\ln 1.00415\approx 0.00415$；

5）$\sin 0.021\approx 0.021$.

例3-46　计算 arctan1.01 的近似值.

解　设 $f(x)=\arctan x$，则

$$f(x_0+\Delta x)=\arctan(x_0+\Delta x),\ f'(x)=\frac{1}{1+x^2}$$

由 $f(x_0+\Delta x)\approx f(x_0)+f'(x_0)\Delta x$，取 $x_0=1$，$\Delta x=0.01$，得

$$\arctan 1.01=\arctan(1+0.01)\approx\arctan 1+\frac{1}{1+1^2}\times 0.01\approx 0.790$$

3. 误差估计

在生产实践中，经常要测量各种数据，但是有的数据不易直接测量，这时可以通过测量其他有关数据后，根据某种公式算出所要的数据. 由于测量仪器的精度、测量的条件和测量的方法等各种因素的影响，测得的数据往往带有误差，而根据带有误差的数据计算所得的结果也会有误差，称为间接测量误差.

下面就讨论怎样用微分来估计间接测量误差.

1)绝对误差：如果某个量的精确值为 A，它的近似值为 a，那么 $\delta=|A-a|$ 叫作 a 的绝对误差.

2)相对误差：绝对误差 δ 与 $|a|$ 的比值 $\frac{\delta}{|a|}$ 叫作 a 的相对误差.

在实际工作中，某个量的精确值往往是无法知道的，于是绝对误差和相对误差也就无法求得. 但是根据测量仪器的精度等因素，有时能确定误差在某一个范围内. 如果某个量的精确值为 A，测得它的近似值为 a，又知道它的误差不超过 δ_A，则有以下定义.

1)绝对误差限：若 $|A-a|\leqslant\delta_A$，则称 δ_A 为测量 A 的绝对误差限.

2)相对误差限：$\frac{\delta_A}{|a|}$ 称为测量 A 的相对误差限.

一般地，根据直接测量的 x 值按公式 $y=f(x)$ 计算 y 值时，如果已知测量 x 的绝对误差限是 δ_x，即 $|\Delta x|\leqslant\delta_x$，则当 $y'\neq 0$ 时，y 的绝对误差

$$|\Delta y|\approx|\mathrm{d}y|=|y'|\ |\Delta x|\leqslant|y'|\delta_x$$

即 y 的绝对误差限约为 $\delta_y=|y'|\delta_x$，y 的相对误差限约为 $\frac{\delta_y}{|y|}=\left|\frac{y'}{y}\right|\delta_x$.

以后常把绝对误差限和相对误差限简称为绝对误差和相对误差.

例如，要求得圆的面积 S，只能测出其直径 d，后由 $S=f(d)=\frac{\pi d^2}{4}$ 算出. 由于测量得到的直径 d 有绝对误差 Δd，于是由此计算出面积 S 也相应地有绝对误差 $\Delta S=f(d+\Delta d)-f(d)$. 在近似计算中知道，当 Δd 很小时，$\Delta S\approx f'(d)\Delta d(=\mathrm{d}y)$. 于是可用 $|\Delta S|\approx|f'(d)\Delta d|$ 算出 S 的绝对误差，对于圆面积 $S=f(d)=\frac{\pi d^2}{4}$ 有 $f'(d)=\frac{\pi}{2}d$，所以有

$$|\Delta S|\approx\left|\frac{\pi}{2}d\Delta d\right|(\text{绝对误差}),\ \left|\frac{\Delta S}{S}\right|\approx 2\left|\frac{\Delta d}{d}\right|(\text{相对误差})$$

进一步地，若已知 $|\Delta d|\leqslant\delta_d$ 时，则得绝对误差限和相对误差限分别为

$$|\Delta S|\approx\left|\frac{\pi}{2}d\Delta d\right|\leqslant\frac{\pi}{2}d\delta_A,\ \left|\frac{\Delta S}{S}\right|\approx 2\left|\frac{\Delta d}{d}\right|\leqslant 2\,\frac{\delta_A}{d}$$

一般地，若 x 是由测量得到的，量 y 是由函数 $y=f(x)$ 计算得到的，在测量时，x 的近似值为 x_0，$y_0=f(x_0)$. 若已知测量值 x_0 的误差限为 δ_x，即 $|\Delta x|=|x-x_0|\leqslant|\delta_x|$，当 δ_x 很小时，有

$$|\Delta y|=|f(x)-f(x_0)|\approx|f'(x_0)\Delta x|\leqslant|f'(x_0)\delta_x|$$

$$\frac{\delta_y}{|y_0|}=\left|\frac{f'(x_0)}{f(x_0)}\right|\delta_x$$

例 3-47　要给一个半径为 r 的球表面涂上油漆，油漆的厚度为 Δr，试计算这层油漆的体积.

解　$\Delta V=\frac{4}{3}\pi[r_0^{\ 3}+3r_0^{\ 2}(\Delta r)+3r_0(\Delta r)^2+(\Delta r)^3]-\frac{4}{3}\pi r_0^{\ 3}=4\pi r_0^{\ 2}(\Delta r)+o(\Delta r)$

例 3-48　设测得圆钢截面的直径 $D=60.03\text{mm}$，测量 D 的绝对误差限 $\delta_D=0.05\text{mm}$，欲用公式 $A=\frac{\pi}{4}D^2$ 计算圆钢截面积，试估计面积的误差.

解　A 的绝对误差限约为

$$\delta_A=|A'|\delta_D=\frac{\pi}{2}D\delta_D=\frac{\pi}{2}\times 60.03\times 0.05\approx 4.715(\text{mm}^2)$$

A 的相对误差限约为

$$\frac{\delta_A}{|A|}=\frac{\frac{\pi}{2}D\delta_D}{\frac{\pi}{4}D^2}=2\frac{\delta_D}{D}=2\times\frac{0.05}{60.03}=0.0017=0.17\%$$

习题 3.5

基础题

1. 求下列函数在指定点的微分：

(1) $y=\frac{1}{x}$，$x=\frac{1}{2}$；　(2) $y=\frac{x-1}{x+1}$，$x=1$；　(3) $y=\arcsin\sqrt{x}$，$x=\frac{a^2}{2}$ $(a>0)$.

2. 求下列函数的微分：

(1) $y=\sin x+\cos x$；　(2) $y=x\ln 2x$；

(3) $y=x\mathrm{e}^{-x}$；　(4) $y=\sqrt{x}+\ln x$.

3. 求函数 $y=x^2+1$ 在点 $x=1$ 处相应于 $\Delta x=0.01$ 的微分，并解释计算结果.

4. 在下列各题的括号内填入适当的函数，使等式成立：

(1) $\mathrm{d}(\quad)=3\mathrm{d}x$；　(2) $\mathrm{d}(\quad)=x\mathrm{d}x$　(3) $\mathrm{d}(\quad)=\frac{1}{x}\mathrm{d}x$；

(4) $\mathrm{d}(\quad)=\frac{1}{x^2}\mathrm{d}x$；　(5) $\mathrm{d}(\quad)=\frac{1}{\sqrt{x}}\mathrm{d}x$；　(6) $\mathrm{d}(\quad)=\mathrm{e}^{2x}\mathrm{d}x$.

5. 求下列函数的近似值.

(1) $\tan 45°30'$；　(2) $\sqrt[4]{1.002}$；　(3) $\arctan 0.98$；　(4) $\ln 1.004$.

提高题

1. 当 $|x|$ 较小时，证明下列近似公式：

(1) $\tan x\approx x$；　(2) $\ln(1+x)\approx x$.

2. 一金属圆管，其半径为 r，厚度为 h，当 h 很小时，求圆管截面积的近似值.

3. 有一金属制成的圆柱体，受热后发生变形. 它的半径由 20cm 增大到 20.05cm，高由 50cm 增加到 50.09cm，求此圆柱体体积变化的近似值.

复习题 3

1. 选择题

(1) 设$f(0)=0$，且$f'(0)$存在，则$\lim\limits_{x\to 0}\dfrac{f(x)}{x}=$(　　).

A. $f'(x)$　　B. $f'(0)$　　C. $f(0)$　　D. $\dfrac{1}{2}f(0)$

(2) 函数$f(x)=\begin{cases}\dfrac{\sqrt{1+x}-1}{x} & x\neq 0\\ \dfrac{1}{2} & x=0\end{cases}$在点 $x=0$ 处(　　).

A. 不连续　　B. 连续但不可导　　C. 二阶可导　　D. 仅一阶可导

(3) 设函数$f(x)$在点 $x=a$ 处可导，则$\lim\limits_{x\to 0}\dfrac{f(a+x)-f(a-x)}{x}$等于(　　).

A. 0　　B. $f'(a)$　　C. $2f'(a)$　　D. $f'(2a)$

(4) 函数在点 x_0 处连续是在该点 x_0 处可导的(　　).

A. 充分但非必要条件　　B. 必要但不充分条件

C. 充分必要条件　　D. 既非充分也非必要条件

(5) 设函数$f(x)=|\sin x|$，则$f(x)$在点 $x=0$ 处(　　).

A. 不连续　　B. 连续但不可导

C. 可导但不连续　　D. 可导且导数也连续

(6) 已知$y=\dfrac{\sin x}{x}$，则$y'=$(　　).

A. $\dfrac{x\sin x-\cos x}{x^2}$　　B. $\dfrac{x\cos x-\sin x}{x^2}$

C. $\dfrac{\sin x-x\sin x}{x^2}$　　D. $x^3\cos x-x^2\sin x$

(7) 设$y=f(-x)$，则$y'=$(　　).

A. $f'(x)$　　B. $-f'(x)$　　C. $f'(-x)$　　D. $-f'(-x)$

(8) 由方程 $\sin y+xe^y=0$ 所确定的曲线 $y=y(x)$在点(0, 0)处的切线斜率为(　　).

A. -1　　B. 1　　C. $\dfrac{1}{2}$　　D. $-\dfrac{1}{2}$

(9) 设由方程 $x-y+\dfrac{1}{2}\sin y=0$ 所确定的隐函数 $y=y(x)$，则$\dfrac{\mathrm{d}y}{\mathrm{d}x}=$(　　).

A. $\dfrac{2}{2-\cos y}$　　B. $\dfrac{2}{2+\sin y}$　　C. $\dfrac{2}{2+\cos y}$　　D. $\dfrac{2}{2-\cos x}$

(10) 由参数方程$\begin{cases}x=a(t-\sin t)\\ y=a(1-\cos t)\end{cases}$所确定的函数 $y=y(x)$在 $t=\dfrac{\pi}{2}$处的导数为(　　).

A. -1　　B. 1　　C. 0　　D. $-\frac{1}{2}$

2. 填空题

(1) 已知物体的运动规律为 $s=t+t^2$(单位：m)，则物体在 $t=2$(单位：s)时的瞬时速度为________.

(2) 设函数 $f(x)=xe^x$，则 $f''(0)=$________.

(3) d ________ $=e^{-x}dx$.

(4) 设 $f'(x_0)=-2$，则 $\lim\limits_{x\to0}\frac{x}{f(x_0-2x)-f(x_0)}=$________.

(5) 曲线 $y=\cos x$ 上点 $\left(\frac{\pi}{3},\frac{1}{2}\right)$处的切线方程为________，法线方程为________.

(6) 设 $f(x)$有连续的导数，$f(0)=0$，且 $f'(0)=b$，若函数

$$f(x)=\begin{cases}\dfrac{f(x)+a\sin x}{x} & x\neq0\\ A & x=0\end{cases}$$

在 $x=0$ 处连续，则常数 $A=$________.

(7) 设 $y=1+xe^y$，则 $y'=$________.

(8) 设 $f(x)=x(x-1)(x-2)\cdots(x-2001)$，则 $f'(0)=$________.

3. 求下列函数的导数

(1) $x^2+y^2=a^2$;　　(2) $\begin{cases}x=a\cos^3t\\ y=a\sin^3t\end{cases}$;

(3) $y+x^2y^3+ye^x+1=0$;　　(4) $y=\sqrt{x\sin x\sqrt{1-e^x}}$.

4. 设函数 $f(x)=\begin{cases}x^2 & x\leqslant1\\ ax+b & x>1\end{cases}$ 在 $x=1$ 处连续且可导，求 a，b.

5. 设函数 $y=y(x)$由方程 $e^y+xy=e$ 所确定，求 $y''(0)$.

6. 求曲线 $\begin{cases}x=\sin t\\ y=\cos2t\end{cases}$ 在 $t=\frac{\pi}{6}$ 处的切线方程和法线方程.

7. 证明：可导的奇函数的导数是偶函数.

阅读材料

微积分的起源与发展

1. 微积分为什么会产生

微积分是微分学和积分学的统称，它的产生与发展经历了漫长的时期. 公元前 3 世纪，古希腊的阿基米德在研究解决抛物弓形的面积、球和球冠的面积、螺线的面积和旋转双曲体的体积的问题中，就隐含着近代积分学的思想. 作为微分学基础的极限理论来说，早在古代已有比较清楚的论述. 例如我国的庄周所著的《庄子》一书的“天下篇”中，记有“一尺之棰，日取其半，万世不竭”. 三国时期的刘徽在他的“割圆术”中提到“割之弥细，所失弥小，割

之又割，以至于不可割，则与圆周和体而无所失矣. ”这些都是朴素的，也是很典型的极限概念.

到了17世纪，哥伦布发现新大陆，哥白尼创立日心说，伽利略出版《力学对话》，开普勒发现行星运动规律——航海的需要、矿山的开发等提出了一系列的力学和数学问题，这些问题也成为了促使微积分产生的因素，微积分在这样的条件下诞生是必然的. 归结起来，大约有四种主要类型的问题：

第一类是研究运动的时候直接出现的，也就是求即时速度的问题.

已知物体移动的距离表示为时间的函数，求物体在任意时刻的速度和加速度；反过来，已知物体的加速度表示为时间的函数，求速度和距离.

困难在于：17世纪所涉及的速度和加速度每时每刻都在变化. 例如，计算瞬时速度，就不能像计算平均速度那样，用运动的时间去除移动的距离，因为在给定的瞬间，移动的距离和所用的时间都是0，而$\frac{0}{0}$是无意义的. 但根据物理学，每个运动的物体在它运动的每一时刻必有速度，是不容怀疑的.

第二类问题是求曲线的切线问题.

这个问题的重要性来源于好几个方面：纯几何问题、光学中研究光线通过透镜的通道问题、运动物体在它的轨迹上任意一点处的运动方向问题等.

困难在于：曲线的“切线”的定义本身就是一个没有解决的问题. 古希腊人把圆锥曲线的切线定义为“与曲线只接触于一点而且位于曲线的一边的直线”. 这个定义对于17世纪所用的较复杂的曲线已经不适应了.

第三类问题是求函数的最大值和最小值问题.

17世纪初期，伽利略断定，在真空中以45°角发射炮弹时，射程最大. 研究行星运动也涉及最大最小值问题.

困难在于：原有的初等计算方法已不适于解决研究中出现的问题，但新的方法尚无眉目.

第四类问题是求曲线长、曲线围成的面积、曲面围成的体积、物体的重心、一个体积相当大的物体作用于另一物体上的引力.

困难在于：古希腊人用穷竭法求出了一些面积和体积，尽管他们只是对于比较简单的面积和体积应用了这个方法，但也必须添加许多技巧，因为这个方法缺乏一般性，而且经常得不到数值的解答.

穷竭法先是被逐步修改，后来由微积分的创立而被根本修改了.

2. 中国古代数学对微积分创立的贡献

微积分的产生一般分为三个阶段：极限概念；求积的无限小方法；积分与微分的互逆关系. 最后一步是由牛顿、莱布尼茨完成的. 前两阶段的工作，欧洲的大批数学家一直追溯到古希腊的阿基米德都做出了各自的贡献. 对于这方面的工作，古代中国毫不逊色于西方，微积分思想在古代中国早有萌芽，甚至是古希腊数学不能比拟的. 公元前7世纪老庄哲学中就有无限可分性和极限思想；公元前4世纪《墨经》中有了有穷、无穷、无限小(最小无内)、无穷大(最大无外)的定义和极限、瞬时等概念. 刘徽在263年首创的割圆术求圆面积和方锥体积，求得的圆周率约等于3.1416. 他的极限思想和无穷小方法，是世界古代极限思想的深刻体现.

微积分思想虽然可追溯到古希腊，但它的概念和法则却是在 16 世纪下半叶，开普勒、卡瓦列利等求积的不可分量思想和方法基础上产生和发展起来的. 而这些思想和方法从刘徽对圆锥、圆台、圆柱的体积公式的证明到 5 世纪祖暅求球体积的方法中都可找到. 北宋大科学家沈括的《梦溪笔谈》独创了"隙积术""会圆术"和"棋局都数术"，开创了对高阶等差级数求和的研究.

南宋大数学家秦九韶于 1274 年撰写了划时代巨著《数书九章》，创举世闻名的"大衍求一术"——增乘开方法解任意次数字(高次)方程近似解，比西方早 500 多年.

特别是 13 世纪 40 年代到 14 世纪初，中国古代数学在主要领域都达到了巅峰，出现了现通称贾宪三角形的"开方作法本源图""增乘开方法""正负开方术""大衍求一术""大衍总数术"(一次同余式组解法)"垛积术"(高阶等差级数求和)"招差术"(高次差内差法)"天元术"(数字高次方程一般解法)"四元术"(四元高次方程组解法)，其他如勾股数学、弧矢割圆术、组合数学、计算技术改革和珠算等也都是在世界数学史上有重要地位的杰出成果，中国古代数学有了微积分前两阶段的出色工作，其中许多都是微积分得以创立的关键. 中国已具备了 17 世纪发明微积分前夕的全部内在条件，已经接近了微积分的大门. 可惜元朝以后，八股取士制造成了学术上的大倒退，封建统治的文化专制和盲目排外致使包括数学在内的科学日渐衰落，在微积分创立的最关键一步落伍了.

3. 对微积分理论有重要影响的重要科学家

公正的历史评价，是不能把创建微积分归功于一两个人的偶然的或不可思议的灵感的. 17 世纪的许多著名的数学家、天文学家、物理学家都为解决前面所述的四类问题做了大量的研究工作，如法国的费马、笛卡儿、罗伯瓦、笛沙格，英国的巴罗、瓦里士，德国的开普勒，意大利的卡瓦列利等人都提出许多很有建树的理论，为微积分的创立做出了贡献.

事实上，牛顿的老师巴罗，就曾经几乎充分认识到微分与积分之间的互逆关系. 牛顿和莱布尼茨创建的系统的微积分就是基于这一基本思想. 在牛顿与莱布尼茨做出他们的冲刺之前，微积分的大量知识已经积累起来了. 甚至在巴罗的一本书里就能看到求切线的方法、两个函数的积和商的微分定理、x 的幂的微分、求曲线的长度、定积分中的变量代换、隐函数的微分定理等. 但最重要的 2 个人物还是下面两位:

(1) 牛顿

17 世纪生产力的大发展推动了自然科学和技术的发展，不但已有的数学成果得到进一步巩固、充实和扩大，而且由于实践的需要，开始研究运动着的物体和变化的量，这样就获得了变量的概念，研究变化着的量的一般性和它们之间的依赖关系. 到了 17 世纪下半叶，在前人创造性研究的基础上，英国大数学家、物理学家艾萨克 · 牛顿从物理学的角度研究微积分，他为了解决运动问题，创立了一种和物理概念直接联系的数学理论，即称之为"流数术"的理论，这实际上就是微积分理论. 牛顿的有关"流数术"的主要著作是《求曲边形面积》《运用无穷多项方程的计算法》和《流数术和无穷级数》. 这些概念是力学概念的数学反映. 牛顿认为任何运动存在于空间，依赖于时间，因而他把时间作为自变量，把和时间有关的固变量作为流量，不仅这样，他还把几何图形——线、角、体，都看作力学位移的结果. 因而，一切变量都是流量.

牛顿指出，"流数术"基本上包括 3 类问题:

1) 已知流量之间的关系，求它们的流数的关系，这相当于微分学.

2) 已知表示流数之间的关系的方程，求相应的流量间的关系，这相当于积分学. 牛顿意义下的积分法不仅包括求原函数，还包括解微分方程.

3) "流数术"应用范围包括计算曲线的极大值、极小值，求曲线的切线和曲率，求曲线长度及计算曲边形面积等.

牛顿已完全清楚上述 1 与 2 两类问题中运算是互逆的运算，于是建立起微分学和积分学之间的联系. 他在 1665 年 5 月 20 日的一份手稿中提到"流数术"，因而有人把这一天作为诞生微积分的标志.

牛顿于 1642 年出生于一个贫穷的农民家庭，艰苦的成长环境造就了人类历史上的一位伟大的科学天才，他对物理问题的洞察力和他用数学方法处理物理问题的能力，都是空前卓越的. 尽管取得无数成就，他仍保持谦逊的美德.

(2) 莱布尼茨

德国数学家莱布尼茨是 17、18 世纪之交德国最重要的数学家、物理学家和哲学家，一个举世罕见的科学天才. 他博览群书，涉猎百科，对丰富人类的科学知识宝库做出了不可磨灭的贡献.

他是从几何方面独立发现了微积分，在牛顿和莱布尼茨之前至少有数十位数学家研究过，他们为微积分的诞生做了开创性贡献. 但是他们这些工作是零碎的、不连贯的，缺乏统一性. 莱布尼茨创立微积分的途径和方法与牛顿是不同的. 莱布尼茨是经过研究曲线的切线和曲线包围的面积，运用分析学方法引进微积分概念，得出运算法则. 牛顿在微积分的应用上更多地结合了运动学，造诣较莱布尼茨高一等，但莱布尼茨的表达形式采用数学符号却又远远优于牛顿一筹，既简洁又准确地揭示出微积分的实质，强有力地促进了高等数学的发展.

莱布尼茨创造的微积分符号，正像印度-阿拉伯数码促进了算术与代数发展一样，促进了微积分学的发展. 莱布尼茨是数学史上最杰出的符号创造者之一.

牛顿当时采用的微分和积分符号现在不用了，而莱布尼茨所采用的符号现今仍在使用. 莱布尼茨比别人更早更明确地认识到，好的符号能大大节省思维劳动，运用符号的技巧是数学成功的关键之一.

从创始微积分的时间来说牛顿比莱布尼茨大约早 10 年，但从正式公开发表的时间来说牛顿却比莱布尼茨要晚. 牛顿系统论述"流数术"的重要著作《流数术和无穷级数》是 1671 年写成的，但因 1676 年伦敦大火殃及印刷厂，致使该书 1736 年才发表，这比莱布尼茨的论文要晚半个世纪.

不幸的是，由于人们在欣赏微积分的宏伟功效之余，在提出谁是这门学科的创立者的时候，竟然引起了一场轩然大波，造成了欧洲大陆的数学家和英国数学家的长期对立. 英国数学在一个时期里闭关锁国，囿于民族偏见，过于拘泥在牛顿的"流数术"中停步不前，因而数学发展整整落后了一百年.

其实，牛顿和莱布尼茨分别是自己独立研究，在大体上相近的时间里先后完成的. 比较特殊的是牛顿创立微积分要比莱布尼茨早 10 年左右，但是正式公开发表微积分这一理论，莱布尼茨却要比牛顿发表早 3 年. 他们的研究各有长处，也都各有短处. 那时候，由于民族偏见，关于发明优先权的争论竟从 1699 年始延续了一百多年.

应该指出，这是和历史上任何一项重大理论的完成都要经历一段时间一样，牛顿和莱布尼茨的工作也都是很不完善的. 他们在无穷和无穷小量这个问题上，其说不一，十分含糊. 牛顿的无穷小量，有时候是零，有时候不是零而是有限的小量；莱布尼茨的也不能自圆其说. 这些基础方面的缺陷，最终导致了第二次数学危机的产生.

直到 19 世纪初，法国科学学院以柯西为首的科学家，对微积分的理论进行了认真研究，建立了极限理论，后来又经过德国数学家魏尔斯特拉斯进一步的严格化，使极限理论成了微积分的坚定基础，才使微积分进一步发展起来.

4. 微积分的现代发展

人类对自然的认识永远不会止步，微积分这门学科在现代也一直在发展着. 以下列举了几个例子，足以说明人类认识微积分的水平在不断深化.

在黎曼将柯西的积分含义扩展之后，勒贝格又引进了测度的概念，进一步将黎曼积分的含义扩展. 例如，著名的狄利克雷函数在黎曼积分下不可积，而在勒贝格积分下便可积.

苏联著名数学大师索伯列夫为了确定偏微分方程解的存在性和唯一性，建立了广义函数和广义导数的概念. 这一概念的引入不仅赋予微分方程的解以新的含义，更重要的是，它使得泛函分析等现代数学工具得以应用到微分方程理论中，从而开辟了微分方程理论的新天地.

我国的数学泰斗陈省身先生所研究的微分几何领域，便是利用微积分的理论来研究几何，这门学科对人类认识时间和空间的性质发挥着巨大的作用，并且这门学科至今仍然很活跃. 由俄罗斯数学家佩雷尔曼完成的庞加莱猜想便属于这一领域.

在多元微积分学中，牛顿-莱布尼茨公式的对照物是格林公式、高斯公式以及经典的斯托克斯公式. 无论在观念上或者在技术层次上，它们都是牛顿-莱布尼茨公式的推广. 随着数学本身发展和解决问题的需要，仅仅考虑欧氏空间中的微积分是不够的，因此有必要把微积分的演出舞台从欧氏空间进一步拓展到一般的微分流形. 在微分流形上，外微分式扮演着重要的角色. 于是，外微分式的积分和微分流形上的斯托克斯公式产生了，而经典的格林公式、高斯公式以及斯托克斯公式也得到了统一.

微积分的发展历史表明了人的认识是从生动的直观开始，进而达到抽象思维，也就是从感性认识到理性认识的过程. 人类对客观世界的规律性的认识具有相对性，受到时代的局限. 随着人类认识的深入，认识将一步一步地由低级到高级、由不全面到比较全面地发展. 人类对自然的探索永远不会有终点.

第 4 章　导数的应用

在上一章里，从分析实际问题中因变量相对于自变量的变化快慢出发，引入了导数的概念，并讨论了导数的求导方法. 本章将应用导数来研究函数及某些曲线的性态，并利用这些知识解决一些实际问题.

4.1　微分中值定理与函数的单调性

本节先介绍微分学的三个中值定理(罗尔定理、拉格朗日中值定理、柯西中值定理)，它们是导数应用的理论基础.

4.1.1　微分中值定理

1. 罗尔定理

定理 4.1　(罗尔定理)如果函数$f(x)$在闭区间$[a, b]$上连续，在开区间(a, b)内可导，且$f(a)=f(b)$，那么在(a, b)内至少存在一点ξ $(a<\xi<b)$，使$f'(\xi)=0$.

罗尔定理的几何意义是，如果连续曲线弧$\overset{\frown}{AB}$上除端点外处处有不垂直于x轴的切线，且两个端点的纵坐标相等，则这段曲线弧上至少存在一点C，使曲线在该点处有水平切线，如图 4-1 所示.

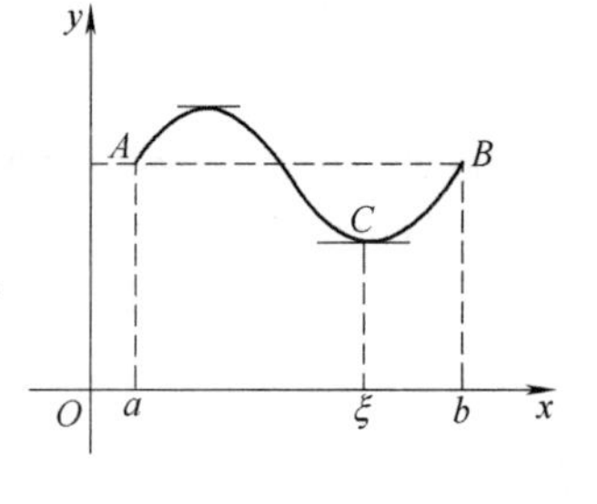

图　4-1

罗尔定理的代数意义是，当$f(x)$为可导函数时，在方程$f(x)=0$的两根之间至少有$f'(x)=0$的一个根.

例 4-1　设$f(x)=(x-1)(x-2)(x-3)$，不求导数证明$f'(x)=0$有两个实根.

证　显然，$f(x)$连续、可导，且$f(1)=f(2)=f(3)=0$，由罗尔定理知，存在$x_1\in(1, 2)$和$x_2\in(2, 3)$，使$f'(x_1)=f'(x_2)=0$，即$f'(x)=0$有两个实根.

例 4-2　验证函数$f(x)=x^2+x$在区间$[-1, 0]$上满足罗尔定理，并求ξ.

解　易知，$f(x)=x^2+x$在$[-1, 0]$上连续，在$(-1, 0)$内可导，且$f(-1)=f(0)=0$，即满足罗尔定理条件. 又$f'(x)=2x+1$，令$f'(x)=2x+1=0$，得$x=-\dfrac{1}{2}$. 取$\xi=-\dfrac{1}{2}$，则在$(-1, 0)$内存在ξ，使$f'(\xi)=0$.

例 4-3　设$f(x)$在$[0, 1]$上连续，在$(0, 1)$内可导，且$f(1)=0$. 证明：在(a, b)内至少存在一点ξ，使$f(\xi)+\xi f'(\xi)=0$.

分析：在$f(\xi)+\xi f'(\xi)=0$中，将ξ换成x，可得$f(x)+xf'(x)=0$，易知，$[xf(x)]'=f(x)+xf'(x)$.

证　令$F(x)=xf(x)$，由题设易知，$F(x)$在$[0, 1]$上连续，在$(0, 1)$内可导，且$F(0)=F(1)=0$，由罗尔定理得，在(a, b)内至少存在一点ξ，使$F'(\xi)=0$，即$f(\xi)+\xi f'(\xi)=0$.

2. 拉格朗日中值定理

定理 4.2　(拉格朗日中值定理)如果函数 $f(x)$ 在闭区间 $[a, b]$ 上连续，在开区间 (a, b) 内可导，那么在 (a, b) 内至少存在一点 ξ $(a<\xi<b)$，使

$$f'(\xi)=\frac{f(b)-f(a)}{b-a} \quad 或 \quad f(b)-f(a)=f'(\xi)(b-a)$$

如图 4-2 所示，$\frac{f(b)-f(a)}{b-a}$ 是连接端点 $A(a, f(a))$，$B(b, f(b))$ 的弦 AB 的斜率，而 $f'(\xi)$ 为曲线在 C 处的切线 l 的斜率. 这两个斜率相等，表明切线 l 与弦 AB 平行. 因此拉格朗日中值定理的几何意义是，如果连续曲线弧 $\overset{\frown}{AB}$ 上除端点外处处有不垂直于 x 轴的切线，则这段弧上至少存在一点 C，使曲线在该点处的切线平行于弦 AB.

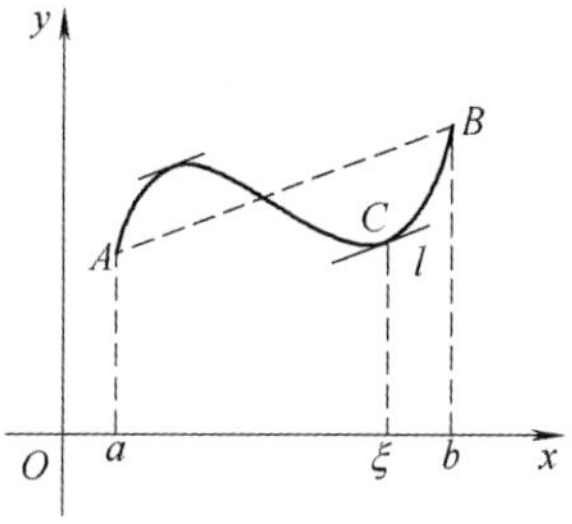

需要说明的是，从罗尔定理的几何意义中看出，由于 $f(a)=f(b)$，弦 AB 是平行于 x 轴的，因此点 C 的切线也是平行于弦 AB 的. 由此可见，罗尔定理是拉格朗日中值定理的特殊情形.

图　4-2

在应用上，常对拉格朗日中值定理做如下变形：

令 $a=x$，$b=x+\Delta x$，则 $b-a=\Delta x$，于是有 $f'(\xi)=\frac{f(x+\Delta x)-f(x)}{\Delta x}$，即

$$f(x+\Delta x)-f(x)=f'(\xi)\Delta x \ (\xi\in(x, x+\Delta x))$$

在上式中，取 $0<\theta<1$，则 $f(x+\Delta x)-f(x)=f'(x+\theta\Delta x)\Delta x$，即

$$\Delta y=f'(x+\theta\Delta x)\Delta x$$

由微分的定义知，函数的微分 $dy=f'(x)\Delta x$ 是函数增量 Δy 的近似表达式，一般来说，以 dy 近似代替 Δy 时所产生的误差只有当 $\Delta x\to 0$ 时才趋于零. 上式表明，当 Δx 有限时，$f'(x+\theta\Delta x)\Delta x$ 为函数增量 Δy 的准确表达式. 因此，拉格朗日中值定理也叫作有限增量定理，它在微分学中占有重要地位. 它精确表达了函数在一个区间上的增量与函数在这个区间内某点处的导数之间的关系. 在某些问题中当自变量 x 取得有限增量 Δx，需要求函数增量 Δy 的准确表达式时，拉格朗日中值定理就显示出其价值了.

例 4-4　证明：当 $x>0$ 时，有 $\frac{x}{1+x}<\ln(1+x)<x$.

证　令 $f(x)=\ln(1+x)$，当 $x>0$ 时，取区间 $[0, x]$，显然 $f(x)$ 在 $[0, x]$ 上满足拉格朗日中值定理条件，于是有

$$f(x)-f(0)=f'(\xi)(x-0) \ (0<\xi<x)$$

即 $\ln(1+x)=\frac{x}{1+\xi}$，又 $0<\xi<x$，所以 $\frac{x}{1+x}<\ln(1+x)<x$.

推论 1　如果函数 $f(x)$ 在闭区间 $[a, b]$ 上连续，且对任意的 $x\in(a, b)$，有 $f'(x)=0$，则对任意的 $x\in[a, b]$，有 $f(x)=C$ (C 为常数).

事实上，对任意的 x_1，$x_2\in[a, b]$(设 $x_1<x_2$)，有 $f(x_2)-f(x_1)=f'(\xi)(x_2-x_1)$，因为 $f'(\xi)=0$，所以 $f(x_2)-f(x_1)=0$，即 $f(x_2)=f(x_1)$，由 x_1，x_2 的任意性得结论.

该定理说明，导数恒为 0 的函数是常值函数.

推论 2　如果在区间 $[a, b]$ 上 $f'(x)=g'(x)$，则在 $[a, b]$ 上有 $f(x)=g(x)+C$ (C 为常数).

事实上，令 $F(x)=f(x)-g(x)$，由推论 1 知，$F(x)=C$，即 $f(x)=g(x)+C$.

例 4-5 证明恒等式：$\arctan x+\operatorname{arccot} x=\frac{\pi}{2}$.

证 令 $F(x)=\arctan x+\operatorname{arccot} x$，则 $F'(x)=\frac{1}{1+x^2}-\frac{1}{1+x^2}=0$，由推论 1 知，$F(x)=C$（$C$ 为常数），令 $x=1$，于是，

$$F(1)=\arctan 1+\operatorname{arccot} 1=\frac{\pi}{4}+\frac{\pi}{4}=\frac{\pi}{2}=C$$

所以

$$\arctan x+\operatorname{arccot} x=\frac{\pi}{2}$$

3. 柯西中值定理

定理 4.3 （柯西中值定理）如果函数 $f(x)$，$g(x)$ 在闭区间 $[a, b]$ 上连续，在开区间 (a, b) 内可导，且 $g'(x)\neq 0$，那么在 (a, b) 内至少存在一点 ξ $(a<\xi<b)$，使

$$\frac{f(b)-f(a)}{g(b)-g(a)}=\frac{f'(\xi)}{g'(\xi)}$$

容易看出，拉格朗日中值定理是柯西中值定理当 $g(x)=x$ 的一种特殊情形.

柯西中值定理的几何意义如图 4-3 所示. 设曲线弧 $\overset{\frown}{AB}$ 由参数方程 $\begin{cases}X=g(x)\\Y=f(x)\end{cases}$（$x$ 为参数）给出，那么曲线上点 (X, Y) 处的切线斜率为

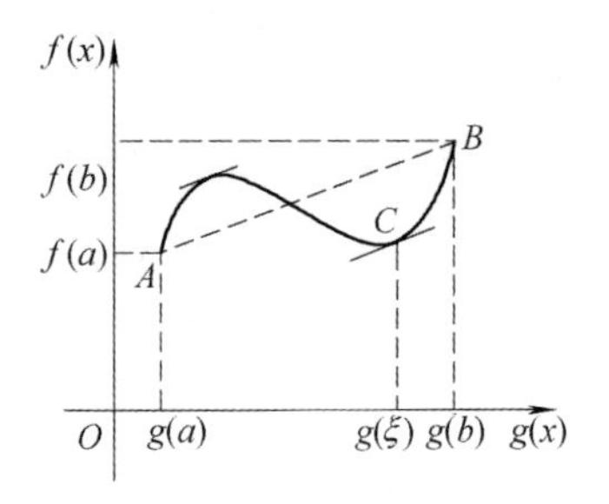

图 4-3

$$\frac{\mathrm{d}Y}{\mathrm{d}X}=\frac{f'(x)}{g'(x)}$$

而弦 AB 的斜率为

$$\frac{f(b)-f(a)}{g(b)-g(a)}$$

假设点 C 对应于参数 $x=\xi$，那么曲线上过 C 点的切线平行于弦 AB.

4.1.2 函数的单调性

单调性是函数的基本性质之一. 在第 1 章中，已经介绍了函数在区间上单调性的概念，如果用初等数学的方法来判定函数的单调性往往是比较困难的，下面将用高等数学的知识（即导数）来对函数的单调性进行研究.

如图 4-4 所示，如果函数 $f(x)$ 在某一区间上是单调增加的，则曲线 $y=f(x)$ 上每点切线

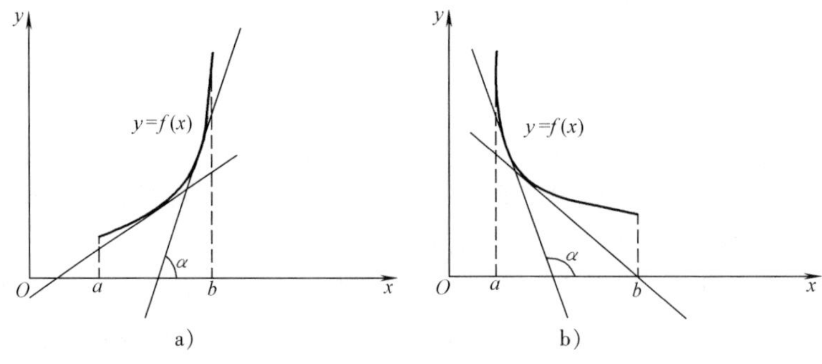

图 4-4

向上倾斜，倾斜角α都是锐角，即斜率$\tan\alpha>0$，也就是$f'(x)>0$；如果函数$f(x)$在某一区间上是单调减少的，则曲线$y=f(x)$上每点切线向下倾斜，倾斜角α都是钝角，即斜率$\tan\alpha<0$，也就是$f'(x)<0$. 由此可见，函数的单调性与导数的正、负有密切的联系.

定理4.4　如果函数$y=f(x)$在$[a,b]$上连续，在(a,b)内可导，

1）如果在(a,b)内，有$f'(x)>0$，则函数$y=f(x)$在$[a,b]$上单调增加；

2）如果在(a,b)内，有$f'(x)<0$，则函数$y=f(x)$在$[a,b]$上单调减少.

事实上，对$[a,b]$内的任意两点x_1，x_2（不妨设$x_1<x_2$），在定理4.4的条件下（以$f'(x)>0$为例），由拉格朗日中值定理得

$$f(x_2)-f(x_1)=f'(\xi)(x_2-x_1)\quad(x_1<\xi<x_2)$$

且$f'(\xi)>0$，$x_2-x_1>0$，于是有$f(x_2)-f(x_1)>0$，因此$f(x)$在$[a,b]$上单调增加.

说明　1)如果将定理中的闭区间换成其他各种区间(包括无穷区间)，那么结论也成立.

2)如果将定理中的条件$f'(x)>0$($f'(x)<0$)换成$f'(x)\geqslant0$($f'(x)\leqslant0$)，且在有限个或可列点(可像自然数一样按照一定顺序排列的无数个点)处取等号，则定理的结论仍然成立. 例如，函数$y=x-\sin x$在$(-\infty,+\infty)$内单调增加，因为$y'=1-\cos x\geqslant0$，当且仅当$x=2k\pi(k\in\mathbf{Z})$时，$y'=0$.

由定理4.4可知，函数$y=f(x)$的单调增加或减少是由$f'(x)$的正、负来判定，而对于函数的导数$f'(x)$来说，还存在$f'(x)=0$或$f'(x)$不存在两种可能性，如果将这些点排除后，则$f'(x)$不是正就是负了. 将$f'(x)=0$的点称为驻点，将$f'(x)$不存在的点称为奇点，驻点和奇点统称为分界点(或临界点).

由此，得到讨论函数单调性的一般步骤：

1）确定函数$f(x)$的定义域；

2）求出$f'(x)=0$的点和$f'(x)$不存在的点(即分界点)，并以这些点为分段点将定义域分成若干个部分区间；

3）列表讨论$f'(x)$在各部分区间内的符号，从而确定函数的单调性.

以下，用“↗”表示单调增加，用“↘”表示单调减少.

例4-6　判定函数$y=x^3+x-1$的单调性.

解　函数的定义域为$(-\infty,+\infty)$，$y'=3x^2+1$. 对任意的$x\in(-\infty,+\infty)$，有$y'>0$，故函数$y=x^3+x-1$在$(-\infty,+\infty)$内单调增加.

例4-7　求函数$y=\mathrm{e}^x-x+1$的单调区间.

解　函数的定义域为$(-\infty,+\infty)$，$y'=\mathrm{e}^x-1$，令$y'=0$，得驻点$x=0$(分界点). 当$x>0$，即$x\in(0,+\infty)$时，$y'>0$；当$x<0$，即$x\in(-\infty,0)$时，$y'<0$. 因此函数的单调增加区间为$(0,+\infty)$，单调减少区间为$(-\infty,0)$.

例4-8　求函数$y=x-\dfrac{3}{2}\sqrt[3]{x^2}$的单调区间.

解　函数的定义域为$(-\infty,+\infty)$，$y'=1-\dfrac{1}{\sqrt[3]{x}}=\dfrac{\sqrt[3]{x}-1}{\sqrt[3]{x}}$. 令$y'=0$，得驻点$x=1$；而$y'(0)$不存在(即$x=0$是奇点). 于是，将函数的定义域分成三个区间$(-\infty,0)$，$(0,1)$，$(1,+\infty)$，列表讨论如下：

x	$(-\infty, 0)$	0	$(0, 1)$	1	$(1, +\infty)$
y'	+	不存在	—	0	+
y	↗		↘		↗

所以，函数的单调增加区间为$(-\infty, 0)\cup(1, +\infty)$，单调减少区间为$(0, 1)$.

习题 4.1

基础题

1. 验证函数$f(x)=x^2-x$在区间$[0, 1]$上满足罗尔定理条件，并求出ξ.

2. 设$f(x)=x^3+x-1$，证明：方程$f(x)=0$在$(0, 1)$内不可能有两个不等的实数根.

3. 验证函数$f(x)=\ln x$在区间$[1, e]$上满足拉格朗日中值定理条件，并求出ξ.

4. 用拉格朗日中值定理求曲线弧$y=x^2+2x-3\,(x\in[-1, 2])$上一点，使其切线平行于该曲线弧两端点的连线.

5. 判定函数$y=\cos^2 x$在区间$\left[0, \dfrac{\pi}{2}\right]$上的单调性.

6. 判定函数$f(x)=\arctan x-x$的单调性.

7. 求下列函数的单调区间：

(1)$f(x)=3x-x^3$；　　(2)$f(x)=2x+\dfrac{8}{x}\ (x>0)$；

(3)$f(x)=\ln(1+x^2)$；　　(4)$f(x)=(x-1)(x+1)^3$.

8. 证明：当$x>1$时，$e^x>ex$.

9. 证明：当$x>4$时，$2^x>x^2$.

10. 证明：方程$x^5+x-1=0$只有唯一实根.

提高题

1. 证明：对任意的$x\in(-1, 1)$，有$\dfrac{1}{2}\arcsin x+\arctan\sqrt{\dfrac{x-1}{x+1}}=\dfrac{\pi}{4}$.

2. 设函数$f(x)$在$[a, b]$上连续，在(a, b)内可导，且$f(a)=f(b)=0$，证明：存在$\xi\in(a, b)$，使$f'(\xi)+f(\xi)=0$.

3. 若函数$f(x)$在(a, b)内具有二阶导数，且$f(x_1)=f(x_2)=f(x_3)$，其中$a<x_1<x_2<x_3<b$，证明：在(x_1, x_3)内至少存在一点ξ，使$f''(\xi)=0$.

4. 证明：若函数$f(x)$在$[a, b]$上可导，则至少存在一点$\xi\in(a, b)$，使得

$$\frac{bf(b)-af(a)}{b-a}=f(\xi)+\xi f'(\xi)$$

5. 证明：若函数$f(x)$在$(-\infty, +\infty)$内满足关系式$f'(x)=f(x)$，且$f(0)=1$，则$f(x)=e^x$.

6. 证明：对任意的$x_1, x_2\in[-1, 1]$，有$|\arcsin x_2+\arcsin x_1|\geqslant|x_2-x_1|$.

7. 用拉格朗日中值定理证明下列不等式：

(1)当$0<a<b$时，有$\dfrac{b-a}{b}<\ln\dfrac{b}{a}<\dfrac{b-a}{a}$；

(2)当 $0<b<a$，$n>1$ 时，有 $nb^{n-1}(a-b)<a^n-b^n<na^{n-1}(a-b)$；

(3)当 $x>0$ 时，有 $\frac{x}{1+x^2}<\arctan x<x$；

(4)设 $e<a<b<e^2$，证明：$\ln^2 b-\ln^2 a>\frac{4}{e^2}(b-a)$.

8. 用单调性判定定理证明下列不等式：

(1)当 $x>0$ 时，$1+\frac{1}{2}x>\sqrt{1+x}$；

(2)当 $x>0$ 时，$e^x+\cos x-2>x$；

(3)当 $0<x<\frac{\pi}{2}$时，$\sin x+\tan x>2x$；

(4)当 $x\geqslant 0$ 时，有 $\ln(1+x)\geqslant\frac{\arctan x}{1+x}$.

9. 试用函数单调性的判定定理，比较 e^{π} 和 π^{e} 的大小.

10. 证明：方程 $\sin x=x$ 只有一个实数根.

4.2　函数的极值

1. 极值的概念

定义 4.1　设函数 $y=f(x)$ 在点 x_0 的某个邻域内有定义，如果对该邻域内任一点 x，有 $f(x)<f(x_0)$（或 $f(x)>f(x_0)$），则称 $f(x_0)$ 为函数 $f(x)$ 的极大值（或极小值），点 x_0 称为极大值点（或极小值点）.

函数的极大值和极小值统称为极值，极大值点和极小值点统称为极值点. 如图 4-5 所示，点 x_1，x_3 为极大值点，点 x_2，x_4 为极小值点，x_5 不是极值点.

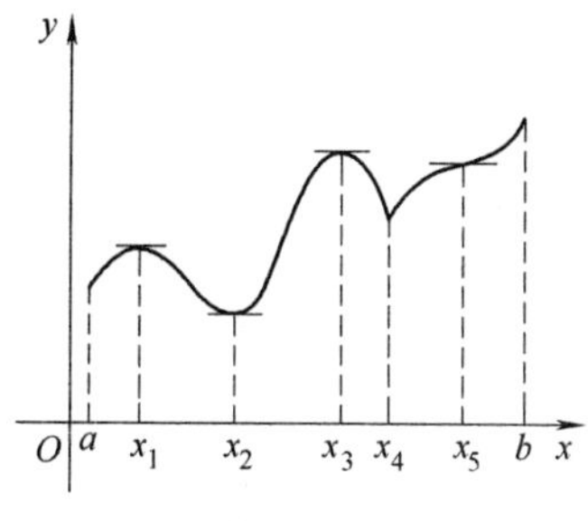

图　4-5

说明　1)极大值和极小值是一个局部概念. 若 $f(x_0)$ 为极大值（极小值），那只是就 x_0 附近的一个局部范围来说，$f(x_0)$ 是 $f(x)$ 的最大值（最小值）；若对 $f(x)$ 的整个定义域来说，$f(x_0)$ 就不一定是最大值（最小值）（通俗地说，极值指的是局部最值）.

2)函数的极大值（极小值）不是通过计算数值比较而得到的，是通过判定而产生的；同时，在函数的整个定义域范围内可能有几个极大值（或极小值），并且极大值不一定比极小值大.

2. 极值存在的必要条件

定理 4.5　如果函数 $y=f(x)$ 在点 x_0 取得极值，则 $f'(x_0)=0$ 或 $f'(x_0)$ 不存在.

说明 1)函数取得极值的点只有两种：$f'(x_0)=0$(驻点)和$f'(x_0)$不存在(奇点)的点，简称为可能极值点；但到底这些点是不是极值点，需要通过判定才能确定.

2)驻点不一定是极值点，如 $y=x^3$ 在点 $x=0$ 是驻点，但不是极值点；同时，奇点也可能是极值点，如 $x=0$ 是 $y=|x|$ 的奇点，但它是函数的极小值点.

怎样的驻点和奇点才是极值点呢？换句话说，如何从分界点(驻点和奇点)中找出真正的极值点？为此介绍如下关于极值的两个充分条件.

3. 极值存在的第一充分条件

定理 4.6 设函数 $y=f(x)$在点 x_0 的某邻域内可导，且$f'(x_0)=0$ 或在点 x_0 处导数不存在但函数在点 x_0 处连续，

1)如果在点 x_0 的左侧附近，$f'(x)>0$，在点 x_0 的右侧附近，$f'(x)<0$，则$f(x_0)$为极大值；

2)如果在点 x_0 的左侧附近，$f'(x)<0$，在点 x_0 的右侧附近，$f'(x)>0$，则$f(x_0)$为极小值；

3)如果在点 x_0 左右两侧附近(点 x_0 除外)，$f'(x)$同号，则$f(x_0)$不是极值.

例 4-9 求函数$f(x)=2x^3-9x^2+12x-3$ 的单调区间和极值.

解 函数$f(x)$的定义域为$(-\infty,+\infty)$. 令$f'(x)=6x^2-18x+12=6(x-1)(x-2)=0$，得驻点 $x_1=1$，$x_2=2$. 列表讨论如下：

x	$(-\infty,1)$	1	$(1,2)$	2	$(2,+\infty)$
y'	+	0	−	0	+
y	↗	极大值$f(1)=2$	↘	极小值$f(2)=1$	↗

因此，函数的单调增加区间为$(-\infty,1)\cup(2,+\infty)$，单调减少区间为$(1,2)$；极大值$f(1)=2$，极小值$f(2)=1$.

例 4-10 求函数$f(x)=\dfrac{3}{2}\sqrt[3]{x^2}-x$ 的单调区间和极值.

解 函数的定义域为$(-\infty,+\infty)$，$f'(x)=\dfrac{1}{\sqrt[3]{x}}-1=\dfrac{1-\sqrt[3]{x}}{\sqrt[3]{x}}$. 令$f'(x)=0$，得驻点 $x=1$；当 $x=0$ 时，$f'(x)$不存在(即 $x=0$ 为奇点). 列表讨论如下：

x	$(-\infty,0)$	0	$(0,1)$	1	$(1,+\infty)$
$f'(x)$	−	不存在	+	0	−
$f(x)$	↘	极小值$f(0)=0$	↗	极大值$f(1)=\frac{1}{2}$	↘

因此，函数的单调增加区间为$(0,1)$，单调减少区间为$(-\infty,0)\cup(1,+\infty)$；极大值$f(1)=\dfrac{1}{2}$，极小值$f(0)=0$.

4. 极值存在的第二充分条件

定理 4.7 设函数 $y=f(x)$在点 x_0 处有一、二阶导数，且$f'(x_0)=0$，$f''(x_0)\neq0$，

1)如果$f''(x_0)>0$，则$f(x_0)$为极小值；

2)如果$f''(x_0)<0$，则$f(x_0)$为极大值.

事实上，如果$f''(x_0)<0(>0)$，则$f'(x)$在点x_0附近为减(增)函数，由于$f'(x_0)=0$，因此，$f'(x)$在点x_0的左侧附近为正(负)，右侧附近为负(正)，根据定理2，$f(x)$在点x_0取极大(小)值.

说明 极值存在的第二充分条件的使用有一定的局限性，首先要求点x_0为驻点(即$f'(x_0)=0$)，其次要求$f''(x_0)\neq 0$；如果$f''(x_0)=0$，则本判定方法失效. 例如，函数$f(x)=x^4$，易知，$f'(0)=0$，但$f''(0)=0$，所以，不能用第二充分条件判定点$x=0$是否是极值点，应改用第一充分条件判定，容易求得$x=0$为极小值点，且极小值$f(0)=0$.

又如，函数$f(x)=\sqrt[3]{x^2}$，$f'(x)=\dfrac{2}{3\sqrt[3]{x}}$，即$x=0$为奇点，因此也不能使用第二充分条件来判定，由第一充分条件易知，极小值$f(0)=0$.

例4-11 求函数$f(x)=2x^3-3x^2$的极值.

解 令$f'(x)=6x^2-6x=6x(x-1)=0$，得驻点$x_1=0$，$x_2=1$；$f''(x)=12x-6$，在驻点$x=0$，有$f''(0)=-6<0$，即函数的极大值为$f(0)=0$；在驻点$x=1$，有$f''(1)=6>0$，即函数的极小值为$f(1)=-1$.

例4-12 求函数$f(x)=xe^{-2x}$的极值.

解 令$f'(x)=(1-2x)e^{-2x}=0$，得驻点$x=\dfrac{1}{2}$；$f''(x)=(4x-4)e^{-2x}$，$f''\left(\dfrac{1}{2}\right)=-2e^{-1}<0$，即函数的极大值为$f\left(\dfrac{1}{2}\right)=\dfrac{1}{2}e^{-1}=\dfrac{1}{2e}$.

现将求函数$f(x)$的极值的一般步骤归纳如下：

1）确定函数的定义域；

2）求函数的导数，确定分界点(驻点和奇点)；

3）用极值的第一充分条件或第二充分条件确定极值点；

4）将极值点代入函数$f(x)$，求出极值并指明是极大值还是极小值.

习题4.2

基础题

1. 判断题

(1)若$f'(x_0)=0$，则点x_0为函数$f(x)$的极值点. ( )

(2)若$x=x_0$为函数$f(x)$的极值点，且曲线$y=f(x)$在点x_0处有切线，则此切线一定是水平的. ( )

(3)任何二次函数必有唯一的极值点. ( )

(4)如果函数$f(x)$在(a,b)内可导，且有唯一的驻点，则此驻点必为极值点. ( )

2. 设函数$f(x)=(x+1)e^x$，则$f(x)$( ).

A. 只有极小值 B. 只有极大值

C. 既有极小值又有极大值； D. 无极值

3. 求下列函数的单调区间和极值：

(1) $f(x)=2x^3-6x^2-18x+7$； (2) $f(x)=x^4-8x^2+2$；

(3) $f(x)=\ln(1+x^2)$;　　(4) $f(x)=x+\dfrac{1}{x}$;

(5) $f(x)=xe^x$;　　(6) $f(x)=(x^2-1)^3+1$;

(7) $f(x)=x-\ln(1+x)$;　　(8) $f(x)=e^x\cos x$, $x\in[0, 2\pi]$.

4. 求函数$f(x)=2e^x+e^{-x}$的极值.

5. 求函数$f(x)=\dfrac{1}{2}\cos 2x+\sin x$在区间$[0, \pi]$上的极值.

6. 证明：如果函数$f(x)=ax^3+bx^2+cx+d$满足条件$b^2-3ac<0$ ($a>0$)，那么，函数$f(x)$没有极值.

提高题

1. 试问a为何值时，函数$f(x)=a\sin x+\dfrac{1}{3}\sin 3x$在$x=\dfrac{\pi}{3}$处取得极值？它是极大值还是极小值？并求此极值.

2. 设函数$f(x)$满足$3f(x)-f\left(\dfrac{1}{x}\right)=\dfrac{1}{x}$，求$f(x)$的极值.

3. 设函数$y=y(x)$由方程$2y^3-2y^2+2xy-x^2=1$所确定，求$y=y(x)$的驻点，并判别其是否为极值点，若为极值点并判定是极大值点还是极小值点，并求极值.

4. 设$f(x)$具有二阶连续导数，$f'(0)=0$且$\lim\limits_{x\to 0}\dfrac{f''(x)}{|x|}=1$，判定$f(x)$在点$x=0$处是否有极值；若有极值，并说明是极大值还是极小值.

5. 设函数$f(x)$在$(-\infty, +\infty)$内连续，其导函数的图形如图4-6所示，则$f(x)$有(　　).

A. 一个极小值点，两个极大值点

B. 两个极小值点，一个极大值点

C. 两个极小值点，两个极大值点

D. 三个极小值点，一个极大值点

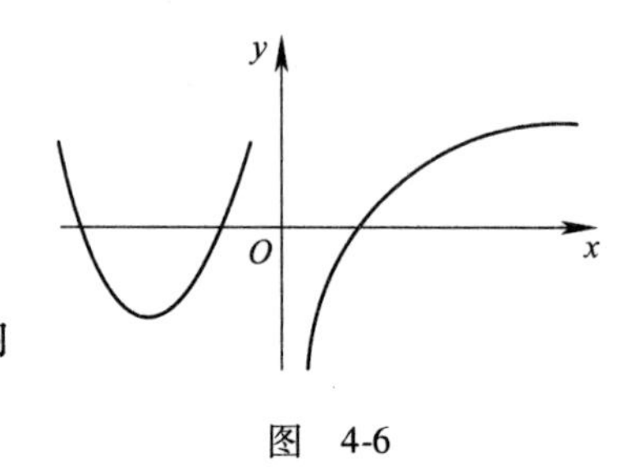

图 4-6

6. 证明：方程$\ln x=\dfrac{x}{e}-\ln x-2\sqrt{2}$在区间$(0, +\infty)$内有且仅有两个不同的实根.

4.3 函数的最大值与最小值

在工程技术、科学实验、生产和管理中，常常需要解决怎样使“用料最省”“成本最低”“时间最短”“利润最大”“效率最高”等问题，这类问题称为最优化问题. 这些问题在数学上往往归结为求一个函数(通常称为目标函数)的最大值或最小值问题.

1. 函数最值的概念

定义 4.2 设函数$f(x)$在区间$[a, b]$上连续，如果在点x_0的函数值$f(x_0)$与区间上其余各点的函数值$f(x)$ ($x\neq x_0$)相比较，都有

1) 若$f(x)\leqslant f(x_0)$，则称$f(x_0)$为$f(x)$在$[a, b]$上的最大值，称点x_0为$f(x)$在$[a, b]$

上的最大值点；

2）若$f(x)\geqslant f(x_0)$，则称$f(x_0)$为$f(x)$在$[a, b]$上的最小值，称点x_0为$f(x)$在$[a, b]$上的最小值点.

最大值和最小值统称最值，最大值点和最小值点统称为最值点. 由极值与最值的定义可知，极值是局部概念，而最值是整体性概念.

由于闭区间上连续函数一定有最大值和最小值，因此，要么$f(x)$在(a, b)内的某点x_0处达到最值，那么这个最值点一定是极值点，要么$f(x)$在$[a, b]$的端点达到最值，即端点为最值点. 由此，得到求连续函数$f(x)$在闭区间$[a, b]$上最值的一般步骤(方法)如下：

1）求出$f(x)$在(a, b)内的所有极值(或求出$f(x)$在(a, b)内所有可能极值点的函数值，可以不判定其是否为极值)；

2）求出函数值$f(a)$，$f(b)$；

3）比较$f(a)$，$f(b)$和所有极值(或所有可能极值点的函数值)的大小，其中最大者为最大值，最小者为最小值.

例 4-13　求函数$f(x)=x^4-2x^2-5$在区间$[-2, 2]$上的最值.

解　$f'(x)=4x^3-4x=4x(x^2-1)$，令$f'(x)=0$，得驻点$x_1=-1$，$x_2=0$，$x_3=1$；在驻点处$f(-1)=f(1)=-6$，$f(0)=-5$；在端点处$f(-2)=f(2)=3$. 因此，在区间$[-2, 2]$上函数的最大值为$f(\pm 2)=3$，最小值为$f(\pm 1)=-6$.

下面两种情形，求函数的最值更为简便：

1）如果连续函数$f(x)$在$[a, b]$上单调递增，则$f(x)$的最大值和最小值分别是$f(b)$，$f(a)$，如果$f(x)$在$[a, b]$上单调递减，则$f(x)$的最大值和最小值分别是$f(a)$，$f(b)$；

2）如果函数$f(x)$在某个区间(有限或无限、开或闭)内连续且只有一个驻点(或奇点)x_0，且该驻点(或奇点)为极值点，则当$f(x_0)$为极大值时，$f(x_0)$为$f(x)$在该区间内的最大值；当$f(x_0)$为极小值时，$f(x_0)$为$f(x)$在该区间内的最小值.

例 4-14　求函数$f(x)=e^{-x^2}$在区间$[-2, 0]$和$(-\infty, +\infty)$上的最值.

解　1）$f'(x)=-2xe^{-x^2}$，当$x\leqslant 0$时，$f'(x)\geqslant 0$，即$f(x)$在区间$[-2, 0]$上递增，所以，函数在$[-2, 0]$上的最大值为$f(0)=1$，最小值为$f(-2)=e^{-4}$.

2）令$f'(x)=-2xe^{-x^2}=0$，得唯一驻点$x=0$；又$f''(x)=2(2x^2-1)e^{-x^2}$，且$f''(0)=-2<0$，即$f(0)=1$为极大值，故$f(x)$在$(-\infty, +\infty)$内的最大值为$f(0)=1$.

2. 函数最值应用及举例

在用导数研究应用问题的最值时，如果所建立的函数$f(x)$在区间(a, b)上是可导的，并且$f(x)$在区间(a, b)内只有一个驻点x_0，又根据问题本身的实际意义，可判定在(a, b)内必有最大(小)值，则$f(x_0)$就是所求的最大(小)值，不必再进行数学判定.

例 4-15　用边长为48cm的正方形纸板做一个无盖的纸盒，在纸板的四周截去面积相等的四个小正方形，然后将四周折起来，围成一个纸盒. 问截去小正方形的边长为多少时，才能使所围成纸盒的容积最大？

解　设截去小正方形的边长为x(cm)，纸盒容积为$V(\mathrm{cm}^3)$，由题意有

$$V=x(48-2x)^2,\ x\in(0, 24)$$

问题归结为：当x为何值时，V在$(0, 24)$内取最大值. 由

$$V' = (48-2x)^2 + 2x(48-2x)(-2) = 12(24-x)(8-x)$$

令 $V'=0$，得驻点 $x=8$ 或 $x=24$(舍去)，即函数在(0, 24)内只有一个驻点. 因此，当 $x=8$ 时，V 取最大值，即当截去小正方形边长为 8cm 时，纸盒的容积最大.

例 4-16　生产一种产品，每件成本为 200 元. 如果每件以 250 元出售，则每月可卖出 3600 件；如果每件加价 1 元，则每月少卖 240 件；如果每件少卖 1 元，则每月可多卖 240 件，超过 1 元也以此类推. 问每件售价多少时，可使每月获利最大?

分析　列表如下：

每件售价/元	每件利润/元	每月卖出/件	每月获利/元
250	50	3600	$50\times3600=180000$
251	51	$3600-240$	$51(3600-240)=171360$
249	49	$3600+240$	$49(3600+240)=188160$

由此可见，薄利多销，可提高经济效益.

解　设每件售价为 x 元，每月获利为 y 元，则每月利润 = 每件利润 × 每月卖出件数.

每件利润 $=x-200$，每月卖出件数 $=3600+240(250-x)$，所以

$$y=(x-200)[3600+240(250-x)]$$

即

$$y=(x-200)(63600-240x),\ x\in[200,\ 265]$$

令 $y'=0$，得唯一驻点 $x=\dfrac{111600}{480}=232.5$. 即每件售价 232.5 元时，每月获利最大，且最大利润为 $y=253500$ 元.

例 4-17　某公司销售某款手机，假设月产量为 x 万部的成本(单位：元)为 $C(x)=2x^3-51x^2+980x+300$，售出该款手机 q 部的收入为 $R(q)=800q$. 问是否存在一个能取得最大利润的月产量? 如果存在，求出这个月产量及利润.

解　只有当生产的手机全部卖出，即销售量与生产量相等才可能取得最大利润. 设此时的月产量为 x，则利润为

$$L(x)=R(x)-C(x)=-2x^3+51x^2-180x-300\ (x\geqslant0)$$

$$L'(x)=-6x^2+102x-180=-6(x-2)(x-15)=0$$

令 $L'(x)=0$，得驻点 $x_1=2$，$x_2=15$. 这里，驻点不唯一，且函数定义域为开区间. 将定义域分成[0, 15]，[15, +∞)两个区间来求函数的最大值.

在区间[0, 15]上，$L(0)=-300$，$L(2)=-472$，$L(15)=1725$，所以 $L(x)$ 在[0, 15]上的最大值是 $L(15)=1725$；在区间(15, +∞)内，由于 $L'(x)=-6(x-2)(x-15)<0$，即 $L(x)$ 为减函数，因此，$L(x)$ 在区间[15, +∞)的最大值是 $L(15)=1725$.

综上所述，取得最大利润的月产量为 15 万部，最大利润为 1725 万元.

需要指出的是，在本例中，函数的区间不仅是开区间，而且驻点也不唯一，对这类问题的求解方法是：将定义域分成若干区间，使每个区间要么是闭区间，要么是单调区间，分别求出各自区间上的最大(小)值，最后取其最大(小)者，即为函数在整个定义域上的最大(小)值.

例 4-18　作半径为 r 的球的外切正圆锥，问此正圆锥的高 h 为多少时，其体积最小? 并求出该最小体积.

解　图4-7所示为正圆锥及球体的轴截面图，设圆锥底面圆半径为R，体积为V，由几何知识得

$$R=\frac{rh}{\sqrt{h^2-2rh}}$$

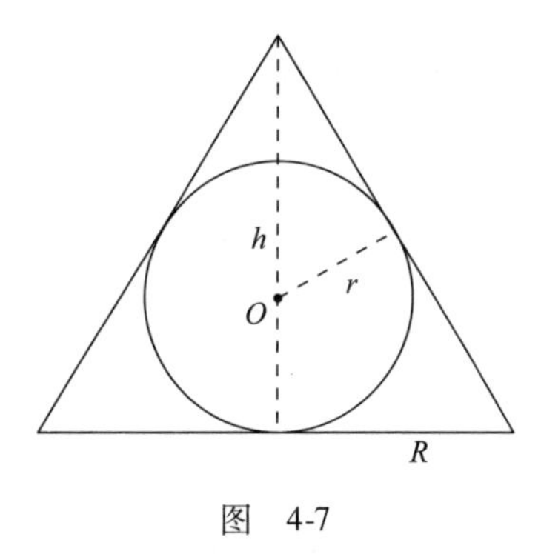

图　4-7

于是，圆锥体积

$$V=\frac{1}{3}\pi R^2h=\frac{\pi r^2h^2}{3(h-2r)}\ (2r<h<+\infty)$$

$$V'=\frac{\pi r^2h(h-4r)}{3(h-2r)^2}$$

令$V'=0$，得驻点$h=4r$或$h=0$(舍去)，奇点$h=2r$(舍去)．由实际意义知，当正圆锥的高$h=4r$时，正圆锥的体积最小，且最小值为$V=\frac{8\pi r^3}{3}$.

习题4.3

基础题

1. 求下列函数的最值：

(1) $f(x)=x^3-3x+2,\ x\in[-2,\ 2]$；　　(2) $f(x)=x^4-2x^2+5,\ x\in[-2,\ 3]$；

(3) $f(x)=x-2\sqrt{x},\ x\in[0,\ 4]$；　　(4) $f(x)=x+\sqrt{1-x},\ x\in[-5,\ 1]$；

(5) $f(x)=x+\arctan x,\ x\in[0,\ 1]$；　　(6) $f(x)=\frac{x}{1+x^2},\ x\in[-2,\ +\infty)$.

2. 设函数$f(x)=ax^3-6ax^2+b\ (a>0)$在$[-1,\ 2]$上的最大值为3，最小值为-29，求a，b的值.

3. 有一个长宽分别为16cm、10cm的矩形纸板，现从矩形的四个角截去4个相同的小正方形，做成一个无盖的盒子，则截去小正方形的边长为多少时，盒子的容积最大.

4. 要做一个容积为$16\pi(\mathrm{dm}^3)$的圆柱形罐头筒，怎样设计其尺寸才能使用料最省？

5. 某企业生产每批某产品x单位的总成本$C(x)=3+x$，得到的总收入$R(x)=6x-x^2$，为提高经济效益，每批生产多少时，才能使总利润最大.

6. 某公司有50套公寓出租，当租金定为每月180元时，可全部租出．当月租金每增加10元，就有一套公寓租不出去，而租出的房子每月需花费20元的整修维护费，试问房租定为多少时，公司收益最大？

提高题

1. 求函数$f(x)=(x^2+3x-3)\mathrm{e}^{-x}$在区间$[-4,\ +\infty)$内的最小值.

2. 证明：当$|x|\leqslant 2$时，有$|3x-x^2|\leqslant 2$.

3. 试求内接于半径为$\sqrt{8}$cm的圆的周长最大的矩形的边长.

4. 某公司在市场上推出一种产品时发现需求量由方程$x=\frac{2500}{p^2}$确定，总收益$R=xp$，且生产x单位的成本为$C(x)=0.5x+500$，求获得最大利润的单位价格p.

5. 设有一段长为l的细丝，将其分为两段，分别构成圆和正方形，若记圆的面积为S_1，

正方形的面积为 S_2. 证明：当 S_1+S_2 为最值小时，有$\frac{S_1}{S_2}=\frac{\pi}{4}$.

6. 一窗户的形状是上半部分为一半圆形，下半部分为一矩形，若窗框的周长 l 一定，试确定半圆的半径和矩形的高，使通过的光线最为充足.

7. 在抛物线 $y^2=6x$ 上求一点，使它到点(3，3)的距离最小.

8. 轮船甲位于轮船乙东 75km 处，以 12km/h 的速率向西行驶，而轮船乙以 6km/h 的速率向北行驶，问经过多少时间，两船相距最近？

9. 欲做一容积为 300m^3 的无盖圆柱形蓄水池，已知池底单位造价为周围单位造价的两倍，问蓄水池的尺寸应怎样设计，才能使总造价最低？

10. 问体积为 V 的正三棱柱的底边多长时，表面积最小？

4.4　曲线的凹凸性与拐点

1. 凹凸性的概念

曲线的形态反映函数的变化规律，但只知道函数的单调性和极值，还不能准确确定曲线的变化形态. 图 4-8 所示为函数 $y=x^2$，$y=x$，$y=\sqrt{x}$在区间[0，1]上的图形，三条曲线段在区间(0，1)内都是单调增加的，但三条曲线的变化却显著不同，即凹凸性不同. 直观看曲线 $y=x^2$“往上弯”(凹的)，每点切线在曲线下方；曲线 $y=\sqrt{x}$“往下弯”(凸的)，每点的切线在曲线上方.

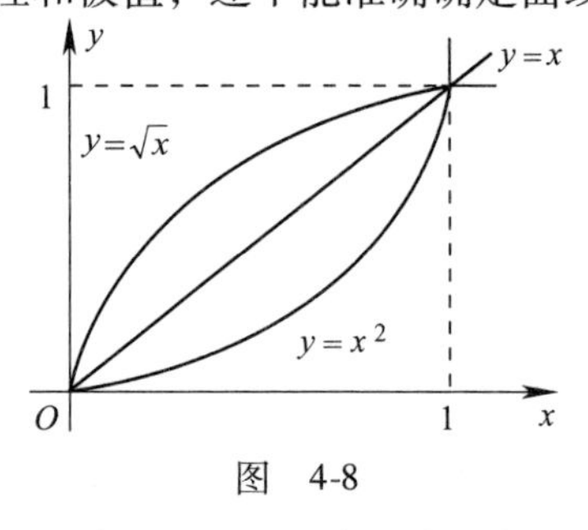

图　4-8

定义 4.3　设曲线 $y=f(x)$ 在开区间(a,b)内每点都有切线，

1) 如果曲线弧都在切线的上方，则称曲线 $y=f(x)$ 在(a,b)内是凹的，同时称区间(a,b)为曲线的凹区间；

2) 如果曲线弧都在切线的下方，则称曲线 $y=f(x)$ 在(a,b)内是凸的，同时称区间(a,b)为曲线的凸区间；

3) 曲线上凹与凸(或凸与凹)两段弧的分界点，称为拐点.

2. 凹凸性的判定定理

如何用导数来判定曲线的凹凸性呢？如图 4-9a 所示的曲线是凹的，切线的倾角 α 为锐角且由小变大，即 $\tan\alpha$ 递增(即$f'(x)$递增)，于是$f''(x)>0$；在图 4-9b 中，切线的倾角 α 为锐角且由大变小，即 $\tan\alpha$ 递减(即$f'(x)$递减)，于是$f''(x)<0$.

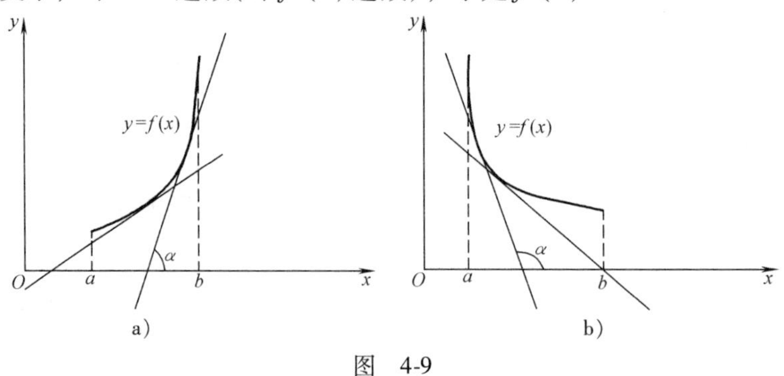

图　4-9

定理 4.8　设函数$f(x)$在开区间(a, b)内有二阶导数，

1) 若在(a, b)内，$f''(x)>0$，则曲线$y=f(x)$在(a, b)内是凹的；

2) 若在(a, b)内，$f''(x)<0$，则曲线$y=f(x)$在(a, b)内是凸的.

以下，用符号"⌒"表示曲线是凹的，用符号"⌣"表示曲线是凸的.

例 4-19　讨论曲线$f(x)=\cos x$在$(0, 2\pi)$内的凹凸性及拐点.

解　$f'(x)=-\sin x$，$f''(x)=-\cos x$. 为了讨论$f''(x)$的正负，令$f''(x)=0$，即$-\cos x=0$，得$x_1=\frac{\pi}{2}$，$x_2=\frac{3\pi}{2}$（称为二阶驻点）. 列表讨论如下：

x	$\left(0, \frac{\pi}{2}\right)$	$\frac{\pi}{2}$	$\left(\frac{\pi}{2}, \frac{3\pi}{2}\right)$	$\frac{3\pi}{2}$	$\left(\frac{3\pi}{2}, 2\pi\right)$
$f''(x)$	−	0	+	0	−
$f(x)$	⌒	0	⌣	0	⌒

因此，曲线在区间$\left(\frac{\pi}{2}, \frac{3\pi}{2}\right)$内是凹的，在区间$\left(0, \frac{\pi}{2}\right)\cup\left(\frac{3\pi}{2}, 2\pi\right)$内是凸的，点$\left(\frac{\pi}{2}, 0\right)$和点$\left(\frac{3\pi}{2}, 0\right)$是拐点.

例 4-20　讨论曲线$y=\sqrt[3]{x}$的凹凸性及拐点.

解　函数的定义域为$(-\infty, +\infty)$，当$x\neq 0$时，$y'=\frac{1}{3\sqrt[3]{x^2}}$，$y''=-\frac{2}{9x\sqrt[3]{x^2}}$. 易知，当$x=0$时，$y''$不存在（称为二阶奇点），以此点为分界点. 列表讨论如下：

x	$(-\infty, 0)$	0	$(0, +\infty)$
$f''(x)$	+	不存在	−
$f(x)$	⌣	0	⌒

因此，曲线在区间$(-\infty, 0)$内是凹的，在区间$(0, +\infty)$内是凸的，拐点为$(0, 0)$.

需要说明的是，二阶导数为 0 的点不一定是拐点，如曲线$y=x^4$在点$x=0$处二阶导数为 0，但点$(0, 0)$不是拐点；而二阶导数不存在的点也可能是拐点，如例 4-20 中曲线$y=\sqrt[3]{x}$在点$x=0$处二阶导数不存在，但点$(0, 0)$是拐点. 对于函数$f(x)$，有如下结论：若$y=f(x)$在点x_0的二阶导数存在，且点$(x_0, f(x_0))$为拐点，则$f''(x_0)=0$.

例 4-21　试确定a，b，c的值，使曲线$y=ax^3+bx^2+cx$有拐点$(1, 2)$，并且在该点处的切线斜率为 1.

解　$y'=3ax^2+2bx+c$，$y''=6ax+2b$，易知y''存在，由题意得

$$\begin{cases} a+b+c=2 \\ 3a+2b+c=1 \\ 6a+2b=0 \end{cases}$$

解得$\begin{cases} a=1 \\ b=-3 \\ c=4 \end{cases}$，于是，$y''=6(x-1)$. 易见，曲线在区间$(-\infty, 1)$内是凸的，在区间$(1, +\infty)$

内是凹的，拐点为(1，2)．所以a，b，c的值分别是1，-3，4.

3．利用单调性和凹凸性分析函数变化

设函数$y=f(x)$在某一区间I上具有一、二阶导数，有：

1)如果在区间I上有$f'(x)>0$，$f''(x)>0$，则函数$f(x)$在I上单调增加，且增速加快；

2)如果在区间I上有$f'(x)>0$，$f''(x)<0$，则函数$f(x)$在I上单调增加，且增速变慢；

3)如果在区间I上有$f'(x)<0$，$f''(x)>0$，则函数$f(x)$在I上单调减少，且减速加快；

4)如果在区间I上有$f'(x)<0$，$f''(x)<0$，则函数$f(x)$在I上单调减少，且减速变慢.

例4-22 设某一产品的利润函数是$L(x)=-x^3+27x^2-96x-500$(单位：万元)，其中x为产量(单位：件)，试确定利润增长和减少的区间，并进一步讨论利润在增长区间上增长的快慢变化程度.

解 函数的定义域为$[0,+\infty)$.

$$L'(x)=-3x^2+54x-96=-3(x-2)(x-16)$$

令$L'(x)=0$，得驻点$x_1=2$，$x_2=16$. 又

$$L''(x)=-6x+54=-6(x-9)$$

令$L''(x)=0$，得二阶驻点$x=9$. 列表讨论如下：

x	$(0,2)$	2	$(2,9)$	9	$(9,16)$	16	$(16,+\infty)$
$L'(x)$	−	0	+		+	0	−
$L''(x)$	+	+	+	0	−	−	−
$L(x)$	↘	极小值	↗	拐点	↗	极大值	↘

因此，利润增长区间为$(2,16)$，利润减少区间为$(0,2)\cup(16,+\infty)$；利润在区间$(2,9)$内增长加快，在区间$(9,16)$内增长减慢；拐点为$(9,94)$，即利润增长加快和减慢的分界点.

习题 4.4

基础题

1. 判断题

(1) 若点$(x_0,f(x_0))$为拐点，且函数$y=f(x)$的二阶导数存在，则$f''(x_0)=0$. ( )

(2) 若函数$y=f(x)$在点x_0处有$f''(x_0)=0$，则点$(x_0,f(x_0))$为拐点. ( )

(3) 若函数$y=f(x)$在点x_0处有$f''(x_0)$不存在，则点$(x_0,f(x_0))$一定不是拐点. ( )

(4) 三次曲线$y=ax^3+bx^2+cx+d(a\neq0)$有唯一拐点. ( )

2. 求下列曲线的凹凸区间及拐点：

(1) $y=x^3-3x^2+1$； (2) $y=x^4+2x^2-5$； (3) $y=x^2+\dfrac{1}{x}$；

(4) $y=2x^2+\ln x$； (5) $y=xe^{2x}$； (6) $y=x\sqrt[3]{x^2}$.

3. 已知曲线$y=x^3+ax^2-9x+4$在$x=1$处有拐点，确定常数a，并求凹凸区间及拐点.

4. 已知点(1，3)为曲线$y=ax^3+bx^2$的拐点，求a，b的值.

5. 设某产品的利润函数为 $L(x) = -2x^3 + 39x^2 - 72x - 600$(单位：万元)，其中 x(单位：件)是产量.

(1) 确定该产品利润增长和减少的区间；

(2) 对于利润增长区间，确定其中使利润增长加快和减慢的区间.

提高题

1. 求曲线 $y = (x-1)^2(x-3)^2$ 的拐点个数.

2. 求曲线 $x = t^2$，$y = 3t + t^3$ 的拐点.

3. 确定曲线 $y = ax^3 + bx^2 + cx + d$ 中 a，b，c，d 的值，使 $x = -2$ 处曲线有水平切线，点 $(1, -10)$ 为拐点，且点 $(-2, 44)$ 在曲线上.

4. 确定 $y = k(x^2-3)^2$ 中的 k 值，使曲线拐点处的法线通过原点.

5. 证明：函数 $y = \ln(x^2-1)$ 的图形是处处凸的.

6. 证明：曲线 $y = \dfrac{x-1}{x^2+1}$ 有三个拐点且位于同一直线上.

7. 证明：当 $0 < x < \pi$ 时，$\sin\dfrac{x}{2} > \dfrac{x}{\pi}$.

4.5　洛必达法则

1. 不定式

当 $x \to x_0$(或 $x \to \infty$)时，若函数 $f(x)$，$\varphi(x)$ 都趋于零或无穷大，其极限 $\lim\limits_{\substack{x\to x_0 \\ (x\to\infty)}} \dfrac{f(x)}{\varphi(x)}$ 可能存在也可能不存在. 因此，通常把这种极限称为不定式(或未定式)，并分别简记为“$\dfrac{0}{0}$”型和“$\dfrac{\infty}{\infty}$”型. 对于不定式，即使它的极限存在，也不能用“商的极限等于极限的商”这一法则来计算. 为此，下面介绍一种求不定式极限的重要方法——洛必达(L'Hospital)法则.

2. 洛必达法则

(1) “$\dfrac{0}{0}$”型不定式

定理 4.9　设 $f(x)$，$\varphi(x)$ 在点 x_0 的某个去心邻域内有定义，若

1) $\lim\limits_{x\to x_0} f(x) = \lim\limits_{x\to x_0} \varphi(x) = 0$；

2) $f(x)$，$\varphi(x)$ 在点 x_0 的某个去心邻域内可导，且 $\varphi'(x) \neq 0$；

3) $\lim\limits_{x\to x_0} \dfrac{f'(x)}{\varphi'(x)} = A$(或无穷大)，

则
$$\lim_{x\to x_0} \frac{f(x)}{\varphi(x)} = \lim_{x\to x_0} \frac{f'(x)}{\varphi'(x)} = A(\text{或无穷大})$$

说明　1) 在定理 4.9 中，将 $x \to x_0$ 换为 $x \to \infty$ 时，定理也成立.

2) 如果 $\dfrac{f'(x)}{\varphi'(x)}$ 当 $x \to x_0$ 时仍属于“$\dfrac{0}{0}$”型，且这时 $f'(x)$，$\varphi'(x)$ 能满足定理中 $f(x)$，

$\varphi(x)$所需要的条件，则可继续使用洛必达法则，即

$$\lim_{x\to x_0}\frac{f(x)}{\varphi(x)}=\lim_{x\to x_0}\frac{f'(x)}{\varphi'(x)}=\lim_{x\to x_0}\frac{f''(x)}{\varphi''(x)}$$

且可以依次类推，直至不满足洛必达法则的条件为止.

(2) “$\frac{\infty}{\infty}$”型不定式

定理 4.10　设$f(x)$，$\varphi(x)$在点x_0的某个去心邻域内有定义，若

1) $\lim\limits_{x\to x_0}f(x)=\infty$，$\lim\limits_{x\to x_0}\varphi(x)=\infty$；

2) $f(x)$，$\varphi(x)$在点x_0的某个去心邻域内可导，且$\varphi'(x)\neq 0$；

3) $\lim\limits_{x\to x_0}\dfrac{f'(x)}{\varphi'(x)}=A$(或无穷大)，

则

$$\lim_{x\to x_0}\frac{f(x)}{\varphi(x)}=\lim_{x\to x_0}\frac{f'(x)}{\varphi'(x)}=A(\text{或无穷大})$$

在定理4.10中，将$x\to x_0$换为$x\to\infty$时，定理也成立.

例 4-23　求$\lim\limits_{x\to 0}\dfrac{(1+x)^{\alpha}-1}{x}$.

解　所求极限为“$\frac{0}{0}$”型，应用洛必达法则，得

$$\lim_{x\to 0}\frac{(1+x)^{\alpha}-1}{x}=\lim_{x\to 0}\frac{\alpha(1+x)^{\alpha-1}}{1}=\alpha$$

例 4-24　求$\lim\limits_{x\to 1}\dfrac{x^3-3x+2}{x^3-x^2-x+1}$.

解　所求极限为“$\frac{0}{0}$”型，应用洛必达法则，得

$$\lim_{x\to 1}\frac{x^3-3x+2}{x^3-x^2-x+1}=\lim_{x\to 1}\frac{3x^2-3}{3x^2-2x-1}=\lim_{x\to 1}\frac{6x}{6x-2}=\frac{3}{2}$$

注意　上式中$\lim\limits_{x\to 1}\dfrac{6x}{6x-2}$已不是不定式，不能对其再使用洛必达法则，否则会导致错误结果. 这说明，使用洛必达法则时，每步都需要验证是否为“$\frac{0}{0}$”型或“$\frac{\infty}{\infty}$”型.

例 4-25　求$\lim\limits_{x\to 0}\dfrac{x-\sin x}{x^3}$.

解　所求极限为“$\frac{0}{0}$”型，应用洛必达法则，得

$$\lim_{x\to 0}\frac{x-\sin x}{x^3}=\lim_{x\to 0}\frac{1-\cos x}{3x^2}=\lim_{x\to 0}\frac{\sin x}{6x}=\frac{1}{6}$$

例 4-26　求$\lim\limits_{x\to +\infty}\dfrac{\pi-2\arctan x}{\ln\left(1+\frac{1}{x}\right)}$.

解　所求极限为“$\frac{0}{0}$”型，应用洛必达法则，得

$$\lim_{x\to+\infty}\frac{\pi-2\arctan x}{\ln\left(1+\frac{1}{x}\right)}=\lim_{x\to+\infty}\frac{-\frac{2}{1+x^2}}{-\frac{1}{x^2+x}}=\lim_{x\to+\infty}\frac{2x^2+2x}{x^2+1}=2$$

例 4-27　求$\lim\limits_{x\to\frac{\pi}{2}}\frac{\tan x}{\tan 3x}$.

解　所求极限为“$\frac{\infty}{\infty}$”型，应用洛必达法则，得

$$\lim_{x\to\frac{\pi}{2}}\frac{\tan x}{\tan 3x}=\lim_{x\to\frac{\pi}{2}}\frac{\sec^2 x}{3\sec^2 3x}=\lim_{x\to\frac{\pi}{2}}\frac{\cos^2 3x}{3\cos^2 x}=\lim_{x\to\frac{\pi}{2}}\frac{2\cos 3x(-3\sin 3x)}{6\cos x(-\sin x)}$$

$$=\lim_{x\to\frac{\pi}{2}}\frac{\sin 6x}{\sin 2x}=\lim_{x\to\frac{\pi}{2}}\frac{6\cos 6x}{2\cos 2x}=3$$

例 4-28　求$\lim\limits_{x\to+\infty}\frac{x^n}{e^{\lambda x}}$（$n$ 为正整数，$\lambda>0$）.

解　所求极限为“$\frac{\infty}{\infty}$”型，相继 n 次应用洛必达法则，得

$$\lim_{x\to+\infty}\frac{x^n}{e^{\lambda x}}=\lim_{x\to+\infty}\frac{nx^{n-1}}{\lambda e^{\lambda x}}=\lim_{x\to+\infty}\frac{n(n-1)x^{n-2}}{\lambda^2 e^{\lambda x}}=\cdots=\lim_{x\to+\infty}\frac{n!}{\lambda^n e^{\lambda x}}=0$$

（3）其他类型的不定式

不定式除“$\frac{0}{0}$”型和“$\frac{\infty}{\infty}$”型外，还有“$0\cdot\infty$”型、“$\infty-\infty$”型、“1^∞”型、“∞^0”型以及“0^0”型等. 一般地，对这些类型的不定式，通过恒等变形总可以化为“$\frac{0}{0}$”型和“$\frac{\infty}{\infty}$”型的不定式，再使用洛必达法则.

转化的一般方法是：

1）对“$0\cdot\infty$”型，将其中一个函数取倒数；

2）对“$\infty-\infty$”型，通分即可；

3）对“1^∞”型、“∞^0”型和“0^0”型，使用指数恒等式 $x=e^{\ln x}$后，指数将变成“$0\cdot\infty$”型，再用方法 1 即可.

例 4-29　求$\lim\limits_{x\to0^+}x^n\ln x$（$n>0$）.

解　所求极限为“$0\cdot\infty$”型，先将函数 x^n 取倒数化成“$\frac{\infty}{\infty}$”型，再使用洛必达法则，得

$$\lim_{x\to0^+}x^n\ln x=\lim_{x\to0^+}\frac{\ln x}{\frac{1}{x^n}}=\lim_{x\to0^+}\frac{\frac{1}{x}}{-nx^{-n-1}}=\lim_{x\to0^+}\frac{1}{-nx^{-n}}=\lim_{x\to0^+}\left(\frac{-x^n}{n}\right)=0$$

例 4-30　求$\lim\limits_{x\to\frac{\pi}{2}}(\sec x-\tan x)$.

解　所求极限为“$\infty-\infty$”型，先通分化成“$\frac{0}{0}$”型，再使用洛必达法则，得

$$\lim_{x\to\frac{\pi}{2}}(\sec x-\tan x)=\lim_{x\to\frac{\pi}{2}}\frac{1-\sin x}{\cos x}=\lim_{x\to\frac{\pi}{2}}\frac{-\cos x}{-\sin x}=0$$

例 4-31 求 $\lim\limits_{x\to0^+}x^{\sin x}$.

解 所求极限为"0^0"型，利用恒等式 $x=e^{\ln x}$ 转化为"$\frac{0}{0}$"型或"$\frac{\infty}{\infty}$"型后再使用洛必达法则，得

$$\lim_{x\to0^+}x^{\sin x}=\lim_{x\to0^+}e^{\sin x\ln x}=e^{\lim\limits_{x\to0^+}\frac{\ln x}{\csc x}}=e^{\lim\limits_{x\to0^+}\left(\frac{-\sin 2x}{x}\cdot\frac{1}{\cos x}\right)}=e^0=1$$

例 4-32 求 $\lim\limits_{x\to0}(\cos x)^{\frac{1}{x}}$.

解 所求极限为"1^∞"型，利用恒等式 $x=e^{\ln x}$ 转化为"$\frac{0}{0}$"型或"$\frac{\infty}{\infty}$"型后再使用洛必达法则，得

$$\lim_{x\to0}(\cos x)^{\frac{1}{x}}=\lim_{x\to0}e^{\frac{1}{x}\ln\cos x}=e^{\lim\limits_{x\to0}\frac{\ln\cos x}{x}}=e^{\lim\limits_{x\to0}\frac{-\sin x}{\cos x}}=e^0=1$$

需要说明的是，洛必达法则是求不定式的一种有效方法，但最好能与其他求极限的方法结合使用. 如能化简尽量先化简，可以应用等价无穷小替换或重要极限时，应尽可能应用，这样可以使计算简捷.

例 4-33 求 $\lim\limits_{x\to0}\dfrac{\tan x-x}{(\sqrt{1+2x}-1)\sin^2x}$.

解 当 $x\to0$ 时，有 $\sin x\sim x$，$\sqrt{1+2x}-1\sim x$，于是

$$\lim_{x\to0}\frac{\tan x-x}{(\sqrt{1+2x}-1)\sin^2x}=\lim_{x\to0}\frac{\tan x-x}{xx^2}=\lim_{x\to0}\frac{\sec^2x-1}{3x^2}=\lim_{x\to0}\frac{2\sec^2x\tan x}{6x}=\frac{1}{3}\lim_{x\to0}\frac{\tan x}{x}=\frac{1}{3}$$

例 4-34 求 $\lim\limits_{x\to\infty}\dfrac{x-\cos x}{2x+\sin x}$.

解 所求极限为"$\frac{\infty}{\infty}$"型，但 $\lim\limits_{x\to\infty}\dfrac{(x-\cos x)'}{(2x+\sin x)'}=\lim\limits_{x\to\infty}\dfrac{1+\sin x}{2+\cos x}$ 不存在，即不满足洛必达法则的条件，所以不能使用洛必达法则. 但此极限是存在的，即

$$\lim_{x\to\infty}\frac{x-\cos x}{2x+\sin x}=\lim_{x\to\infty}\frac{1-\dfrac{\cos x}{x}}{2+\dfrac{\sin x}{x}}=\frac{1}{2}$$

习题 4.5

基础题

1. 求下列极限：

(1) $\lim\limits_{x\to0}\dfrac{\ln(1-2x)}{3x}$；　(2) $\lim\limits_{x\to a}\dfrac{\sin x-\sin a}{x-a}$；　(3) $\lim\limits_{x\to1}\dfrac{x^m-1}{x^n-1}$；

(4) $\lim\limits_{x\to2}\dfrac{\ln(x^2-3)}{x^2-3x+2}$；　(5) $\lim\limits_{x\to0}\dfrac{e^x-e^{-x}}{\sin x}$；　(6) $\lim\limits_{x\to\pi}\dfrac{\sin 3x}{\tan 5x}$；

(7) $\lim\limits_{x\to0^+}\dfrac{\ln x}{\ln\sin x}$；　(8) $\lim\limits_{x\to+\infty}\dfrac{x^2+\ln x}{x\ln x}$；　(9) $\lim\limits_{x\to+\infty}\dfrac{\ln x}{3x}$；

(10) $\lim\limits_{x\to0}\left(\cot x-\dfrac{1}{x}\right)$；　(11) $\lim\limits_{x\to1}\left(\dfrac{2}{x^2-1}-\dfrac{1}{x-1}\right)$；　(12) $\lim\limits_{x\to0}\left(\dfrac{1}{\ln(x+1)}-\dfrac{1}{x}\right)$.

2. 求下列极限：

(1) $\lim\limits_{x\to 0}x\cot 2x$；　(2) $\lim\limits_{x\to +\infty}x\left(\dfrac{\pi}{2}-\arctan x\right)$；　(3) $\lim\limits_{x\to\infty}\left(1+\dfrac{2}{x}\right)^{x}$；

(4) $\lim\limits_{x\to 0}(1-\sin x)^{\cot x}$；　(5) $\lim\limits_{x\to\frac{\pi}{4}}(\tan x)^{\tan 2x}$；　(6) $\lim\limits_{x\to 0^{+}}(\sin x)^{\tan x}$.

提高题

1. 求下列极限：

(1) $\lim\limits_{x\to 0}\dfrac{\tan x-x}{x-\sin x}$；　(2) $\lim\limits_{x\to 1^{-}}\ln x\ln(1-x)$；　(3) $\lim\limits_{x\to +\infty}x^{n}e^{-ax}(a>0,\ n\in\mathbf{N})$；

(4) $\lim\limits_{x\to +\infty}\sqrt[x]{x}$；　(5) $\lim\limits_{x\to +\infty}\left(\dfrac{2}{\pi}\arctan x\right)^{x}$；　(6) $\lim\limits_{x\to 0^{+}}\left(\dfrac{1}{x}\right)^{\tan x}$.

2. 求下列极限：

(1) $\lim\limits_{x\to\infty}\dfrac{x^{2}+\sin x}{3x^{2}-\cos 2x}$；　(2) $\lim\limits_{x\to +\infty}\dfrac{e^{x}-e^{-x}}{e^{x}+e^{-x}}$；　(3) $\lim\limits_{x\to 0}\dfrac{x^{3}\sin\frac{1}{x}}{\sin^{2}x}$.

3. 求极限$\lim\limits_{x\to\infty}\left[\left(a_{1}^{\frac{1}{x}}+a_{2}^{\frac{1}{x}}+\cdots+a_{n}^{\frac{1}{x}}\right)/n\right]^{nx}$（其中$a_{1}, a_{2}, \cdots, a_{n}>0$).

4. a为何值时，函数$f(x)=\begin{cases}\left[\dfrac{(1+x)^{\frac{1}{x}}}{e}\right]^{\frac{1}{x}} & x\neq 0\\ a & x=0\end{cases}$在点$x=0$处连续?

4.6　导数在数学建模中的应用举例

1. 数学建模

数学建模就是为了某种目的，用字母、数学及其他数学符号建立起来的等式或不等式以及图标、图形、框图等描述客观事物特征及其内在联系的数学结构表达式.

数学是在实际应用的需求中产生的，要解决实际问题就必须建立数学模型，从此意义上讲数学建模和数学一样有古老的历史. 例如，欧几里得几何就是一个古老的数学模型，牛顿万有引力定律也是数学建模的一个光辉典范. 今天，数学以空前的广度和深度向其他科学技术领域渗透，过去很少应用数学的领域现在迅速走向定量化、数学化，需建立大量的数学模型. 特别是新技术、新工艺蓬勃兴起，计算机的普及和广泛应用，使得数学在许多高新技术上起着十分关键的作用. 因此，数学建模被时代赋予更为重要的意义.

一般来说，建立数学模型的方法和步骤如下：

1）模型准备. 要了解问题的实际背景，明确建模目的，收集必需的各种信息，尽量弄清楚对象的特征.

2）模型假设. 根据对象的特征和建模目的，对问题进行必要的、合理的简化，用精确的语言做出假设，是建模至关重要的一步.

3）模型构成. 根据所做的假设分析对象的因果关系，利用对象的内在规律和适当数学工具，构造各个量间的等式关系或其他数学结构.

4）模型求解. 可以采用解方程、画图形、证明定理、逻辑运算、数值运算等各种传统的和近代的数学方法，特别是计算机技术.

5）模型分析. 对模型解答进行数学上的分析. “横看成岭侧成峰，远近高低各不同”，能否对模型结果做出细致精当的分析，决定了模型能否达到更高的档次.

2. 数学建模示例

例 4-35　生产易拉罐饮料，其容积 V 一定时，希望制造易拉罐的材料最省. 假设易拉罐的侧面和底面的厚度相同，而顶部的厚度是底、侧面厚度的 3 倍，试求易拉罐的高和底的直径. 市场上易拉罐的高和底面直径是否符合本题得到的结论？

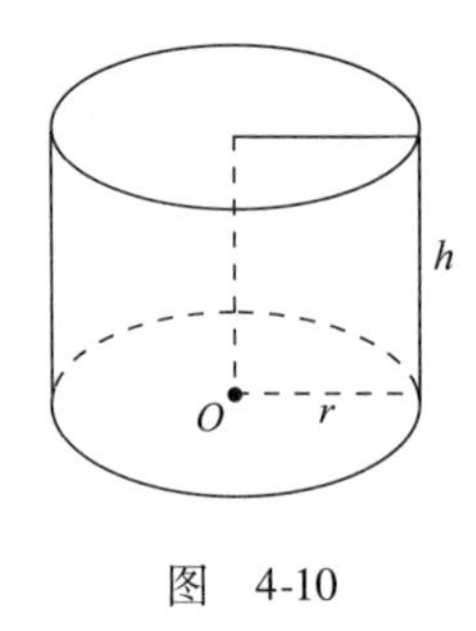

图　4-10

解　如图 4-10 所示，假设易拉罐是圆柱形，其高为 h，底面半径为 r，再设底、侧两面金属板的厚度为 l，则顶的厚度为 $3l$，故所需材料为

$$A=2\pi rhl+\pi r^2 l+\pi r^2\times 3l=2\pi rl(h+2r)$$

由已知条件 $\pi r^2 h=V$，得

$$A=2\pi rl\left(\frac{V}{\pi r^2}+2r\right)\quad (r\in(0,\ +\infty))$$

令 $A'=0$，得唯一驻点 $r=\sqrt[3]{\frac{V}{4\pi}}$，即为所求的最值点.

此时，易拉罐直径 $d=2r=2\sqrt[3]{\frac{V}{4\pi}}$，高 $h=\frac{V}{\pi r^2}=4\sqrt[3]{\frac{V}{4\pi}}=2d$，即易拉罐的高是底直径的两倍. 市场上不少易拉罐，如可口可乐、百事可乐等与此结果近似.

例 4-36　世界上最大摩崖弥勒佛像乐山大佛通高 71m，若乘船观赏大佛的游人眼睛在大佛脚底水平线下 1m. 为了得到大佛的最佳视角，应使视角最大，这时，游人离大佛（中心线）有多远的水平距离.

解　如图 4-11 所示，最佳视角 θ 理解为游人眼睛平视可以完全看完整个佛像（从头到脚），设游人距离大佛中心线的距离为 x，由几何知识得

$$\theta=\arctan\frac{72}{x}-\arctan\frac{1}{x}\quad (x\in(0,\ +\infty))$$

令 $\theta'=\frac{-72}{x^2+72^2}+\frac{1}{x^2+1}=0$，得唯一驻点 $x=6\sqrt{2}\approx 8.5$. 故当游人离大佛中心线约 8.5m 的水平距离时，视角最佳.

图　4-11

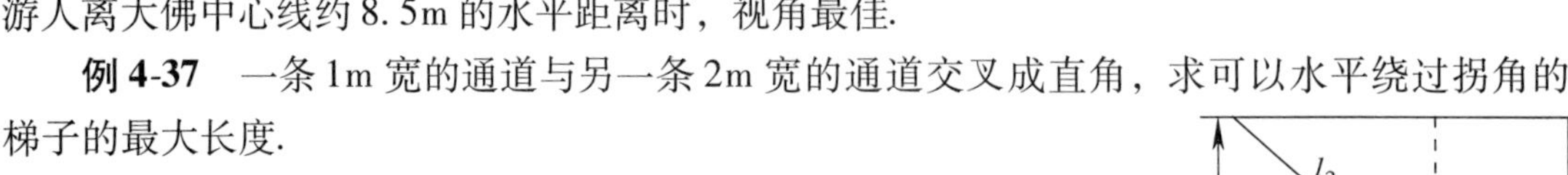

例 4-37　一条 1m 宽的通道与另一条 2m 宽的通道交叉成直角，求可以水平绕过拐角的梯子的最大长度.

解　如图 4-12 所示，设梯子与过道转角内角为 θ，梯子长度为 l，由几何知识得

$$l=l_1+l_2=\frac{1}{\sin\theta}+\frac{2}{\cos\theta}\left(\theta\in\left(0,\ \frac{\pi}{2}\right)\right)$$

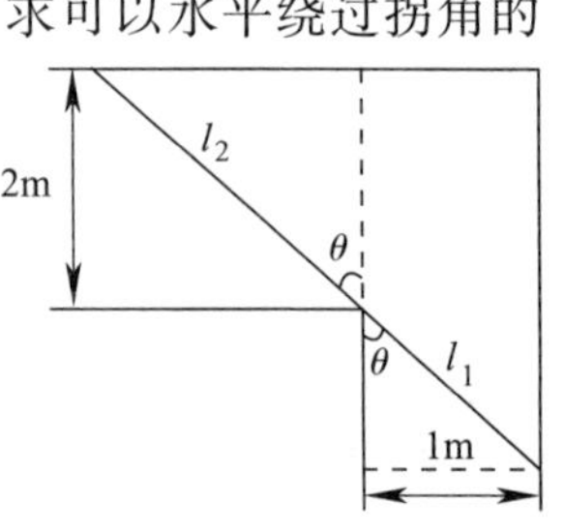

图　4-12

令 $l'=\dfrac{-\cos\theta}{\sin^2\theta}+\dfrac{2\sin\theta}{\cos^2\theta}=\dfrac{2\sin^3\theta-\cos^3\theta}{(\sin\theta\cos\theta)^2}=0$，得 $\cot\theta=\sqrt[3]{2}$，于是

$$\sin\theta=\frac{1}{\sqrt{1+\sqrt[3]{4}}},\quad \cos\theta=\frac{\sqrt[3]{2}}{\sqrt{1+\sqrt[3]{4}}}$$

所以
$$l=\frac{1}{\sin\theta}+\frac{2}{\cos\theta}=\sqrt{1+\sqrt[3]{4}}+\frac{2\sqrt{1+\sqrt[3]{4}}}{\sqrt[3]{2}}\approx 4.16(\text{m})$$

复习题 4

1. 选择题

(1) 下列函数在 $[-1, 1]$ 上满足罗尔定理条件的是(　　).

A. $f(x)=\begin{cases}\sin\dfrac{1}{x} & x\neq 0\\ 0 & x=0\end{cases}$　　B. $f(x)=\begin{cases}x\sin\dfrac{1}{x} & x\neq 0\\ 0 & x=0\end{cases}$

C. $f(x)=\begin{cases}x^2\sin\dfrac{1}{x} & x\neq 0\\ 0 & x=0\end{cases}$　　D. $f(x)=\begin{cases}x^2\sin\dfrac{1}{x^2} & x\neq 0\\ 0 & x=0\end{cases}$

(2) 函数 $f(x)=x-\dfrac{3}{2}\sqrt[3]{x}$ 在下列区间上不满足拉格朗日中值定理条件的是(　　).

A. $[0, 1]$　　B. $[-1, 1]$　　C. $\left[0, \dfrac{27}{8}\right]$　　D. $[-1, 0]$

(3) 下列极限能直接使用洛必达法则的是(　　).

A. $\lim\limits_{x\to\infty}\dfrac{\sin x}{x}$　　B. $\lim\limits_{x\to 0}\dfrac{\sin x}{x}$　　C. $\lim\limits_{x\to\frac{\pi}{2}}\dfrac{\tan 5x}{\sin 3x}$　　D. $\lim\limits_{x\to 0}\dfrac{x^2\sin\dfrac{1}{x}}{\sin x}$

(4) 函数 $f(x)=ax^2+b$ 在区间 $(0, +\infty)$ 内单调增加，则 a，b 应满足(　　).

A. $a<0$，$b=0$　　B. $a>0$，b 为任意实数

C. $a<0$，$b\neq 0$　　D. $a<0$，b 为任意实数

(5) $f'(x_0)=0$，$f''(x_0)<0$ 是函数 $f(x)$ 在点 $x=x_0$ 处取极大值的(　　).

A. 充分必要条件　　B. 充分非必要条件

C. 必要非充分条件　　D. 既非充分又非必要条件

(6) 若函数 $f(x)$ 在点 x_0 处取得极大值，则必有(　　).

A. $f'(x_0)=0$　　B. $f''(x_0)<0$

C. $f'(x_0)=0$ 且 $f''(x_0)<0$　　D. $f'(x_0)=0$ 或 $f''(x_0)<0$

(7) 若函数 $f(x)$ 在点 x_0 的邻域内具有二阶导数，且 $f'(x_0)=0$，而 $f''(x_0)\neq 0$，则函数 $f(x)$ 在点 x_0 处(　　).

A. 无极值　　B. 有极值　　C. 有极大值　　D. 有极小值

(8) 设函数 $f(x)=\left|\sqrt[3]{x}\right|$，则 $x=0$ 是函数 $f(x)$ 的(　　).

A. 间断点　　B. 极小值点　　C. 极大值点　　D. 拐点

(9) 设$f(x)$在区间(a, b)内有$f'(x)>0$且$f''(x)<0$，则函数$y=f(x)$在(a, b)内(　　).

A. 单调增加且凹　　B. 单调增加且凸

C. 单调减少且凹　　D. 单调减少且凸

(10) 下列曲线中，点$(0, 0)$不是拐点的是(　　).

A. $y=\sqrt[3]{x}$　　B. $y=x^3$　　C. $y=\sin x$　　D. $y=x^4$

2. 填空题

(1) 函数$f(x)=x\sqrt{3-x}$在区间$[0, 3]$上满足罗尔定理条件的$\xi=$________.

(2) 函数$f(x)=\sqrt{x}$在区间$[0, 8]$上满足拉格朗日中值定理条件的$\xi=$________.

(3) 函数$f(x)=x-\ln(1+x)$的单调减少区间为________，单调增加区间为________.

(4) 已知函数$f(x)=ax^2+2x+b$在点$x=1$处取得极值2，则$a=$________，$b=$________.

(5) 可导函数$f(x)$在点x_0处满足$f'(x_0)=0$是函数$f(x)$在点x_0处取得极值的________条件.

(6) 函数$y=2xe^{-x}$的极值点是________，其图形的拐点是________.

(7) 曲线$y=\sin x$在$(0, 2\pi)$内的凹区间是________，拐点是________.

(8) 若$f(x)$在$[a, b]$上连续，且在(a, b)内恒有$f'(x)<0$，则函数$f(x)$在$[a, b]$上的最大值为________，最小值为________.

3. 求下列函数的单调区间和极值：

(1) $f(x)=3x-x^3$；　　(2) $f(x)=x+\sqrt{1-x}$；

(3) $f(x)=\dfrac{\ln^2 x}{x}$；　　(4) $f(x)=x^2+\dfrac{1}{x^2}$.

4. 求下列函数在指定区间上的最值：

(1) $f(x)=2x^3-15x^2+24x+1$，$x\in[0, 5]$

(2) $f(x)=xe^{-x}$，$x\in[0, 2]$

(3) $f(x)=\arctan\dfrac{1-x}{1+x}$，$x\in[0, 1]$

5. 求下列函数的凹凸区间及拐点：

(1) $y=x^3-3x^2-x+2$；(2) $y=\ln(1+x^2)$；(3) $y=x+\sin x$，$x\in[0, 2\pi]$.

6. 在抛物线$y^2=x$上求一点使其与点$(1, 0)$的距离最短.

7. 要做一个圆锥形漏斗，其母线长20cm，要使其体积最大，高应为多少？

8. 要造一个容积为$32\pi\text{cm}^3$的圆柱形容器，其侧面与上底用同一材料，下底用另一种材料. 已知下底面材料每平方厘米的价格为3元，侧面材料每平方厘米的价格为1元，该容器的底面半径和高各为多少时，其费用最少？

9. 试求内接于半径为R的球的体积最大的圆柱体的高.

10. 某企业生产某产品x个单位的总成本为$C(x)=3+x$(单位：万元)，所得总收入为$R(x)=6x-x^2$，为提高经济效益，每批产品生产多少时，才能使总利润最大？

11. 证明：当$b>a>e$时，有$b^a<a^b$.

12. 证明：当$x>0$时，有$\ln\dfrac{e^x-1}{x}<x$.

阅读材料

冯 · 诺伊曼

约翰 · 冯 · 诺伊曼(John Von Neumann, 1903—1957), 美籍匈牙利人, 在数学等诸多领域都进行了开创性的工作, 并做出重大贡献. 他对人类的最大贡献是对计算机科学、计算机技术和数值分析的开拓性工作. 他还创造了计算机的冯 · 诺伊曼体系, 沿用至今.

冯 · 诺伊曼 1903 年 12 月 28 日出生于匈牙利的布达佩斯, 父亲是位银行家, 家境富裕, 十分注意对孩子的教育. 冯 · 诺伊曼从小聪明过人, 兴趣广泛, 读书过目不忘. 据说他 6 岁时就能用古希腊语同父亲闲谈, 一生掌握了七种语言. 1911—1921 年间, 冯 · 诺伊曼在布达佩斯的卢瑟伦中学读书期间, 就崭露头角而深受老师的器重. 在费克特老师的单独指导下, 他合作发表了第一篇数学论文, 此时年仅 18 岁. 1921—1923 年他在苏黎世大学学习, 并于 1926 年以优异的成绩获得布达佩斯大学数学博士学位, 此时 22 岁. 1927—1929 年他相继在柏林大学和汉堡大学担任数学讲师. 1930 年他接受普林斯顿大学客座教授的职位, 西渡美国. 1931 年他成为美国普林斯顿大学的第一批终身教授, 那时, 他还不到 30 岁. 1933 年他转到该校的高级研究所, 成为最初的六位教授之一, 并在那里工作了一生. 冯 · 诺伊曼是普林斯顿大学、宾夕法尼亚大学、哈佛大学、伊斯坦布尔大学、马里兰大学、哥伦比亚大学和慕尼黑高等技术学院等院校的荣誉博士. 他是美国国家科学院、秘鲁国立自然科学院和意大利国立林且学院等的院士, 1954 年任美国原子能委员会委员, 1951—1953 年任美国数学会主席. 1957 年 2 月 8 日, 冯 · 诺伊曼在华盛顿去世, 终年 54 岁.

美国科学院曾在他去世前发来问候, 并询问他: “你一生中最伟大的三个成就是什么?”要知道, 当时人们已经把冯 · 诺依曼视为“计算机之父”, 他提出了世界上第一个通用存储程序计算机的设计方案. 此外他与摩根斯特恩(Oskar Morgenstern)合著的《博弈论与经济行为》被视为博弈论的奠基之作; 他曾是美国核威慑计划的协调员, “曼哈顿计划”中最重要的科学家之一, 长崎原子弹的缔造者. 冯 · 诺伊曼的回答却出乎人们的意料, 他说: “我最重要的贡献是希尔伯特空间自伴算子理论、量子力学的数学基础和遍历性定理. ”一语震惊世人.

在柏林和苏黎世期间的冯 · 诺伊曼已经决定投身于数学. 他并没有常去拜访大名鼎鼎的毒气发明家哈伯教授, 而是和希尔伯特的学生施密特(Schmidt)走得很近. 1921 年至 1925 年发表的两篇论文《关于引入无穷序数》和《集合论的一种公理化》使这位年轻的本科生名声大震, 论文在当时的重量级人物间传阅, 希尔伯特传记的作者认为, 从那时起, 年轻的冯 · 诺伊曼就成了希尔伯特家的常客.

1926 年春, 冯 · 诺伊曼来到哥廷根大学担任希尔伯特的助手. 此时德国已是量子力学兴起的第一阵地, 海森堡、薛定谔刚提出各自的“量子理论”, 随后狄拉克将相对论引入量子力学, 完成了量子理论的统一. 这片新天地对于置身其中的冯 · 诺伊曼来说, 无疑是一种巨大的诱惑. 1927 年, 他已经投身于量子力学, 并在希尔伯特的帮助下, 发表了论文《量子力学的数学基础》, 将经典力学中的精确函数关系用概率关系代替. 这使得希尔伯特的元数学在量子力学这个生气勃勃的领域里获得了施展.

在量子力学发展史上, 客观地说, 狄拉克对量子理论的数学处理是不够严格的, 而冯 ·

诺伊曼通过对无界算子的研究，发展了希尔伯特算子理论，弥补了这个不足. 诺贝尔物理学奖获得者维格纳(Paul Wigner)曾做过如下评价："对量子力学的贡献，就足以确保冯 · 诺伊曼在当代物理学中的特殊地位. "

在冯 · 诺伊曼早年发表的论文中，希尔伯特空间算子环理论方面的文章大约占了1/3. 这也足以看出，他花费了大部分的精力在这个领域. 依托算子环理论，冯 · 诺伊曼发展出了一种新的代数和几何，分别被命名为"冯 · 诺伊曼算子代数"和"连续几何"，后者是一个崭新的领域. 普通几何学的维数为整数1、2、3等，而他提出决定一个空间的维数结构的，实际上是它所容许的旋转群. 因而维数可以不再是整数，现在人们可以提到3.75维，而不是4维.

1932年，即将30岁的冯 · 诺伊曼，做出了对纯粹数学领域的最后一个重要贡献：解决了遍历定理的证明. 它是20世纪数学分析研究领域中最有影响的成就之一，解决了希尔伯特在1900年那次著名的演说中提出的所谓"紧群的第五问题".

20世纪30年代，年轻的冯 · 诺伊曼由于才华出众，在学术界越来越引人注目. 他先后在柏林大学、汉堡大学担任编外教授，但一直没有正式教授的职位. 1930年，他与玛利埃塔 · 科维茜结婚，成家立业的压力随之而来，而此时恰逢美国数学家韦伯伦在普林斯顿广罗英才，他便欣然前往，横渡大西洋，应邀来到美国普林斯顿大学担任客座讲师. 1933年，普林斯顿成立高级研究院，一共设6个高级教授的名额，冯 · 诺伊曼是其中最年轻的一位，物理学家爱因斯坦是他的同事.

由于纳粹迫害犹太血统的科学家，冯 · 诺伊曼无法再回德国，因而终生在美国定居，并加入了美国国籍. 差不多正是从这时候起，他的科学生涯发生了一个重大转变. 在此之前，他是一位通晓物理学的登峰造极的纯粹数学家，此后，则成了一位牢固掌握纯粹数学的出神入化的应用数学家. 他的兴趣转移到了两个新领域：博弈论和计算机.

早在20世纪20年代，扑克和国际象棋就引起了哥廷根的数学家们的兴趣. 冯 · 诺伊曼在1928年发表论文《团体博弈论》，第一次对博弈做出了完整的数学描述，宣告了博弈论的诞生. 在这篇文章中，他证明了"极小极大定理"，这个定理用于处理最基本的二人博弈问题：如果博弈双方中的任何一方，对每种可能的策略，考虑了可能遭受到的最大损失，从而选择"最大损失"最小的一种为"最优"策略，那么从统计角度来看，他就能够确保方案是最佳的. 不过在那时，关于这个理论的讨论还是局限在数学的范畴里，针对的也还只是类似象棋与扑克牌这样的问题. 一直到1938年，冯 · 诺伊曼在普林斯顿遇到了同是移民的摩根斯特恩，这个理论与经济学的联系才逐渐加强.

摩根斯特恩是一个来自维也纳的经济评论家，他的第一部作品《经济预测》提出了一个悲观的论点：通过已有的经济学理论来预测经济兴衰起伏是一种徒劳的行为，因为它忽略了经济行为的参与者之间的依赖性. 而博弈论解决的恰恰是合作与竞争关系中的问题. 摩根斯特恩说服冯 · 诺伊曼与他合写一部论著，证明博弈论才是一切经济学理论的正确基础. 摩根斯特恩本人并不懂数学，因此几乎是冯 · 诺伊曼独立完成了这部1200多页的论著，最后由摩根斯特恩执笔写出了具有煽动性的绪论.

《博弈论与经济行为》在1944年出版时，冯 · 诺伊曼在普林斯顿的声望也达到了顶峰. 有些科学家甚至颂扬它"可能是20世纪前半期最伟大的科学贡献之一"，它也启迪了1994年诺贝尔奖获得者约翰 · 纳什发展出现代经济学里著名的"均衡理论".

1936年9月，英国数学家阿兰 · 麦席森 · 图灵应邀来到普林斯顿高等研究院学习，成了冯·诺伊曼的研究助手. 这或许是计算机科学史上一次未被记载的伟大邂逅. 图灵带来的关于一种万能计算机器"图灵机"的设想，在当时已经引起了冯·诺伊曼的兴趣. 不过这种兴趣并没有直接引导他去研制计算机，因为不久后第二次世界大战便爆发了.

冯·诺伊曼作为普林斯顿高级教授之一，应召参与了许多美国军方的科学研究项目，其中便包括研制原子弹的"曼哈顿工程". 从1943年开始，他成为奥本海默的中央实验室中身居要职的数学家. 他对原子弹的最大贡献就是提出了一个引发核燃料爆炸的内爆方法，这个方法将研制出原子弹的时间缩短了大约一年.

1944年夏天，"曼哈顿工程"进入了收尾阶段. 在美国东部的马里兰州阿伯丁火车站站台上，冯·诺伊曼和一位年轻军官不期而遇，后者是美军弹道实验室的赫尔曼·哥尔斯廷上尉，原是一位数学家. 哥尔斯廷出于对冯·诺伊曼的景仰，上前和他攀谈. 当上尉告诉冯·诺伊曼，目前他正从事一项科研，研制一台每秒钟能进行333次乘法运算的计算机时，冯·诺伊曼顿时来了兴趣，连连追问. 哥尔斯廷被问得汗流浃背，用他后来的话说，"简直像一场数学博士论文的答辩".

原来，早在"曼哈顿工程"时，冯·诺伊曼就参与了原子核裂变的数据计算工作，庞大的数据运算全靠手工所花费的时间与精力是令人难以容忍的，而一台高速计算机正好派上用场. 这次谈话之后不久，冯·诺伊曼就赶往宾夕法尼亚大学的摩尔学院，去看哥尔斯廷所讲的那台机器. 这台名为"爱尼亚克"(ENIAC)的机器，在当时已研制到一半，正在程序存储问题上遇到瓶颈. 对于冯·诺伊曼来说，这真是"天将降大任于斯人也!"他立即请求加入研究小组，并大胆地提出"实现程序由外存储向内存储的转化，所有程序指令必须用二进制的方式存储在磁带上."

1945年6月，冯·诺伊曼将自己的思想撰写成文，题为《关于离散变量自动计算机的草案》，提出了在数字计算机内部的存储器中存放程序的概念. 这是所有现代计算机的范式，被称为"冯·诺依曼结构"，按这一结构建造的计算机称为通用计算机. 长达101页的EDVAC方案是计算机发展史上的一个划时代的文献，它向世界宣告：计算机时代开始了.

然而这篇文章的出现却使得"爱尼亚克"的研制者艾克特、莫齐利与冯·诺伊曼闹翻了. 原来这篇划时代文献，只单独署了冯·诺伊曼的大名. 他是半道插进来的，却把辛辛苦苦做了一大半研制工作的艾克特和莫齐利抛到了脑后，这不能不让艾克特和莫齐利心存不满. 由于此种原因，冯·诺伊曼的设想没能在"爱尼亚克"上第一次实现.

1949年5月6日，英国剑桥大学的莫里斯·威尔克斯研制成功第一台通用计算机，名为"爱达赛克"(EDSAC). 威尔克斯仅用了一个晚上就将冯·诺伊曼的《关于离散变量自动计算机的草案》通读，并做了详尽的笔记. 威尔克斯把他设计的机器命名为"机电存储自动电子计算器"，表明他的基本设计思想来自冯·诺伊曼.

冯·诺伊曼在45岁那年，就已经成为全球公认的"20世纪最具世界性、最多才多艺、最才思敏捷的数学家". 无论在数学还是在经济学、计算机科学、量子力学方面，冯·诺伊曼都展示了卓越的才能，取得了影响深远的重大成果.

第5章　不定积分

5.1　不定积分的概念和性质

5.1.1　原函数

定义 5.1　设$f(x)$为定义在某区间上的函数，如果存在函数$F(x)$，使其在该区间上的任意一点x，都有$F'(x)=f(x)$，那么称$F(x)$为函数$f(x)$在该区间上的一个原函数.

例如，因为$(\sin x)'=\cos x$，所以$\sin x$是$\cos x$的一个原函数.

例 5-1　已知$f(x)$的一个原函数是$5x^3$，求$f(x)$.

解　由题设得$f(x)=(5x^3)'=15x^2$.

并不是所有的函数都有原函数. 如果函数在某区间上连续，那么在该区间上一定存在原函数，即连续函数一定有原函数. 因此初等函数在其定义区间上一定有原函数.

说明　1) 由$F'(x)=f(x)$，有$[F(x)+C]'=f(x)$(其中C为任意实数)，即如果$F(x)$为$f(x)$的一个原函数，那么$F(x)+C$都是$f(x)$的原函数. 因此，如果$f(x)$有原函数，那么就有无穷多个原函数.

2) 如果$F'(x)=f(x)$，$G'(x)=f(x)$，那么$[F(x)-G(x)]'=F'(x)-G'(x)=f(x)-f(x)\equiv 0$. 由拉格朗日中值定理可得$F(x)-G(x)=C$(其中$C$为实数)，即$f(x)$的任意两个原函数只相差一个常数.

综上所述，如果函数$F(x)$为$f(x)$的一个原函数，那么$F(x)+C$(其中C为任意实数)都是$f(x)$的原函数，$f(x)$的全体原函数可表示为$F(x)+C$(其中C为任意实数).

5.1.2　不定积分的概念

定义 5.2　函数$f(x)$的全体原函数称为$f(x)$的不定积分，记为$\int f(x)\mathrm{d}x$，即

$$\int f(x)\mathrm{d}x=F(x)+C \Leftrightarrow F'(x)=f(x)$$

其中，“$\int$”称为积分号，x称为积分变量，$f(x)$称为被积函数，$f(x)\mathrm{d}x$称为被积表达式.

说明　1) 原函数和不定积分是个体与全体的关系，$f(x)$的一个原函数$F(x)$加上任意实数C就是不定积分$\int f(x)\mathrm{d}x$，所以在不定积分的结果中不能漏写C.

2) 由不定积分的定义可知：求不定积分是求导数(或求微分)的逆运算，因此有

$$\left[\int f(x)\mathrm{d}x\right]'=f(x) \quad 或 \quad \mathrm{d}\int f(x)\mathrm{d}x=f(x)\mathrm{d}x$$

$$\int F'(x)\mathrm{d}x=F(x)+C \quad 或 \quad \int \mathrm{d}F(x)=F(x)+C$$

3）如果$\int f(x)\mathrm{d}x$存在，那么函数$f(x)$称为可积函数，简称为可积.

5.1.3　不定积分基本公式

由不定积分定义可知：把每一个基本初等函数的求导公式反过来运用，就得到不定积分基本公式：

1）$\int k\mathrm{d}x = kx + C$　（其中k为任意常数）；

2）$\int x^n\mathrm{d}x = \frac{1}{n+1}x^{n+1} + C$　（其中n为常数，且$n \neq -1$）；

3）$\int \frac{1}{x}\mathrm{d}x = \ln|x| + C$；

4）$\int a^x\mathrm{d}x = \frac{a^x}{\ln a} + C$　（其中$a>0$且$a \neq 1$）；

5）$\int \mathrm{e}^x\mathrm{d}x = \mathrm{e}^x + C$；

6）$\int \sin x\mathrm{d}x = -\cos x + C$；

7）$\int \cos x\mathrm{d}x = \sin x + C$；

8）$\int \sec^2 x\mathrm{d}x = \tan x + C$；

9）$\int \csc^2 x\mathrm{d}x = -\cot x + C$；

10）$\int \sec x\tan x\mathrm{d}x = \sec x + C$；

11）$\int \csc x\cot x\mathrm{d}x = -\csc x + C$；

12）$\int \frac{1}{\sqrt{1-x^2}}\mathrm{d}x = \arcsin x + C$；

13）$\int \frac{1}{1+x^2}\mathrm{d}x = \arctan x + C$.

5.1.4　不定积分运算法则

法则1　两个可积函数的和的不定积分等于这两个函数的不定积分之和，即

$$\int [f(x) \pm g(x)]\mathrm{d}x = \int f(x)\mathrm{d}x \pm \int g(x)\mathrm{d}x$$

法则2　被积函数中不为零的常数因子可以移到积分符号前面，即

$$\int kf(x)\mathrm{d}x = k\int f(x)\mathrm{d}x \quad （其中k为常数，且k\neq 0）$$

下面给出法则1的证明。

由

$$\left[\int f(x)\mathrm{d}x \pm \int g(x)\mathrm{d}x\right]' = \left[\int f(x)\mathrm{d}x\right]' \pm \left[\int g(x)\mathrm{d}x\right]' = f(x) \pm g(x)$$

得

$$\int [f(x) \pm g(x)]dx = \int f(x)dx \pm \int g(x)dx$$

类似可证明法则 2.

法则 1 可以推广到有限个可积函数的和的情形.

注意　与极限和导数不同的是，不定积分没有“积”“商”形式的运算法则，以后我们会陆续学习到求“积”“商”形式的函数的不定积分的各种方法.

5.1.5　不定积分的计算方法

与求导数相比，求不定积分更具有技巧和灵活性，计算方法多种多样，其中最基本的是直接积分法：先根据需要对被积函数做适当的恒等变形，再运用不定积分运算法则，转化为基本积分式的和差的形式后再套用基本积分公式. 所以熟记基本积分公式是求不定积分的关键和基础.

例 5-2　求下列不定积分：

(1) $\int x\sqrt{x}dx$；　　(2) $\int \frac{\sqrt[3]{x^2}}{x}dx$；　　(3) $\int 3^x e^x dx$.

解　(1) $\int x\sqrt{x}dx = \int x^{\frac{3}{2}}dx = \frac{2}{5}x^{\frac{5}{2}} + C = \frac{2}{5}x^2\sqrt{x} + C$

(2) $\int \frac{\sqrt[3]{x^2}}{x}dx = \int x^{-\frac{1}{3}}dx = \frac{3}{2}x^{\frac{2}{3}} + C = \frac{3}{2}\sqrt[3]{x^2} + C$

(3) $\int 3^x e^x dx = \int (3e)^x dx = \frac{(3e)^x}{\ln 3e} + C$

说明　当被积函数中含有根式或正指数幂的倒数时，应将其化为分数指数形式，以便于积分.

例 5-3　求 $\int (x^4 + 2^x - 3\sin x + 1)dx$.

解

$$\int (x^4 + 2^x - 3\sin x + 1)dx = \int x^4 dx + \int 2^x dx - 3\int \sin x dx + \int dx$$
$$= \frac{1}{5}x^5 + \frac{2^x}{\ln 2} + 3\cos x + x + C$$

说明　1）本题中，每一个不定积分的结果都有任意常数，但几个任意常数之和仍然是任意常数，所以只要在所有不定积分计算完成后写一个任意常数 C 就行了.

2）由不定积分定义可知，要检验不定积分的结果是否正确，只需要验算积分所得函数的导数是否等于被积函数. 如本题中，由 $\left(\frac{1}{5}x^5 + \frac{2^x}{\ln 2} + 3\cos x + x + C\right)' = x^4 + 2^x - 3\sin x + 1$ 可知积分结果是正确的.

例 5-4　求 $\int x\left(x + \frac{1}{x}\right)^2 dx$.

解

$$\int x\left(x + \frac{1}{x}\right)^2 dx = \int x\left(x^2 + 2 + \frac{1}{x^2}\right)dx = \int \left(x^3 + 2x + \frac{1}{x}\right)dx$$
$$= \int x^3 dx + 2\int x dx + \int \frac{1}{x}dx = \frac{1}{4}x^4 + x^2 + \ln|x| + C$$

例 5-5 求下列不定积分：

(1) $\int \frac{(x-2)^3}{x^2}dx$； (2) $\int \frac{x^4}{1+x^2}dx$.

解 (1) $\int \frac{(x-2)^3}{x^2}dx = \int \frac{x^3-6x^2+12x-8}{x^2}dx = \int \left(x-6+\frac{12}{x}-\frac{8}{x^2}\right)dx$

$$= \int xdx - \int 6dx + 12\int \frac{1}{x}dx - 8\int x^{-2}dx = \frac{1}{2}x^2 - 6x + 12\ln|x| + \frac{8}{x} + C$$

(2) $\int \frac{x^4}{1+x^2}dx = \int \frac{(x^2)^2-1+1}{1+x^2}dx = \int \frac{(x^2-1)(x^2+1)+1}{1+x^2}dx$

$$= \int \left(x^2-1+\frac{1}{1+x^2}\right)dx = \frac{1}{3}x^3 - x + \arctan x + C$$

说明 求分式函数的不定积分的基本方法是把商转化为和差再求积分. 本例(2)中使用的变形方法是“根据分母变分子”.

例 5-6 求下列不定积分：

(1) $\int \cos^2\frac{x}{2}dx$； (2) $\int \frac{\cos 2x}{\cos x-\sin x}dx$.

解 (1) $\int \cos^2\frac{x}{2}dx = \int \frac{1}{2}(1+\cos x)dx = \int \frac{1}{2}dx + \frac{1}{2}\int \cos x dx$

$$= \frac{1}{2}x + \frac{1}{2}\sin x + C$$

(2) $\int \frac{\cos 2x}{\cos x-\sin x}dx = \int \frac{\cos^2 x-\sin^2 x}{\cos x-\sin x}dx = \int (\cos x+\sin x)dx$

$$= \int \cos x dx + \int \sin x dx = \sin x - \cos x + C$$

例 5-7 已知生产某产品的总成本 y 是产量 x 的函数，边际成本函数为 $y'=8+\frac{24}{\sqrt{x}}$，固定成本为 10000 元，求总成本与产量的函数关系.

解 由 $y'=8+\frac{24}{\sqrt{x}}$，得总成本为

$$y = \int \left(8+\frac{24}{\sqrt{x}}\right)dx = 8x + 48\sqrt{x} + C$$

代入 $x=0$，$y=10000$，得 $C=10000$，故所求成本函数为

$$y = 8x + 48\sqrt{x} + 10000$$

说明 由不定积分的概念可知：当已知一个函数的导函数时，求这个导函数的不定积分，就得到函数本身.

习题 5.1

基础题

1. 已知函数 $y=5x^3-2$ 是 $f(x)$ 的一个原函数，求 $f(x)$.

2. 已知 $\int f(x)\mathrm{d}x=\cos(\ln x)+C$，求 $f(x)$.

3. 用不定积分的定义，证明下列等式：

(1) $\int \frac{\ln^2 x}{x}\mathrm{d}x=\frac{1}{3}\ln^3 x+C$；　(2) $\int x\mathrm{e}^x\mathrm{d}x=x\mathrm{e}^x-\mathrm{e}^x+C$.

4. 求下列不定积分：

(1) $\int 3x\mathrm{d}x$；　(2) $\int 3x^2\mathrm{d}x$；　(3) $\int x^3\sqrt{x}\mathrm{d}x$；

(4) $\int \frac{1}{x^2\sqrt{x}}\mathrm{d}x$；　(5) $\int 8^x\mathrm{d}x$；　(6) $\int 5^x\mathrm{e}^x\mathrm{d}x$；

(7) $\int (1+2\mathrm{e}^x)\mathrm{d}x$；　(8) $\int \left(4x^3+\frac{x}{2}\right)\mathrm{d}x$；　(9) $\int (x-1)(x+2)\mathrm{d}x$；

(10) $\int (x+2)^2\mathrm{d}x$；　(11) $\int \left(2x^3-\sin x+\frac{1}{x}\right)\mathrm{d}x$；　(12) $\int \frac{x^2-2x-1}{x^2}\mathrm{d}x$；

(13) $\int \frac{x+1}{\sqrt{x}}\mathrm{d}x$；　(14) $\int \frac{x^2}{1+x^2}\mathrm{d}x$；　(15) $\int \frac{\sin 2x}{2\sin x}\mathrm{d}x$；

(16) $\int \frac{\cos 2x}{\cos x+\sin x}\mathrm{d}x$.

5. 已知曲线经过点(1，4)，且曲线上任意一点处的切线斜率等于该点横坐标的两倍，求此曲线方程.

6. 已知物体的速度 $v=2t^2+1$，当 $t=1\mathrm{s}$ 时，物体经过的路程为3m，求物体的运动规律.

7. 已知销售某药品 x 百盒的边际收益函数为 $R'(x)=1000-0.04x$(单位：元/百盒)，求销售1000百盒时的总收益.

提高题

1. 已知 $\int f'(x^3)\mathrm{d}x=x^3+C$，求 $f(x)$.

2. 设函数 $f(x)=\mathrm{e}^{2x}$，求 $\int f\left(\frac{x}{2}\right)\mathrm{d}x$.

3. 设函数 $F(x)$ 是 e^{-x^2} 的一个原函数，求 $\frac{\mathrm{d}F(\sqrt{x})}{\mathrm{d}x}$.

4. 求下列不定积分：

(1) $\int \left(\sqrt{x}+\frac{1}{\sqrt{x}}\right)^2\mathrm{d}x$；　(2) $\int \left(\frac{x+1}{x}\right)^3\mathrm{d}x$；

(3) $\int \frac{(x+1)^2}{\sqrt{x}}\mathrm{d}x$；　(4) $\int \mathrm{e}^x(1-3\mathrm{e}^{-x}\sqrt{x})\mathrm{d}x$；

(5) $\int \left(\frac{3}{1+x^2}-\frac{2}{\sqrt{1-x^2}}\right)\mathrm{d}x$；　(6) $\int \frac{1}{x^2(1+x^2)}\mathrm{d}x$；

(7) $\int \frac{2\times 3^x-5\times 2^x}{3^x}\mathrm{d}x$；　(8) $\int \left(\frac{2}{x}+\frac{1}{\cos^2 x}-5\mathrm{e}^x\right)\mathrm{d}x$；

(9) $\int \frac{x^6}{1+x^2}\mathrm{d}x$；　(10) $\int \frac{\sqrt{1+x^2}}{\sqrt{1-x^4}}\mathrm{d}x$；

(11) $\int \frac{e^{3x}+1}{e^x+1}dx$；　　(12) $\int \frac{3\sqrt{1-x^2}-2x^2-2}{(1+x^2)\sqrt{1-x^2}}dx$；

(13) $\int \sin^2\frac{x}{2}dx$；　　(14) $\int \frac{1}{1+\cos 2x}dx$；

(15) $\int \frac{1+\cos 2x}{1-\cos 2x}dx$；　　(16) $\int \frac{\cos 2x}{\cos^2 x\sin^2 x}dx$.

5.2 换元积分法

前面介绍了求不定积分的最基本方法——直接积分法. 但是用直接积分法很难或无法解决如 $\int (5x+2)^{99}dx$ 和 $\int \frac{dx}{x\sqrt{1-\ln^2 x}}$ 这样的不定积分.

下面将介绍另一种不定积分的计算方法——换元积分法.

5.2.1 第一换元积分法(凑微分法)

在不定积分基本公式中有 $\int \cos x dx=\sin x+C$，那么可以大胆联想：如果把其中的 x 换成一个可导函数 $u=g(x)$，是否仍有 $\int \cos u du=\sin u+C$，即

$$\int \cos[g(x)]d[g(x)]=\sin[g(x)]+C$$

成立呢？回答是肯定的.

因为 $\int f(x)dx=F(x)+C$，所以 $F'(x)=f(x)$，于是有 $[F(u)]'_u=f(u)$，则

$$\{F[g(x)]\}'=F'[g(x)]g'(x)=f[g(x)]g'(x)$$

$$\int f[g(x)]g'(x)dx=F[g(x)]+C$$

$$\int f[g(x)]d[g(x)]=F[g(x)]+C$$

即

$$\int f(u)du=F(u)+C \quad (\text{其中 } u=g(x)\text{可导})$$

于是，得到如下法则：

法则3 如果

$$\int f(x)dx=F(x)+C$$

那么

$$\int f(u)du=F(u)+C \quad (\text{其中 } u=g(x)\text{可导})$$

这种求不定积分的方法称为第一换元法，又称为凑微分法.

因此，每一个不定积分等式(如不定积分基本公式)都不只是一个等式，而是一个“模型”，可以派生出许多不定积分等式，这样就扩大了基本积分公式的使用范围.

例5-8 求下列不定积分：

(1) $\int (5x+2)^{99}\mathrm{d}x$;　　(2) $\int x(1+x^2)^3\mathrm{d}x$.

解　(1) 令 $u=5x+2$, 则 $\mathrm{d}u=5\mathrm{d}x$, $\mathrm{d}x=\frac{1}{5}\mathrm{d}u$, 于是

$$\int (5x+2)^{99}\mathrm{d}x = \frac{1}{5}\int u^{99}\mathrm{d}u=\frac{1}{500}u^{100}+C=\frac{1}{500}(5x+2)^{100}+C$$

(2) 令 $u=1+x^2$, 则 $\mathrm{d}u=2x\mathrm{d}x$, $x\mathrm{d}x=\frac{1}{2}\mathrm{d}u$, 于是

$$\int x(1+x^2)^3\mathrm{d}x = \frac{1}{2}\int u^3\mathrm{d}u=\frac{1}{8}u^4+C=\frac{1}{8}(1+x^2)^4+C.$$

归纳起来，用凑微分法求不定积分的步骤是“凑、换元、积分、回代”这四步.

熟练之后，可以省略“换元、回代”两步，只需“凑微分、积分”两步就行了. 关键在于正确地“凑微分”$\mathrm{d}u$ 和将基本积分公式中的 x 换成 u 来使用公式，如 $\int \frac{1}{u}\mathrm{d}u=\ln|u|+C$, $\int \cos u\mathrm{d}u=\sin u+C$ 等.

在用凑微分法求不定积分时，常用到下列凑微分式：

1) $\mathrm{d}x=\frac{1}{a}\mathrm{d}(ax+b)$　(a 为常数，且 $a\neq0$)；

2) $x^n\mathrm{d}x=\frac{1}{n+1}\mathrm{d}(x^{n+1})$　(n 为常数，且 $n\neq-1$)；

3) $\frac{1}{x}\mathrm{d}x=\mathrm{d}(\ln x)$；

4) $\mathrm{e}^{ax}\mathrm{d}x=\frac{1}{a}\mathrm{d}(\mathrm{e}^{ax})$　(a 为常数，且 $a\neq0$)；

5) $\sin ax\mathrm{d}x=-\mathrm{d}\left(\frac{1}{a}\cos ax\right)$　(a 为常数，且 $a\neq0$)；

6) $\cos ax\mathrm{d}x=\mathrm{d}\left(\frac{1}{a}\sin ax\right)$　(a 为常数，且 $a\neq0$).

说明　1) 熟记以上基本凑微分式，并熟悉其他一些常用凑微分式 $f'(x)\mathrm{d}x=\mathrm{d}[f(x)]$，是用凑微分法求不定积分的基础.

2) 当被积函数为 $(ax+b)^n$(其中 a, b, n 为常数，且 $a\neq0$)或被积函数中同时出现 x^n 和 x^{n+1}, $\frac{1}{x}$和 $\ln x$, e^{ax}和 e^{ax}, $\sin ax$ 和 $\cos ax$ 时，就可以考虑使用凑微分法.

例 5-9　求下列不定积分：

(1) $\int (x+2)^8\mathrm{d}x$;　　(2) $\int \cos(2x-3)\mathrm{d}x$.

解　(1) $\int (x+2)^8\mathrm{d}x=\int (x+2)^8\mathrm{d}(x+2)=\frac{1}{9}(x+2)^9+C$

(2) $\int \cos(2x-3)\mathrm{d}x=\frac{1}{2}\int \cos(2x-3)\mathrm{d}(2x-3)=\frac{1}{2}\sin(2x-3)+C$

例 5-10　求下列不定积分：

(1) $\int x^2(x^3+1)\mathrm{d}x$;　　(2) $\int \frac{x^3}{\sqrt{1-x^4}}\mathrm{d}x$.

解 (1)法一：$\int x^2(x^3+1)\mathrm{d}x = \frac{1}{3}\int (x^3+1)\mathrm{d}(x^3+1) = \frac{1}{6}(x^3+1)^2 + C$

法二：$\int x^2(x^3+1)\mathrm{d}x = \int (x^5+x^2)\mathrm{d}x = \int x^5\mathrm{d}x + \int x^2\mathrm{d}x = \frac{1}{6}x^6 + \frac{1}{3}x^3 + C$

说明 当用不同的方法求不定积分时可能会得到看起来不同的结果，实际上它们只相差一个常数.

(2) $\int \frac{x^3}{\sqrt{1-x^4}}\mathrm{d}x = -\frac{1}{4}\int (1-x^4)^{-\frac{1}{2}}\mathrm{d}(1-x^4) = -\frac{1}{2}(1-x^4)^{\frac{1}{2}} + C = -\frac{\sqrt{1-x^4}}{2} + C$

例 5-11 求 $\int \frac{\ln^2 x}{x}\mathrm{d}x$.

解 $\int \frac{\ln^2 x}{x}\mathrm{d}x = \int \ln^2 x\mathrm{d}(\ln x) = \frac{1}{3}\ln^3 x + C$

例 5-12 求 $\int \mathrm{e}^x (3+\mathrm{e}^x)^3\mathrm{d}x$.

解 $\int \mathrm{e}^x (3+\mathrm{e}^x)^3\mathrm{d}x = \int (3+\mathrm{e}^x)^3\mathrm{d}(3+\mathrm{e}^x) = \frac{1}{4}(3+\mathrm{e}^x)^4 + C$

例 5-13 求 $\int \tan x\mathrm{d}x$.

解 $\int \tan x\mathrm{d}x = \int \frac{\sin x}{\cos x}\mathrm{d}x = -\int \frac{1}{\cos x}\mathrm{d}(\cos x) = -\ln|\cos x| + C$

类似地，可得
$$\int \cot x\mathrm{d}x = \ln|\sin x| + C$$

例 5-14 求下列不定积分：

(1) $\int \frac{1}{x^2+2x-15}\mathrm{d}x$;　　(2) $\int \frac{1}{x^2+2x+10}\mathrm{d}x$;　　(3) $\int \frac{x-3}{x^2-2x+3}\mathrm{d}x$.

解 (1) $\int \frac{1}{x^2+2x-15}\mathrm{d}x = \int \frac{1}{(x-3)(x+5)}\mathrm{d}x = \frac{1}{8}\int \left(\frac{1}{x-3} - \frac{1}{x+5}\right)\mathrm{d}x$

$$= \frac{1}{8}\int \frac{1}{x-3}\mathrm{d}x - \frac{1}{8}\int \frac{1}{x+5}\mathrm{d}x$$

$$= \frac{1}{8}\ln|x-3| - \frac{1}{8}\ln|x+5| + C = \frac{1}{8}\ln\left|\frac{x-3}{x+5}\right| + C$$

(2) $\int \frac{1}{x^2+2x+10}\mathrm{d}x = \int \frac{1}{(x+1)^2+9}\mathrm{d}x = \frac{1}{9}\int \frac{1}{1+\left(\frac{x+1}{3}\right)^2}\mathrm{d}x$

$$= \frac{1}{3}\int \frac{1}{1+\left(\frac{x+1}{3}\right)^2}\mathrm{d}\left(\frac{x+1}{3}\right) = \frac{1}{3}\arctan\frac{x+1}{3} + C$$

(3) $\int \frac{x-3}{x^2-2x+3}\mathrm{d}x = \int \frac{\frac{1}{2}(2x-2)-2}{x^2-2x+3}\mathrm{d}x$

$$=\frac{1}{2}\int\frac{2x-2}{x^2-2x+3}dx-2\int\frac{1}{(x-1)^2+2}dx$$

$$=\frac{1}{2}\int\frac{1}{x^2-2x+3}d(x^2-2x+3)-\int\frac{1}{1+\left(\frac{x-1}{\sqrt{2}}\right)^2}dx$$

$$=\frac{1}{2}\ln(x^2-2x+3)-\sqrt{2}\int\frac{1}{1+\left(\frac{x-1}{\sqrt{2}}\right)^2}d\left(\frac{x-1}{\sqrt{2}}\right)$$

$$=\frac{1}{2}\ln(x^2-2x+3)-\sqrt{2}\arctan\frac{x-1}{\sqrt{2}}+C$$

例 5-15　求下列不定积分：

(1) $\int\sin^2 x dx$；　　(2) $\int\cos^3 x dx$；　　(3) $\int\csc x dx$.

解　(1) $\int\sin^2 x dx=\int\frac{1}{2}(1-\cos 2x)dx$

$$=\frac{1}{2}\int dx-\frac{1}{2}\int\cos 2x dx=\frac{1}{2}x-\frac{1}{4}\sin 2x+C$$

(2) $\int\cos^3 x dx=\int\cos^2 x\cos x dx=\int(1-\sin^2 x)\cos x dx$

$$=\int\cos x dx-\int\sin^2 x\cos x dx$$

$$=\sin x-\int\sin^2 x d(\sin x)$$

$$=\sin x-\frac{1}{3}\sin^3 x+C$$

(3)法一：$\int\csc x dx=\int\frac{1}{\sin x}dx=\int\frac{\sin^2\frac{x}{2}+\cos^2\frac{x}{2}}{2\sin\frac{x}{2}\cos\frac{x}{2}}dx$

$$=\frac{1}{2}\int\left(\tan\frac{x}{2}+\cot\frac{x}{2}\right)dx=\int\tan\frac{x}{2}d\left(\frac{x}{2}\right)+\int\cot\frac{x}{2}d\left(\frac{x}{2}\right)$$

$$=-\ln\left|\cos\frac{x}{2}\right|+\ln\left|\sin\frac{x}{2}\right|+C$$ （用例 5-13 的结果）

$$=\ln\left|\tan\frac{x}{2}\right|+C=\ln\left|\frac{\sin^2\frac{x}{2}}{\sin\frac{x}{2}\cos\frac{x}{2}}\right|+C=\ln\left|\frac{1-\cos x}{\sin x}\right|+C$$

$$=\ln|\csc x-\cot x|+C$$

法二：$\int\csc x dx=\int\frac{1}{\sin x}dx=\int\frac{\sin x}{\sin^2 x}dx=-\int\frac{1}{1-\cos^2 x}d(\cos x)$

$$=-\frac{1}{2}\int\left(\frac{1}{1-\cos x}+\frac{1}{1+\cos x}\right)d(\cos x)$$

$$=\frac{1}{2}\int\frac{1}{1-\cos x}d(1-\cos x)-\frac{1}{2}\int\frac{1}{1+\cos x}d(1+\cos x)$$

$$=\frac{1}{2}\ln(1-\cos x)-\frac{1}{2}\ln(1+\cos x)+C$$

$$=\frac{1}{2}\ln\frac{1-\cos x}{1+\cos x}+C=\frac{1}{2}\ln\frac{(1-\cos x)^2}{(1+\cos x)(1-\cos x)}+C$$

$$=\ln\left|\frac{1-\cos x}{\sin x}\right|+C=\ln|\csc x-\cot x|+C$$

类似地，可求得 $\int \sec x\mathrm{d}x=\ln|\sec x+\tan x|+C$

例 5-16 设 $\int f(x)\mathrm{d}x=F(x)+C$，求 $\int f(ax+b)\mathrm{d}x$.

解 $\int f(ax+b)\mathrm{d}x=\frac{1}{a}\int f(ax+b)\mathrm{d}(ax+b)=\frac{1}{a}F(ax+b)+C$

5.2.2 第二类换元积分法

当被积函数 $f(x)$ 中含有根式，又无法用凑微分法来求积分时，可做变量代换 $x=\varphi(t)$（$x=\varphi(t)$ 是单调、可导的函数，且 $\varphi'(t)\neq 0$），有 $\mathrm{d}x=\varphi'(t)\mathrm{d}t$，$t=\varphi^{-1}(x)$. 于是

$$\int f(x)\mathrm{d}x=\int f[\varphi(t)]\varphi'(t)\mathrm{d}t$$

如果 $\int f[\varphi(t)]\varphi'(t)\mathrm{d}t$ 容易求得，即

$$\int f[\varphi(t)]\varphi'(t)\mathrm{d}t=G(t)+C$$

那么

$$\int f(x)\mathrm{d}x=\int f[\varphi(t)]\varphi'(t)\mathrm{d}t=G(t)+C=G[\varphi^{-1}(x)]+C$$

例 5-17 求 $\int x\sqrt{2x-1}\mathrm{d}x$.

解 令 $t=\sqrt{2x-1}$，则 $x=\frac{1}{2}(t^2+1)$，$\mathrm{d}x=t\mathrm{d}t$，于是

$$\int x\sqrt{2x-1}\mathrm{d}x=\int\frac{1}{2}(t^2+1)t^2\mathrm{d}t=\frac{1}{2}\int(t^4+t^2)\mathrm{d}t$$

$$=\frac{1}{2}\int t^4\mathrm{d}t+\frac{1}{2}\int t^2\mathrm{d}t=\frac{1}{10}t^5+\frac{1}{6}t^3+C$$

$$=\frac{1}{10}(\sqrt{2x-1})^5+\frac{1}{6}(\sqrt{2x-1})^3+C$$

$$=\frac{1}{10}(2x-1)^2\sqrt{2x-1}+\frac{1}{6}(2x-1)\sqrt{2x-1}+C$$

例 5-18 求 $\int\sqrt{4-x^2}\mathrm{d}x$.

解 令 $x=2\sin t\left(-\frac{\pi}{2}\leqslant t\leqslant\frac{\pi}{2}\right)$，则 $\mathrm{d}x=2\cos t\mathrm{d}t$，于是

$$\int\sqrt{4-x^2}\mathrm{d}x=\int 2\sqrt{1-\sin^2 t}\times 2\cos t\mathrm{d}t=4\int\cos^2 t\mathrm{d}t=2\int(1+\cos 2t)\mathrm{d}t$$

$$=2\int\mathrm{d}t+2\int\cos 2t\mathrm{d}t=2t+\sin 2t+C$$

$$=2t+2\sin t\cos t+C$$

由于 $x=2\sin t$，所以 $\sin t=\frac{x}{2}$，$t=\arcsin\frac{x}{2}$. 由图 5-1 的辅助直角三角形得 $\cos t=\frac{\sqrt{4-x^2}}{2}$，所以

$$\int\sqrt{4-x^2}\mathrm{d}x=2\arcsin\frac{x}{2}+\frac{x}{2}\sqrt{4-x^2}+C$$

说明：第二类换元积分法的要点是通过适当的换元，去掉被积函数中的根式，以便于积分. 基本步骤为"代换、换元、积分、回代".

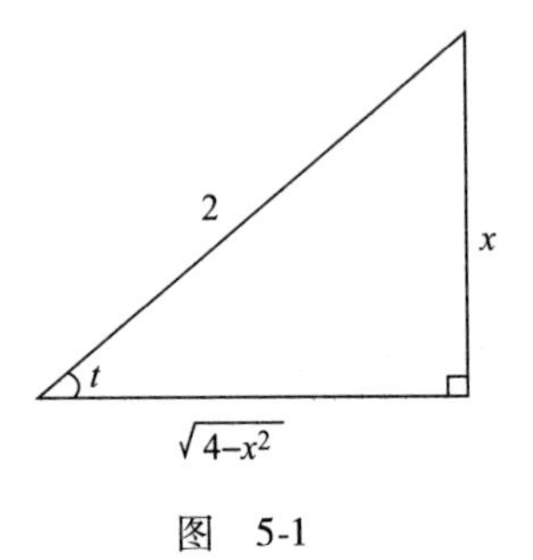

图 5-1

第一种情况，如例 5-17，当被积函数中含有根式 $\sqrt[n]{ax+b}$（其中 a，b 为常数，且 $a\neq0$，n 为正整数）时，可做根式代换，令 $t=\sqrt[n]{ax+b}$来去掉根式. 当被积函数中出现根指数不同的根式时，应取 n 为各根指数的最小公倍数.

第二种情况，如例 5-18，可做三角代换来去掉根式，有以下基本类型：

1）被积函数中含有 $\sqrt{a^2-x^2}$，令 $x=a\sin t\left(-\frac{\pi}{2}\leqslant t\leqslant\frac{\pi}{2}\right)$；

2）被积函数中含有 $\sqrt{x^2+a^2}$，令 $x=a\tan t\left(-\frac{\pi}{2}<t<\frac{\pi}{2}\right)$；

3）被积函数中含有 $\sqrt{x^2-a^2}$，令 $x=a\sec t\left(0<t<\pi,\ t\neq\frac{\pi}{2}\right)$.

在用三角代换求不定积分的最后一步"回代"时，可画出以 t 为锐角的辅助直角三角形，运用锐角三角函数变回原积分变量 x. 三种类型分别见图 5-2 ~ 图 5-4.

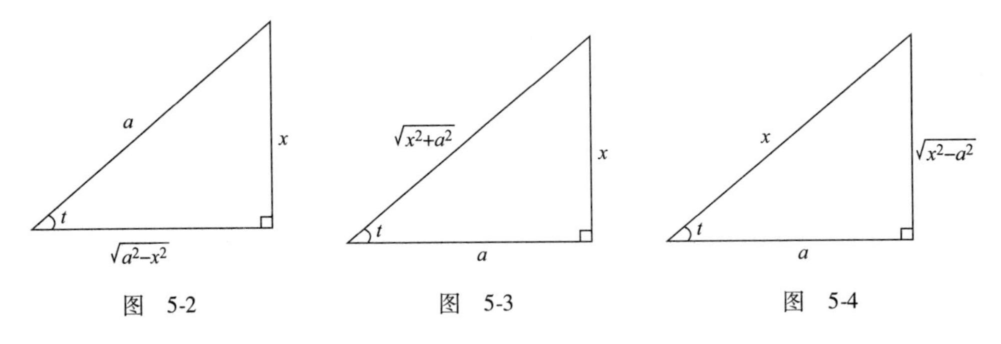

图 5-2　　图 5-3　　图 5-4

习题 5.2

基础题

1. 填空题：

(1) $\mathrm{d}x=(\quad)\mathrm{d}(5x-2)$；

(2) $x\mathrm{d}x=(\quad)\mathrm{d}(1-x^2)$；

(3) $\frac{1}{x^2}\mathrm{d}x=(\quad)\mathrm{d}\left(\frac{1}{x}\right)$；

(4) $\frac{\mathrm{d}x}{\sqrt{x}}\mathrm{d}x=(\quad)\mathrm{d}(\sqrt{x}-5)$；

(5) $x^2\mathrm{d}x=(\quad)\mathrm{d}(2x^3-1)$；

(6) $\mathrm{e}^{3x}\mathrm{d}x=(\quad)\mathrm{d}(\mathrm{e}^{3x})$.

2. 求下列不定积分：

(1) $\int e^{1+x}dx$；

(2) $\int (3x+5)^9 dx$；

(3) $\int \cos(4x-1)dx$；

(4) $\int \frac{1}{1-3x}dx$；

(5) $\int x\sin(1+x^2)dx$；

(6) $\int \frac{x^2}{1+x^3}dx$；

(7) $\int x^3\sqrt{x^4+1}dx$；

(8) $\int xe^{-x^2}dx$；

(9) $\int \frac{\ln x}{x}dx$；

(10) $\int \frac{1}{x\ln^2 x}dx$；

(11) $\int e^x(2+e^x)^2dx$；

(12) $\int \sqrt{2+e^x}e^x dx$；

(13) $\int \sin x\cos^2 x dx$；

(14) $\int \frac{\cos x}{\sin^3 x}dx$.

3. 已知 $\int f(x)dx = F(x)+C$，求：

(1) $\int f(e^x)e^x dx$；

(2) $\int f(\cos x)\sin x dx$；

(3) $\int \frac{f(\ln x)}{x}dx$；

(4) $\int xf(ax^2+b)dx$.

提高题

1. 求下列不定积分：

(1) $\int \frac{e^{\frac{1}{x}}}{x^2}dx$；

(2) $\int xe^{1-x^2}dx$；

(3) $\int \frac{1}{1+e^x}dx$；

(4) $\int \frac{e^x-1}{e^x+1}dx$；

(5) $\int \frac{e^x}{(1+e^x)^2}dx$；

(6) $\int \frac{\cos x}{\sqrt{\sin x}}dx$；

(7) $\int \left(1+\frac{1}{\sin^2 x}\right)\cos x dx$；

(8) $\int \sin^2(3x-1)\cos(3x-1)dx$；

(9) $\int \frac{1}{x\ln^3 x}dx$；

(10) $\int \frac{(1+\ln x)^2}{x}dx$；

(11) $\int \frac{dx}{x\sqrt{1-\ln^2 x}}$；

(12) $\int \frac{dx}{x(5+6\ln x)}$.

2. 求不定积分：

(1) $\int \frac{1+2x}{x(1+x)}dx$；

(2) $\int \frac{1}{1-x^2}dx$；

(3) $\int \frac{dx}{x\sqrt{1-\ln x}}$；

(4) $\int \frac{1}{4+x^2}dx$；

(5) $\int \frac{1}{\sin^2(2x-1)}dx$；

(6) $\int \frac{2-3\arctan x}{1+x^2}dx$；

(7) $\int \tan^4 x\mathrm{d}x$;

(8) $\int \tan x \sec^3 x\mathrm{d}x$;

(9) $\int \frac{(1+\tan x)^3}{\cos^2 x}\mathrm{d}x$;

(10) $\int \cos^3 x \sin^2 x\mathrm{d}x$;

(11) $\int \frac{\mathrm{d}x}{\sin x\cos x}$;

(12) $\int \frac{1}{\sqrt{1-x^2}\arcsin x}\mathrm{d}x$;

(13) $\int \frac{2x+1}{\sqrt{1-x^2}}\mathrm{d}x$;

(14) $\int \frac{1}{x^2+2x+5}\mathrm{d}x$.

3. 求不定积分：

(1) $\int \frac{1}{5+\sqrt{x}}\mathrm{d}x$;

(2) $\int \frac{x}{\sqrt{x-2}}\mathrm{d}x$;

(3) $\int \frac{\mathrm{d}x}{\sqrt{x}(2+\sqrt[3]{x})}$ （提示：令$\sqrt[6]{x}=t$）;

(4) $\int x\sqrt[3]{2x-1}\mathrm{d}x$;

(5) $\int \sqrt{1-x^2}\mathrm{d}x$;

(6) $\int \frac{\sqrt{x^2-4}}{x}\mathrm{d}x$;

(7) $\int \frac{1}{(x^2+1)\sqrt{x^2+1}}\mathrm{d}x$;

(8) $\int \frac{1}{\sqrt{1+\mathrm{e}^x}}\mathrm{d}x$.

4. 对下列每一个不定积分用两种不同的方法求解：

(1) $\int \frac{\sin(1+\sqrt{x})}{\sqrt{x}}\mathrm{d}x$;

(2) $\int \frac{5x}{\sqrt{1-x^2}}\mathrm{d}x$;

(3) $\int \frac{x}{\sqrt{1+x^2}}\mathrm{d}x$;

(4) $\int \frac{1}{\sqrt{4-x^2}}\mathrm{d}x$.

5. 设$f(x)=2^x$，求$\int f'(\sin x)\cos x\mathrm{d}x$.

5.3 分部积分法

设u和v是可导函数，由导数的运算法则，有

$$(uv)'=u'v+uv'$$

移项得

$$uv'=(uv)'-u'v$$

两边积分得

$$\int uv'\mathrm{d}x=uv-\int u'v\mathrm{d}x$$

或

$$\int u\mathrm{d}v=uv-\int v\mathrm{d}u$$

这个公式称为分部积分公式，主要用于求被积函数是特殊形式的乘积的积分问题.

运用分部积分公式，就是当无法直接求$\int u\mathrm{d}v$时，“换位”来求$\int v\mathrm{d}u$.

正确使用分部积分的关键是适当选择u和凑出微分$\mathrm{d}v$. 一般考虑以下两点：

1) $\mathrm{d}v$要容易求得；

2) $\int v\mathrm{d}u$较$\int u\mathrm{d}v$更容易积分.

常用的凑微分式如下：

1）$e^{ax}dx=\frac{1}{a}d(e^{ax})$ （a 为常数，且 $a\neq0$）；

2）$\sin ax dx=-\frac{1}{a}d(\cos ax)$ （a 为常数，且 $a\neq0$）；

3）$\cos ax dx=\frac{1}{a}d(\sin ax)$ （a 为常数，且 $a\neq0$）；

4）$x^n dx=\frac{1}{n+1}d(x^{n+1})$ （n 为常数，且 $n\neq-1$）.

例 5-19 求 $\int xe^x dx$.

分析 根据 $\int uv'dx=uv-\int u'vdx$，因为 $x'=1$，$(e^x)'=e^x$，如果选择 $u=x$，$v=e^x$，换位后就变成了求 $\int e^x dx$.

解
$$\int xe^x dx=\int xd(e^x)=xe^x-\int e^x dx=xe^x-e^x+C$$

可以对比一下，如果选择 $u=e^x$ 或 $u=xe^x$ 的话，换位后的积分将更复杂，难以求解.
说明一般用被积函数中的指数函数和三角函数来凑微分 dv.

例 5-20 求 $\int x^2\cos x dx$.

解
$$\begin{aligned}\int x^2\cos x dx&=\int x^2 d(\sin x)=x^2\sin x-\int \sin x d(x^2)\\&=x^2\sin x-2\int x\sin x dx=x^2\sin x+2\int xd(\cos x)\\&=x^2\sin x+2\left(x\cos x-\int\cos x dx\right)\\&=x^2\sin x+2x\cos x-2\sin x+C\end{aligned}$$

说明 必要时可以多次使用分部积分公式.

例 5-21 求下列不定积分：

（1）$\int\sqrt{x}\ln x dx$；　　（2）$\int x\arctan x dx$.

解 （1）
$$\begin{aligned}\int\sqrt{x}\ln x dx&=\frac{2}{3}\int\ln x d(x^{\frac{3}{2}})\\&=\frac{2}{3}\left[x^{\frac{3}{2}}\ln x-\int x^{\frac{3}{2}}d(\ln x)\right]=\frac{2}{3}x^{\frac{3}{2}}\ln x-\frac{2}{3}\int x^{\frac{1}{2}}dx\\&=\frac{2}{3}x^{\frac{3}{2}}\ln x-\frac{4}{9}x^{\frac{3}{2}}+C=\frac{2}{3}x\sqrt{x}\ln x-\frac{4}{9}x\sqrt{x}+C\end{aligned}$$

（2）
$$\begin{aligned}\int x\arctan x dx&=\frac{1}{2}\int\arctan x d(x^2)\\&=\frac{1}{2}x^2\arctan x-\frac{1}{2}\int x^2 d(\arctan x)\\&=\frac{1}{2}x^2\arctan x-\frac{1}{2}\int\frac{x^2}{1+x^2}dx\end{aligned}$$

$$= \frac{1}{2}x^2\arctan x - \frac{1}{2}\int\left(1 - \frac{1}{1+x^2}\right)dx$$

$$= \frac{1}{2}x^2\arctan x - \frac{1}{2}x + \frac{1}{2}\arctan x + C$$

说明一般取被积函数中的对数函数和反三角函数作为公式中的 u，用其余部分来凑微分 dv.

例 5-22　求 $\int e^x \sin x dx$.

解　由 $\int e^x\sin x dx = \int \sin x d(e^x) = e^x\sin x - \int e^x d(\sin x)$

$$= e^x\sin x - \int e^x\cos x dx = e^x\sin x - \int \cos x d(e^x)$$

$$= e^x\sin x - e^x\cos x + \int e^x d(\cos x)$$

$$= e^x\sin x - e^x\cos x - \int e^x\sin x dx$$

即
$$2\int e^x\sin x dx = e^x\sin x - e^x\cos x + C_1$$

因此
$$\int e^x\sin x dx = \frac{1}{2}e^x\sin x - \frac{1}{2}e^x\cos x + C \quad \left(其中\ C = \frac{1}{2}C_1\right)$$

说明　1）移项之后，等式右边没有了积分项，不要忘了加上任意常数 C_1.

2）两次分部积分时既可以都用 $e^x dx$ 来凑微分 dv，也可以都用 e^x 来做公式中的 u，才能"变回"所求不定积分而求解. 如果一次用 $e^x dx$，另一次用 $\cos x dx$ 来凑微分，就会得出"0 = 0"型的无效结果了.

例 5-23　求 $\int e^{\sqrt{x}} dx$.

解　令 $t = \sqrt{x}$，则 $x = t^2$，$dx = 2tdt$，于是

$$\int e^{\sqrt{x}}dx = \int e^t \times 2tdt = 2\int te^t dt = 2\int td(e^t)$$

$$= 2te^t - 2\int e^t dt = 2te^t - 2e^t + C = 2\sqrt{x}e^{\sqrt{x}} - 2e^{\sqrt{x}} + C$$

求不定积分的基本思路如下：

1）首先考虑能否用积分基本公式和法则，即直接积分法；

2）其次考虑能否用凑微分法（观察被积函数中是否有基本凑微分式中的"一对"，如 x^n 和 x^{n+1}、$\frac{1}{x}$和 $\ln x$、e^x、$\sin x$ 和 $\cos x$ 等）；

3）当被积函数中含有根式，又无法用凑微分法来求积分时，考虑能否用适当的变量代换，即第二类换元法；

4）对两类不同函数的乘积，考虑能否用分部积分法；

5）如果需要可综合运用或反复使用上述方法.

习题 5.3

基础题

1. 求下列不定积分：

(1) $\int x\sin x\mathrm{d}x$；　　(2) $\int x\mathrm{e}^{-x}\mathrm{d}x$；

(3) $\int x\cos3x\mathrm{d}x$；　　(4) $\int x^2\sin x\mathrm{d}x$；

(5) $\int \frac{\ln x}{\sqrt{x}}\mathrm{d}x$；　　(6) $\int \ln x\mathrm{d}x$；

(7) $\int x\ln x\mathrm{d}x$.

提高题

1. 求下列不定积分：

(1) $\int x^2\mathrm{e}^{3x}\mathrm{d}x$；　　(2) $\int \ln(1+x^2)\mathrm{d}x$；　　(3) $\int (\ln x)^2\mathrm{d}x$；

(4) $\int \arctan x\mathrm{d}x$；　　(5) $\int (x+1)\mathrm{e}^x\mathrm{d}x$；　　(6) $\int \mathrm{e}^x\sin2x\mathrm{d}x$.

2. 用适当的方法求下列不定积分：

(1) $\int x\sin^2x\mathrm{d}x$；　　(2) $\int \sqrt{x}\sin\sqrt{x}\mathrm{d}x$；

(3) $\int \frac{x}{\cos^2x}\mathrm{d}x$；　　(4) $\int x\tan^2x\mathrm{d}x$；

(5) $\int \frac{\ln\ln x}{x}\mathrm{d}x$；　　(6) $\int x^3\mathrm{e}^{-x^2}\mathrm{d}x$；

(7) $\int \ln(x+\sqrt{1+x^2})\mathrm{d}x$；　　(8) $\int \frac{x\arcsin x}{\sqrt{1-x^2}}\mathrm{d}x$；

(9) $\int \arctan\sqrt{x}\mathrm{d}x$；　　(10) $\int \frac{x\mathrm{e}^x}{(x+1)^2}\mathrm{d}x$.

3. 设 e^{x^2} 是 $f(x)$ 的一个原函数，求 $\int x^2f''(x)\mathrm{d}x$.

4. 设 $f(\ln x)=\frac{\ln(x+1)}{x}$，求 $\int f(x)\mathrm{d}x$.

5 设 $\frac{\sin x}{x}$ 是 $f(x)$ 的一个原函数，求 $\int xf'(x)\mathrm{d}x$.

5.4 有理函数的积分举例

形如 $y=\frac{F(x)}{G(x)}$ 的函数称为有理函数，其中 $F(x)$ 和 $G(x)$ 都是多项式，而且 $G(x)$ 的次数不小于1.

利用多项式的除法，任何一个假分式（分子 $F(x)$ 的次数不小于分母 $G(x)$ 的次数的分式)都可以分解成一个多项式与一个真分式(分子 $F(x)$ 的次数小于分母 $G(x)$ 的次数的分式)的和，而任何一个真分式又都可以分解为几个形如以下类型的部分分式的和(其中 A，B，p，q 为常数，$p^2-4q<0$，n 为正整数，且 $n\geqslant 2$)：

$$\frac{A}{x-a},\ \frac{A}{(x-a)^n},\ \frac{Ax+B}{x^2+px+q},\ \frac{Ax+B}{(x^2+px+q)^n}$$

例 5-24　求下列不定积分：

(1) $\int\frac{x+3}{x^2-5x+6}\mathrm{d}x$；　(2) $\int\frac{x+2}{x^3-2x^2}\mathrm{d}x$；　(3) $\int\frac{x^4+2x^2-2x-2}{x^3+1}\mathrm{d}x$.

解　(1) 设 $\frac{x+3}{x^2-5x+6}=\frac{x+3}{(x-2)(x-3)}=\frac{A}{x-2}+\frac{B}{x-3}$，两边去分母得

$$x+3=A(x-3)+B(x-2)$$

即

$$x+3=(A+B)x-(3A+2B)$$

比较系数得 $\begin{cases}A+B=1\\-(3A+2B)=3\end{cases}$，解得 $A=-5$，$B=6$.

或令 $x=2$ 得，$A=-5$，令 $x=3$，得 $B=6$（赋值法）. 于是

$$\int\frac{x+3}{x^2-5x+6}\mathrm{d}x=\int\left(-\frac{5}{x-2}+\frac{6}{x-3}\right)\mathrm{d}x$$

$$=6\int\frac{1}{x-3}\mathrm{d}x-5\int\frac{1}{x-2}\mathrm{d}x=6\ln|x-3|-5\ln|x-2|+C$$

(2) 设 $\frac{x+2}{x^3-2x^2}=\frac{x+2}{x^2(x-2)}=\frac{A}{x^2}+\frac{B}{x}+\frac{C}{x-2}$，两边去分母得

$$x+2=A(x-2)+Bx(x-2)+Cx^2$$

即

$$x+2=(B+C)x^2+(A-2B)x-2A$$

比较系数得 $\begin{cases}B+C=0\\A-2B=1\\-2A=2\end{cases}$，解得 $A=-1$，$B=-1$，$C=1$.

或令 $x=0$，得 $A=-1$；令 $x=2$，得 $C=1$；令 $x=1$，得 $B=-1$(赋值法). 于是

$$\int\frac{x+2}{x^3-2x^2}\mathrm{d}x=\int\left(\frac{-1}{x^2}+\frac{-1}{x}+\frac{1}{x-2}\right)\mathrm{d}x$$

$$=-\int\frac{1}{x^2}\mathrm{d}x-\int\frac{1}{x}\mathrm{d}x+\int\frac{1}{x-2}\mathrm{d}x$$

$$=\frac{1}{x}-\ln|x|+\ln|x-2|+C=\frac{1}{x}+\ln\left|\frac{x-2}{x}\right|+C$$

(3) 设

$$\frac{x^4+2x^2-2x-2}{x^3+1}=x+\frac{2x^2-3x-2}{x^3+1}$$

$$=x+\frac{2x^2-3x-2}{(x+1)(x^2-x+1)}=x+\frac{A}{x+1}+\frac{Bx+C}{x^2-x+1}$$

两边去分母，比较系数或由赋值法得 $A=1$，$B=1$，$C=-3$. 于是

$$\int\frac{x^4+2x^2-2x-2}{x^3+1}\mathrm{d}x=\int x\mathrm{d}x+\int\frac{1}{x+1}\mathrm{d}x+\int\frac{x-3}{x^2-x+1}\mathrm{d}x$$

$$=\frac{1}{2}x^2+\ln|x+1|+\frac{1}{2}\ln(x^2-x+1)-\frac{5\sqrt{3}}{3}\arctan\frac{2x-1}{\sqrt{3}}+C$$

例 5-25　求 $\int\frac{e^x}{e^{2x}+3e^x+2}dx$.

解　令 $t=e^x$，则 $x=\ln t$，$dx=\frac{1}{t}dt$. 于是

$$\begin{aligned}\int\frac{e^x}{e^{2x}+3e^x+2}dx &= \int\frac{t}{t^2+3t+2}\frac{1}{t}dt\\ &=\int\frac{1}{(t+1)(t+2)}dt=\int\left(\frac{1}{t+1}-\frac{1}{t+2}\right)dt\\ &=\ln(t+1)-\ln(t+2)+C=\ln\frac{t+1}{t+2}+C\\ &=\ln\frac{e^x+1}{e^x+2}+C\end{aligned}$$

求有理函数积分的方法如下：

1）如果分子的次数小于分母的次数，就直接进入第 2 步；如果分子的次数大于分母的次数，就用多项式除法将其分解成一个多项式与一个真分式的和；

2）对被积分式函数的分母进行因式分解；

3）把被积分式函数分解为带有待定系数的部分分式之和；

4）用比较系数法或赋值法确定待定系数；

5）分别计算多项式与各部分分式的积分.

习题 5.4

基础题

求下列不定积分：

(1) $\int(1+x-2x^2)dx$；

(2) $\int(x^5+5^x)dx$；

(3) $\int x^2\sqrt{x}dx$；

(4) $\int\frac{1}{x\sqrt{x}}dx$；

(5) $\int(2-e^x+3\sin x)dx$；

(6) $\int e^x(2-e^{-x})dx$；

(7) $\int(\sqrt{x}+1)(x-\sqrt{x}+1)dx$；

(8) $\int(2x+5)^2dx$；

(9) $\int\frac{1+2x-\sqrt{x}}{x}dx$；

(10) $\int\frac{(2x-1)^2}{\sqrt{x}}dx$；

(11) $\int\frac{x^3}{x-1}dx$；

(12) $\int\frac{\cos^3x}{1+\cos2x}dx$.

提高题

求下列有理函数的不定积分：

(1) $\int \frac{x+4}{x^2-5x+6}dx$;　　(2) $\int \frac{3x+1}{(x-3)^2}dx$;

(3) $\int \frac{5x^2-6x+1}{x(x-2)(x-3)}dx$;　　(4) $\int \frac{1}{x(x+1)^2}dx$;

(5) $\int \frac{x+1}{x^2-2x+2}dx$;　　(6) $\int \frac{1}{x(x^2+1)}dx$.

复习题5

1. 已知$f(x)$的一个原函数是$y=e^x(\sin x+\cos x)$，求$f(x)$.

2. 已知$\int f(x)dx=-2\cos\sqrt{x}+C$，求$f(x)$.

3. 已知函数$y=\ln\cos(e^x)$是$f(x)$的一个原函数，求$f(x)$.

4. 已知$\int f(x)dx=x\arctan x-\frac{1}{2}\ln(1+x^2)+C$，求$f(x)$.

5. 已知曲线经过点$(e^2, 3)$，且曲线上任意一点处的切线斜率等于该点横坐标的倒数，求此曲线方程.

6. 已知物体的速度$v=3t^2+4t$，当$t=2s$时，物体经过的路程为16m，求物体运动规律.

7. 某产品的需求量Q为价格p的函数，该产品的最大需求量为1000（即$p=0$时$Q=1000$），已知需求量的变化率为$y=-1000\ln 3\left(\frac{1}{3}\right)^p$，求该商品的需求函数$Q(p)$.

8. 求下列不定积分：

(1) $\int (3x-1)^7dx$;　　(2) $\int \frac{1}{1+2x}dx$;

(3) $\int 4x^3e^{x^4}dx$;　　(4) $\int \frac{x}{(x^2+2)^3}dx$;

(5) $\int e^x\sqrt[3]{(3-2e^x)^2}dx$;　　(6) $\int \frac{e^x}{1-e^x}dx$;

(7) $\int \frac{1}{x(1+x)}dx$;　　(8) $\int \sin x\cos^5 x dx$;

(9) $\int (4x-1)\cos x dx$;　　(10) $\int xe^{3x}dx$.

9. 求下列不定积分：

(1) $\int (x^2+1)e^{x^3+3x}dx$;　　(2) $\int \frac{dx}{x^2+6x+10}$;

(3) $\int \frac{x-1}{x^2-2x+5}dx$;　　(4) $\int \frac{x^4}{1+x}dx$;

(5) $\int \frac{x^3}{1+x^2}dx$;　　(6) $\int \frac{e^{\sqrt{x}}}{\sqrt{x}}dx$;

(7) $\int \frac{\cos\frac{1}{x}}{x^2}dx$;　　(8) $\int \frac{\sin x}{2-\sin^2 x}dx$;

(9) $\int \frac{x^2}{\sqrt{3-4x^3}}dx$;

(10) $\int \frac{1}{\sqrt{x}\cos^2\sqrt{x}}dx$;

(11) $\int \ln^2 x dx$;

(12) $\int \frac{1}{e^x+e^{-x}}dx$;

(13) $\int \tan^2 x dx$;

(14) $\int \sec x(\sec x-\tan x)dx$.

10. 求下列不定积分:

(1) $\int \frac{1}{1+\sqrt{x}}dx$;

(2) $\int \frac{1}{\sqrt{x}(1+x)}dx$;

(3) $\int \frac{x+1}{3\sqrt{3x+1}}dx$;

(4) $\int \frac{1+2\sqrt{x}}{\sqrt{x}(x+\sqrt{x})}dx$;

(5) $\int \frac{1}{x\sqrt{x^2-1}}dx$;

(6) $\int \frac{dx}{\sqrt{x(4-x)}}$;

(7) $\int \frac{x^2}{\sqrt{1-x^2}}dx$;

(8) $\int \frac{1}{x^2\sqrt{x^2+1}}dx$;

(9) $\int 3x\sin 3x dx$;

(10) $\int \operatorname{arccot} x dx$;

(11) $\int x\operatorname{arccot} x dx$;

(12) $\int e^{-x}\cos x dx$.

11. 设$f'(\ln x)=(x+1)\ln x$, 求$f(x)$.

12. 设$\sin x^2$是$f(x)$的一个原函数, 求$\int x^2 f(x)dx$.

13. 设$\int \frac{\sin x}{f(x)}dx=\arctan(\cos x)+C$, 求$\int f(x)dx$.

14. 设$f(x)=\begin{cases} x\ln(1+x^2) & x\geqslant 0 \\ (x^2+2x-3)e^{-x} & x<0 \end{cases}$, 求$\int f(x)dx$.

15. 求下列有理函数的不定积分:

(1) $\int \frac{2x-1}{x^2-3x+2}dx$;

(2) $\int \frac{x^2+1}{(x+1)^2(x-1)}dx$.

阅读材料

数学与其他学科

1. 数学与信息科学

计算机科学与数学之间有着密切的联系, 计算机内部的计算是以二进制的方式进行的, 各种程序也在运用相关的数学思想和算法, 所以说这两者是密不可分的.

事实上, 计算机科学的一些奠基者, 如冯·诺伊曼和图灵等, 都曾经从事基础数学的研究, 并且后来的计算机科学家们不断地从基础数学中汲取一些十分重要的思想和方法, 极大地推动了计算机科学的发展. 计算机理论科学的内容其实是很多数学知识的融合——软件工程需要图论, 密码学需要数论, 软件测试需要组合数学, 计算机图形学离不开线性代数中的矢量和矩阵，以及矩阵方程组的数值解法，其中一些领域还要用到概率论和统计学，微积分学也是高级计算机图形学的重要成分. 编制计算机程序时会用到数学推导和归纳，如果合理地运用恰当的数学方法，可以大大减少程序的运行时间和所需空间，起到优化程序的作用. 许多天才程序员本身就是数学尖子，一些数学基础很好的人，一旦熟悉了某种计算机语言，就可以很快地理解一些算法的精髓，并能够运用自如，写出时间和空间复杂度都有明显改善的算法. 运用高性能计算机解决具体实际难题的关键基础就是基础算法和数学建模.

离散数学可以说是构筑在数学和计算机科学之间的桥梁，是计算机科学的基础核心学科，是许多计算机专业课程的必不可少的先行课程，在数据库、数据结构、编译原理、计算机硬件设计、计算机纠错码中有广泛应用. 离散数学的数理逻辑部分的思想和方法也贯穿在人工智能的整个学科之中. 通过离散数学的学习，不但可以掌握处理离散结构的描述工具和思维方法，为后续课程的学习打好基础，而且可以培养和提高抽象思维能力和严密的逻辑思维能力，为将来参与创新性的研究和开发工作打下坚实的基础.

模糊数学从数学手段上武装了计算机，有助于把人们常用的模糊语言设计成机器能接受的指令和程序，使计算机能够在相当程度上模拟人脑的模糊思维，使人工智能的研究得到很大的发展.

近年来，AlphaGo 与世界顶尖围棋高手的“人机大战”，再一次引起了人们对人工智能的广泛兴趣和关注. 长期以来，人们在对“超级计算机”和“智能机器人”的高度发展对人类生活所带来的巨大变化津津乐道的同时，也对未来的“超级计算机”和“超级智能机器人”的安全问题产生了忧虑. 《我，机器人》《鹰眼》《黑客帝国》等影片就形象地表现了“超级计算机”和“超级智能机器人”一旦失控，可能对人类带来的危害和灾难. “大数据”的核心是将数学算法运用到海量数据上，是数学、计算机科学和统计学的共同产物. “大数据”事实上已成为信息产权的一种表现形式，将成为继边防、海防、空防之后大国博弈的另一个空间. 信息安全、信息传播、计算机视觉和听觉、图像处理、网络搜索、商业广告、反恐侦破、遥测遥感等领域也大量用到数学知识和方法.

几十年前，计算机科学基本上还是数学的一个分支，而现在计算机科学拥有众多的研究人员和广泛的研究与应用领域，在很多方面和数学产生了交叉点(如数值计算和“四色定理”的证明等)，同时反过来促进了数学的发展.

2017 年 5 月 7 日逝世的我国杰出数学家吴文俊院士，在深入研究已被世界淡忘的中国古代算术思想的基础上，开创了崭新的由他自己冠名的“数学机械化”领域，提出了用计算机证明几何定理的“吴方法”，即把几何问题代数化，再编成程序，输入计算机，代替大量复杂、烦琐甚至不可能由人工完成的演算和推理，使计算机不但能进行高速、复杂的计算，还能证明数学定理，既拓宽了计算机的应用，又推进了数学的发展，并且这种方法还可以运用到其他科研和技术领域，使工作效率得到显著提高. 用机械证明定理，被认为是自动推理领域的先驱性工作. 这个在近代数学史上第一次由中国人开创的新领域，得到全世界的认可，产生了广泛的影响，国际上称为“吴文俊方法”和“吴消元法”. 被称为数学上的诺贝尔奖的“菲尔兹奖”的多位获奖者，都引用了吴文俊院士的方法和经典结果. 鉴于其“数学机械化”理论对人工智能研究领域的突出影响，2011 年，中国人工智能学会发起设立被誉为“中国智能科技最高奖”的“吴文俊人工智能科学技术奖”.

2. 数学与物理学

近代物理学的概念和定律几乎都是用数学语言来描述的. 数学以高度精练、准确和便于讲授的语言形式表述了物理世界的基本结构和错综复杂的运动规律. 从经典力学、热力学、统计力学到量子力学、场论的研究中，数学都起着举足轻重的作用.

坐标的引入是数学对物理学的一大贡献，使得宏观物体随时间变化的运动状态得以准确、直观、简洁地表达. 德国天文学家开普勒用几何语言和代数方程将行星的坐标及时间和轨道参数之间的关系直观地表示出来，总结出了行星运动的三大规律，这是数学在物理学中的第一次伟大的应用. 同样，用代数方程表达的牛顿力学三大定理，成了经典力学的基础. 牛顿的《自然哲学的数学原理》的影响遍布经典自然科学的所有领域. 用拉格朗日函数和哈密顿量来研究物体的运动状态，为经典物理的研究开启了一扇新的大门. 用哈密顿量分析物理问题还在量子物理中成了核心方法.

常微分方程、偏微分方程、变分学和函数论等数学分支广泛应用于流体力学、弹性力学、热学、电磁学等物理问题的研究. 其中，电磁波的发现是麦克斯韦先从数学推导中预见，再由赫兹用实验验证的. 热力学的四个基本方程就是以微分的形式表现出来，从而由连续函数的性质得到麦克斯韦关系. 数学把复杂的热力学平衡过程简化成了对函数的变化趋势的分析. 统计物理学所借助的手段就是统计数学，是概率论的分析过程在实际的物理学中的应用.

相对论和量子力学的诞生使物理学理论和整个自然科学体系以及自然观、世界观都发生了重大变革，成为第三次科学革命. 在这次革命中，数学起到了很大的推动作用. 爱因斯坦的广义相对论中，引力被描述为时空的几何属性就是曲率，引力场方程就是一个二阶非线性偏微分方程. 在黎曼几何基础上发展起来的绝对微分学，也是建立广义相对论引力理论的数学工具. 爱因斯坦本人也承认自己是在数学的基础上发明了相对论. 在量子力学中也用到了概率、算子、特征值、群论等数学知识，用逐次迭代法求近似解的手法是研究量子场论的有效方法.

历史上，许多数学问题是在物理学的研究过程中产生出来的，许多数学理论也是为解决深刻的物理问题而丰富和发展起来的. 同时，物理学的研究还为数学理论提供了实践的检验.

综上所述，数学和物理这两门基础科学是相互联系、互相促进、共同发展的. 数学不仅仅是物理分析的工具和手段，更为物理学的研究提供一种思想，以完善整个物理体系的哲学框架.

3. 数学与前沿技术

在现代战争环境下，数学在核武器、远程巡航导弹等先进武器的研制和信息的保密、解密、干扰、反干扰等国防、军工前沿技术方面的作用更为突出.

在我国承诺全面停止核试验后，通过模拟核试验的数学模型，进行数值计算来研究核反应过程的各个环节的图像、数据以及各种因素与机制的相互关系，达到了模拟核试验的效果.

《解放军日报》在一篇题为《数学的威力》的文章中报道了这样的实例：中国人民解放军国防科技大学理学院的数学专家们，将卫星图像质量不高的难题描述成数学语言，并将误差扩散过程转换为一个二维函数方程求解. 经过多年艰难攻关，终于建立起一个全新的偏微分方程，从而将卫星图像质量在原基础上提高了 30%，达到了国际先进水平. 在庆功宴上，一位部队首长感慨地说道："你们的方程能值一个亿."在某新武器装备的研制、测试陷入困境时，擅长数据分析的数学专家们临危受命，将动力学模型与数学模型相结合，创造性地提出了一个新的算法，彻底解决了数据误差问题，使这种新型武器绝处逢生、顺利定型.

在由各领域专家联合攻关的分布式卫星进行定轨精度整体试验时，出现了严重问题：实际精度与设计要求相差甚远. 参与联合攻关的一位年轻数学博士找出了问题的关键，将对误差产生影响的时间处理程序嵌入到相关软件中，修正了轨道参数. 难题迎刃而解，完美地将卫星相对定轨精度提高了一个量级.

4. 数学与经济管理

现代经济理论的研究以数学为基本工具，通过建立数学模型和数学推算，对海量数据进行深入研究，探求宏观和微观经济的规律. 在所有诺贝尔经济学奖得主中，有超过半数的人的主要贡献是运用数学方法解决经济问题.

在工业管理方面，传统的质量管理是通过事后检验把关来完成的，难以事前控制，且成本很高. 而现代工业是将数理统计的方法应用到质量管理中，产生了统计质量管理的理论和方法.

数学与金融科学的交叉学科——金融数学是当代非常活跃的研究领域. 精算学是将数理统计理论和金融工具相结合，研究如何处理保险业和其他金融业中各种风险问题的定量方法和技术的学科，是现代保险业、金融投资业和社会保障事业发展的理论基础.

在当今社会中，概率统计、线性规划、非线性规划、最优控制、组合优化、人工神经网络等在人口和经济普查、政府决策、交通运输、商业管理、系统布局等许多方面得到广泛应用.

第6章　定积分

6.1　定积分的概念与性质

6.1.1　定积分的概念

定积分是积分学中另一个重要概念，它是从大量的实际问题中抽象出来的. 例如，求平面图形的面积、空间立体的体积以及总产量、总成本等. 虽然它们的实际意义各不相同，但求解思路和方法却是等同的. 下面先从求曲边梯形的面积谈起.

设有平面曲线 $y=f(x)>0$ $(a\leqslant x\leqslant b)$，称由 $x=a$，$x=b$，$y=f(x)$ 及 x 轴四条线围成的平面图形 $AabB$ 为曲边梯形，如图6-1所示.

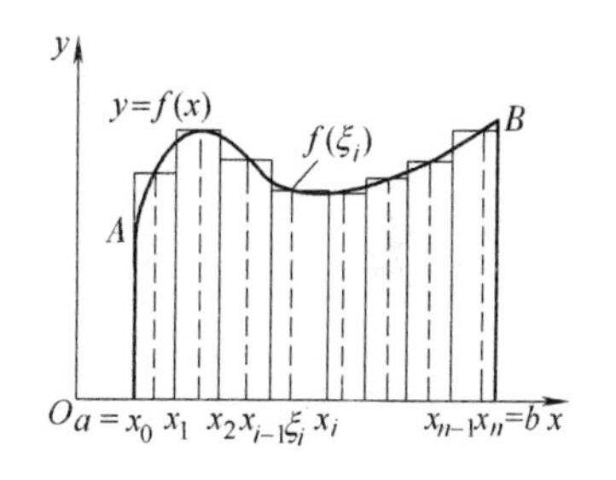

图　6-1

设函数 $f(x)$ 定义在区间 $[a, b]$ 上，分点 x_0，x_1，x_2，…，x_n 将区间 $[a, b]$ 分成 n 个小区间

$$[x_0, x_1], [x_1, x_2], \cdots, [x_n-1, x_n]$$

其中 $a=x_0<x_1<x_2<\cdots<x_{n-1}<x_n=b$，且每个小区间的长度为 $\Delta x_i=x_i-x_{i-1}$ $(i=1, 2, \cdots, n)$；过分点 x_i $(i=1, 2, \cdots, n)$ 作 x 轴的垂线，将曲边梯形 $AabB$ 分为 n 个小曲边梯形，其第 i 个小曲边梯形的面积用 ΔA_i $(i=1, 2, \cdots, n)$ 表示，再在每个小区间 $[x_{i-1}, x_i]$ 内任取一点 ξ_i $(i=1, 2, \cdots, n)$，并以 Δx_i 为底边、$f(\xi_i)$ 为高作小矩形，其面积用 ΔS_i 表示，则有

$$\Delta S_i=f(\xi_i)\Delta x_i$$

且当 Δx_i 很小时，有

$$\Delta S_i\approx\Delta A_i(i=1, 2, \cdots, n)$$

若分点越多，Δx_i 越小，则其近似程度越高，小矩形面积的总和也就越接近于曲边梯形 $AabB$ 的面积，设小矩形面积总和为 S_n，则

$$S_n = \sum_{i=1}^{n}\Delta S_i = \sum_{i=1}^{n}f(\xi_i)\Delta x_i$$

此为曲边梯形面积的近似值. 如果用

$$d = \max_{1\leqslant i\leqslant n}\{\Delta x_i\}$$

表示所有小区间中的最大区间长度，当分点数 n 无限增大且 d 趋于零时，S_n 便趋近于曲边梯形 $AabB$ 的面积 S，即

$$S = \lim_{d\to 0}\sum_{i=1}^{n}f(\xi_i)\Delta x_i$$

由上述曲边梯形面积的求解过程，可给出定积分的定义如下：

定义　设函数 $f(x)$ 在 $[a, b]$ 上有界，在 $[a, b]$ 中任意插入若干分点

$$a = x_0 < x_1 < x_2 < \cdots < x_{n-1} < x_n = b$$

将区间$[a,\ b]$分成 n 个小区间，在每个小区间$[x_{i-1},\ x_i]$上任取一点 $\xi_i(x_{i-1} \leqslant \xi_i \leqslant x_i)$，作和式

$$S_n = \sum_{i=1}^{n} f(\xi_i)\Delta x_i$$

这里$\Delta x_i = x_i - x_{i-1}$为小区间长度,记$d = \max\limits_{1 \leqslant i \leqslant n}\{\Delta x_i\}$,如果不论对$[a,b]$的分法如何不同,也不论小区间$[x_{i-1},x_i]$上的点$\xi_i$如何选取,只要当$d \to 0$时,和式$S_n$都有唯一确定的极限$S$,此时就称该极限$S$为函数$f(x)$在区间$[a,b]$上的定积分,记为$\int_a^b f(x)\mathrm{d}x$,即

$$\int_a^b f(x)\mathrm{d}x = \lim_{(d\to 0)} \sum_{i=1}^{n} f(\xi_i)\Delta x_i$$

其中，$f(x)$称为被积函数，$f(x)\mathrm{d}x$ 称为被积表达式，x 为积分变量，$[a,b]$为积分区间，a 为积分下限，b 为积分上限.

关于定积分,有下面三个重要结论:

1) 若$f(x)$在$[a,b]$上连续,或在有限个点上间断,则$\int_a^b f(x)\mathrm{d}x$存在,相应地称$f(x)$在区间$[a,b]$上为可积函数,简称$f(x)$在$[a,b]$上可积(证明略).

2) 本例的曲边梯形 $AabB$ 的面积 S 即为$f(x)$在$[a,b]$上的定积分，即

$$S = \int_a^b f(x)\mathrm{d}x$$

这就是定积分的几何意义.

定积分$\int_a^b f(x)\mathrm{d}x$表示介于x轴、函数$f(x)$的图形及直线$x = a$和$x = b$之间的各部分面积的代数和,在x轴上方的面积取正号,在x轴下方的面积取负号.

3) 定积分仅与被积函数及积分区间有关,而与积分变量的符号无关，例如

$$\int_a^b f(x)\mathrm{d}x = \int_a^b f(t)\mathrm{d}t$$

例 6-1 利用定积分的定义，计算由曲线 $y = \mathrm{e}^x$、x 轴、直线 $x = 0$ 和 $x = 1$ 所围成的曲边梯形的面积.

解 已知曲边梯形由下面的曲线和直线所围成

$$y = \mathrm{e}^x, y = 0, x = 0 \text{ 与 } x = 1$$

设其面积为 S，则由定积分定义有

$$S = \int_0^1 \mathrm{e}^x \mathrm{d}x$$

由于e^x为$[0,1]$上的连续函数,故其定积分存在,而从定积分的定义知道,对积分区间的分法可有任意性,因而把$[0,1]$区间分为n等份,如图 6-2 所示,记$x_i = \dfrac{i}{n}$,则

$$\Delta x_i = \frac{1}{n}\ (i = 1,2,\cdots,n)$$

又在积分定义中对 ξ_i 的取法也有其任意性，故为简化计算，取

$$\xi_i = x_i = \frac{i}{n}\ (i = 1,2,\cdots,n)$$

由定积分的定义

$$S = \int_0^1 e^x dx = \lim_{(d\to 0)} \sum_{i=1}^n f(\xi_i)\Delta x_i = \lim_{n\to\infty} \sum_{i=1}^n e^{\frac{i}{n}} \times \frac{1}{n}$$

$$= \lim_{n\to\infty} \frac{1}{n}(e^{\frac{1}{n}} + e^{\frac{2}{n}} + \cdots + e^{\frac{n}{n}})$$

$$= \lim_{n\to\infty} \frac{1}{n} \frac{e^{\frac{1}{n}}(1 - e^{\frac{n}{n}})}{1 - e^{\frac{1}{n}}} = \lim_{n\to\infty} \frac{e^{\frac{1}{n}}(e-1)}{\frac{e^{\frac{1}{n}}-1}{\frac{1}{n}}} = e - 1$$

其中，可以证明：$\lim\limits_{n\to\infty}\frac{e^{\frac{1}{n}}-1}{\frac{1}{n}}=1.$

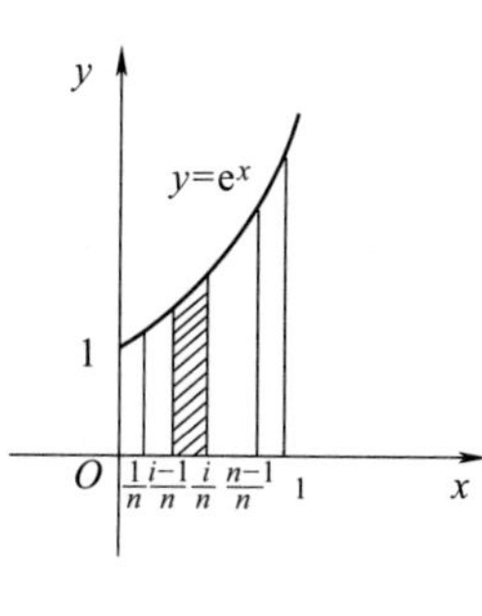

图　6-2

该例还表明，用定义计算定积分，将积分区间采取等距离的划分法较为简便，但即使如此，其计算过程仍很烦琐，所以应寻求其他计算定积分的简便方法。下面先从定积分的基本性质入手进行讨论.

6.1.2　定积分的基本性质

性质1　有限个可积函数代数和的积分等于各函数积分的代数和，即若$f_i(x)$ $(i = 1,2,\cdots,n)$ 在$[a,b]$ 内可积，则有

$$\int_a^b [f_1(x) \pm f_2(x) \pm \cdots \pm f_n(x)]dx$$

$$= \int_a^b f_1(x)dx \pm \int_a^b f_2(x)dx \pm \cdots \pm \int_a^b f_n(x)dx$$

证　因$f_i(x)$ $(i = 1,2,\cdots,n)$ 在$[a,b]$ 内可积，故利用定积分的定义，对区间采用同一种划分法，则下列极限

$$\lim_{(d\to 0)} \sum_{i=1}^n f_1(\xi_i)\Delta x_i, \lim_{(d\to 0)} \sum_{i=1}^n f_2(\xi_i)\Delta x_i, \cdots, \lim_{(d\to 0)} \sum_{i=1}^n f_n(\xi_i)\Delta x_i$$

均存在，故根据定积分的定义和极限运算法则有

$$\int_a^b [f_1(x) \pm f_2(x) \pm \cdots \pm f_n(x)]dx$$

$$= \lim_{(d\to 0)} \sum_{i=1}^n [f_1(\xi_i) \pm f_2(\xi_i) \pm \cdots \pm f_n(\xi_i)]\Delta x_i$$

$$= \lim_{(d\to 0)} \sum_{i=1}^n f_1(\xi_i)\Delta x_i + \lim_{(d\to 0)} \sum_{i=1}^n f_2(\xi_i)\Delta x_i + \cdots + \lim_{(d\to 0)} \sum_{i=1}^n f_n(\xi_i)\Delta x_i$$

$$= \int_a^b f_1(x)dx \pm \int_a^b f_2(x)dx \pm \cdots \pm \int_a^b f_n(x)dx$$

性质2　一个可积函数乘以一个常数之后，仍为可积函数，且常数因子可以提到积分符号的外面，即若$f(x)$ 在$[a,b]$ 上可积，则 $cf(x)$ 在$[a,b]$ 上也可积(c 为常数)，且有

$$\int_a^b cf(x)\,dx = c\int_a^b f(x)\,dx$$

证　由$f(x)$在$[a,b]$上可积,故根据定积分的定义,极限

$$\lim_{(d\to 0)}\sum_{i=1}^{n} f(\xi_i)\Delta x_i$$

存在,于是有

$$\int_a^b cf(x)\,dx = \lim_{(d\to 0)}\sum_{i=1}^{n} cf(\xi_i)\Delta x_i = c\lim_{(d\to 0)}\sum_{i=1}^{n} f(\xi_i)\Delta x_i = c\int_a^b f(x)\,dx$$

性质3　(积分的可加性)设$f(x)$在$[a,b]$上可积,若$a<c<b$,则$f(x)$在$[a,c]$和$[c,b]$上可积;反之,若$f(x)$在$[a,c]$上可积,在$[c,b]$上可积,则$f(x)$在$[a,b]$上也可积,且有

$$\int_a^b f(x)\,dx = \int_a^c f(x)\,dx + \int_c^b f(x)\,dx$$

只要在定积分的定义中,当对区间$[a,b]$划分时,取c为其中一个分点,例如,$x_k = c$,再由定义本身的要求即可得到该性质的证明.

性质4　交换积分的上下限,积分值变号,即

$$\int_a^b f(x)\,dx = -\int_b^a f(x)\,dx$$

特例:若$a = b$,得到

$$\int_a^a f(x)\,dx = -\int_a^a f(x)\,dx$$

故$\int_a^a f(x)\,dx = 0$,即若定积分的上下限相等,则定积分值为零.

性质5　设$f(x)$和$g(x)$在$[a,b]$上皆可积,且满足条件$f(x)\leqslant g(x)$,则有

$$\int_a^b f(x)\,dx \leqslant \int_a^b g(x)\,dx \qquad (a<b)$$

性质6　$\int_a^b 1\,dx = \int_a^b dx = b-a$

性质4 ~ 性质6可以直接通过定积分的定义得到证明,请读者自行证明.

性质7　若函数$f(x)$在$[a,b]$内的最大值与最小值分别为M和m,则

$$m(b-a) \leqslant \int_a^b f(x)\,dx \leqslant M(b-a) \qquad (a<b)$$

证　由$m\leqslant f(x)\leqslant M$和性质5,有

$$\int_a^b m\,dx \leqslant \int_a^b f(x)\,dx \leqslant \int_a^b M\,dx$$

又由性质2和性质6,有

$$\int_a^b m\,dx = m(b-a),\ \int_a^b M\,dx = M(b-a)$$

故得到

$$m(b-a) \leqslant \int_a^b f(x)\,dx \leqslant M(b-a)$$

推论　若函数$f(x)$在$[a,b]$内可积,则有

$$-\int_a^b |f(x)|\,dx \leqslant \int_a^b f(x)\,dx \leqslant \int_a^b |f(x)|\,dx$$

或

$$\left|\int_a^b f(x)\,dx\right| \leqslant \int_a^b |f(x)|\,dx$$

性质8 （定积分中值定理）设$f(x)$在区间$[a,b]$内连续，则在$[a,b]$内至少有一点$\xi(a \leqslant \xi \leqslant b)$，使得下式成立：

$$\int_a^b f(x)\,dx = f(\xi)(b-a)$$

证 因为$f(x)$在$[a,b]$上连续，所以$f(x)$在$[a,b]$上有最大值M与最小值m，故由性质7有

$$m(b-a) \leqslant \int_a^b f(x)\,dx \leqslant M(b-a)$$

从而有

$$m \leqslant \frac{1}{b-a}\int_a^b f(x)\,dx \leqslant M$$

即$\frac{1}{b-a}\int_a^b f(x)\,dx$介于$f(x)$的最大值与最小值之间，由连续函数的介值定理，至少有一点$\xi(a \leqslant \xi \leqslant b)$，使下式成立：

$$f(\xi) = \frac{1}{b-a}\int_a^b f(x)\,dx$$

即

$$\int_a^b f(x)\,dx = f(\xi)(b-a)$$

称$f(\xi) = \frac{1}{b-a}\int_a^b f(x)\,dx$为$f(x)$在$[a,b]$上的平均值，其几何意义如下：

设$f(x) \geqslant 0$，则由曲线$y=f(x)$、直线$x=a$，$x=b$及x轴所围成的曲边梯形的面积等于以区间$[a,b]$为底、以$f(\xi)$为高的矩形的面积，如图6-3所示．

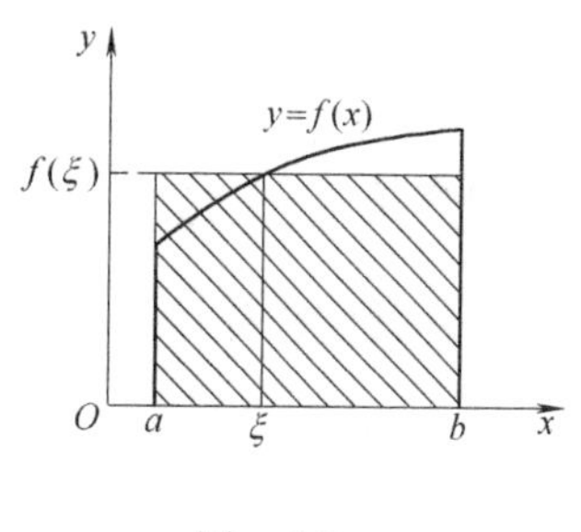

图 6-3

例6-2 不计算积分，试比较$\int_0^{\frac{\pi}{2}} x\,dx$与$\int_0^{\frac{\pi}{2}} \sin x\,dx$的大小.

解：当$0 \leqslant x \leqslant \frac{\pi}{2}$时，有$x \geqslant \sin x$，且等号只在个别点成立，故由性质5，得

$$\int_0^{\frac{\pi}{2}} x\,dx > \int_0^{\frac{\pi}{2}} \sin x\,dx$$

习题6.1

基础题

1. 用定积分表示下面各阴影部分的面积.

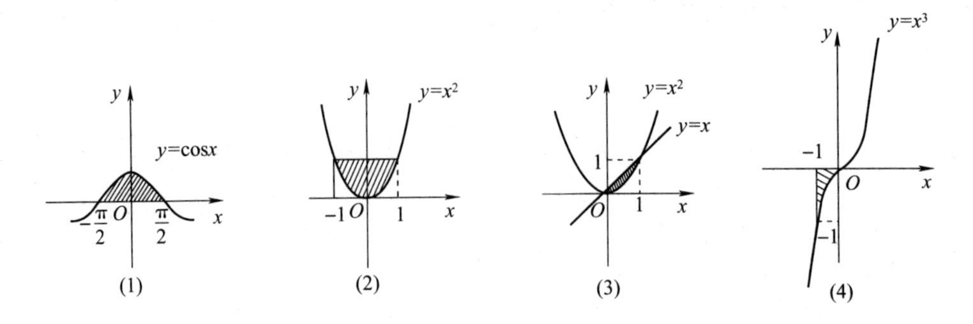

2. 利用定积分的几何意义,判断下列定积分的正负.

(1) $\int_{-1}^{2} x\mathrm{d}x$;　(2) $\int_{-1}^{2} x^2\mathrm{d}x$;　(3) $\int_{0}^{\frac{\pi}{2}} \sin x\mathrm{d}x$;　(4) $\int_{\frac{\pi}{2}}^{\pi} \cos x\mathrm{d}x$.

3. 不计算积分,直接比较下列各组积分值的大小:

(1) $\int_0^1 x\mathrm{d}x$ 与 $\int_0^1 x^2\mathrm{d}x$;

(2) $\int_2^4 x\mathrm{d}x$ 与 $\int_2^4 x^2\mathrm{d}x$;

(3) $\int_0^1 \mathrm{e}^x\mathrm{d}x$ 与 $\int_0^1 \mathrm{e}^{x^2}\mathrm{d}x$;

(4) $\int_{-\frac{\pi}{2}}^{0} \sin x\mathrm{d}x$ 与 $\int_0^{\frac{\pi}{2}} \sin x\mathrm{d}x$.

4. 利用定积分的几何意义,求下列定积分:

(1) $\int_{-1}^{3} \mathrm{d}x$;　(2) $\int_0^2 (2x+1)\mathrm{d}x$.

提高题

1. 估计定积分 $\int_0^1 \mathrm{e}^{-x^2}\mathrm{d}x$ 的值.

2. 利用定积分的定义,求下列定积分:

(1) $\int_a^b x\mathrm{d}x$;　(2) $\int_0^1 x^2\mathrm{d}x$;　(3) $\int_a^b (1+x^2)\mathrm{d}x$.

3. 利用定积分的几何意义计算定积分.

(1) $\int_0^{2\pi} \sin x\mathrm{d}x$; (2) $\int_0^1 \sqrt{1-x^2}\mathrm{d}x$;　(3) $\int_0^3 \left|2-x\right|\mathrm{d}x$.

4. 将和式的极限 $\lim\limits_{n\to\infty} n\left(\frac{1}{1^2+n^2}+\frac{1}{2^2+n^2}+\cdots+\frac{1}{n^2+n^2}\right)$ 用定积分表示.

5. 将下列定积分依从小到大的顺序排列:

$$I_1=\int_1^2 \mathrm{e}^{-x}\mathrm{d}x, I_2=\int_1^2 \mathrm{e}^x\mathrm{d}x, I_3=\int_3^4 \mathrm{e}^{-x}\mathrm{d}x, I_4=\int_3^4 \mathrm{e}^x\mathrm{d}x$$

6.2　微积分基本定理

通过定积分基本性质的讨论，已获得有关定积分的运算方法和大小的比较等知识，下面进一步讨论如何用较简便的方法计算定积分的问题. 在此将建立定积分与不定积分之间的联系，并通过求原函数的方法来计算定积分，该结果称为微积分基本定理.

设函数$f(x)$在$[a,b]$上连续,x为$[a,b]$上的任意一点,则积分$\int_a^x f(t)\,dt$为$[a,b]$上变量x的函数,称为$f(x)$的积分上限的函数. 同理$\int_x^a f(t)\,dt$也为x的函数$(a \leqslant x \leqslant b)$,称为$f(x)$的积分下限的函数.

定理6.1　设函数$f(x)$在$[a,b]$上连续,$P(x) = \int_a^x f(t)\,dt$为$f(x)$的积分上限的函数,则$P(x)$在$[a,b]$上可导,且

$$P'(x) = \left[\int_a^x f(t)\,dt\right]' = f(x)\ (a \leqslant x \leqslant b)$$

证　由导数的定义有

$$\begin{aligned}
P'(x) &= \lim_{\Delta x \to 0} \frac{\Delta P}{\Delta x} = \lim_{\Delta x \to 0} \frac{P(x+\Delta x) - P(x)}{\Delta x} \\
&= \lim_{\Delta x \to 0} \frac{\int_a^{x+\Delta x} f(t)\,dt - \int_a^x f(t)\,dt}{\Delta x} \\
&= \lim_{\Delta x \to 0} \frac{\int_a^x f(t)\,dt + \int_x^{x+\Delta x} f(t)\,dt - \int_a^x f(t)\,dt}{\Delta x} \\
&= \lim_{\Delta x \to 0} \frac{\int_x^{x+\Delta x} f(t)\,dt}{\Delta x} \\
&= \lim_{\Delta x \to 0} \frac{f(\xi)\Delta x}{\Delta x}\ (x \leqslant \xi \leqslant x + \Delta x) \\
&= \lim_{\Delta x \to 0} f(\xi) = \lim_{\xi \to x} f(\xi)\ (\Delta x \to 0, \xi \to x) \\
&= f(x)
\end{aligned}$$

由此得到关于函数$f(x)$的原函数存在定理,即如果$f(x)$在$[a,b]$上连续,则函数$P(x) = \int_a^x f(t)\,dt$为$f(x)$在区间$[a,b]$上的一个原函数.

定理6.2　(牛顿-莱布尼茨公式) 设函数$f(x)$为区间$[a,b]$上的连续函数,且$F(x)$是$f(x)$在$[a,b]$上的一个原函数,则

$$\int_a^b f(x)\,dx = F(b) - F(a)$$

或记为

$$\int_a^b f(x)\,dx = F(x)\Big|_a^b$$

证　已知$F(x)$为$f(x)$在$[a,b]$上的一个原函数,而

$$P(x) = \int_a^x f(t)\,dt$$

也是$f(x)$的一个原函数,故有$P(x) = F(x) + C$,即

$$P(x)=\int_a^x f(t)\,dt=F(x)+C$$

将 $x=a$ 代入,得

$$P(a)=\int_a^a f(t)\,dt=0$$

于是有 $F(a)+C=0, C=-F(a)$,则

$$P(x)=F(x)-F(a);$$

将 $x=b$ 代入,得

$$P(b)=\int_a^b f(t)\,dt$$

且

$$P(b)=F(b)-F(a)$$

因而有

$$\int_a^b f(t)\,dt=F(b)-F(a)$$

应用牛顿-莱布尼茨公式,定积分的计算就简化为:利用不定积分求出被积函数的一个原函数,然后计算该原函数在上下限的函数值之差. 该公式将不定积分和定积分有机地结合起来,从而使积分学得到广泛的应用.

例 6-3 求 $\int_0^1 e^x\,dx$.

解 $\int_0^1 e^x\,dx=e^x\Big|_0^1=e^1-e^0=e-1$

说明 本例曾用定积分的定义求解(见例6-1),显然用牛顿-莱布尼茨公式计算要简便得多.

例 6-4 求 $\int_0^1 x^n\,dx\,(n\neq-1)$.

解 $\int_0^1 x^n\,dx=\frac{1}{n+1}x^{n+1}\Big|_0^1=\frac{1}{n+1}$

例 6-5 求 $\int_0^4 (2x+3)\,dx$.

解 $\int_0^4 (2x+3)\,dx=(x^2+3x)\Big|_0^4=4^2+12=28$

例 6-6 求 $\int_2^4 \frac{1}{x}\,dx$.

解 $\int_2^4 \frac{1}{x}\,dx=\ln|x|\Big|_2^4=\ln4-\ln2=\ln2$

例 6-7 求 $\int_0^{\sqrt{a}} xe^{x^2}\,dx$.

解 $\int_0^{\sqrt{a}} xe^{x^2}\,dx=\frac{1}{2}\int_0^{\sqrt{a}} e^{x^2}\,dx^2=\frac{1}{2}e^{x^2}\Big|_0^{\sqrt{a}}=\frac{1}{2}(e^a-e^0)=\frac{1}{2}(e^a-1)$

例 6-8 求 $\int_{-1}^1 \frac{dx}{1+x^2}$.

解 $\int_{-1}^1 \frac{dx}{1+x^2}=\arctan x\Big|_{-1}^1=\frac{\pi}{4}-\left(-\frac{\pi}{4}\right)=\frac{\pi}{2}$

注意 如果函数$f(x)$不满足可积的条件,则牛顿-莱布尼茨公式不能使用,例如

$$\int_{-1}^{1}\frac{1}{x^2}\mathrm{d}x = -\frac{1}{x}\bigg|_{-1}^{1} = -2$$

这个结果显然是错误的，因为被积函数$f(x)=\frac{1}{x^2}$在积分区间$[-1,1]$内大于零，其积分值不应该为负，下一节中将看到，该积分值为$+\infty$，其原因是$f(x)$在$x=0$不连续，故$f(x)$在区间$[-1,1]$上不满足可积条件，不能使用牛顿-莱布尼茨公式.

由定积分和不定积分之间的紧密联系自然会想到，求定积分是否也和求不定积分一样，还有换元法和分部积分法呢？答案是肯定的，例6-3～例6-6以及例6-8中都应用了不定积分的基本积分公式，而例6-7实际上就是求不定积分中的第一换元法的应用，也就是说，在求定积分时，若被积函数的原函数可直接用不定积分的第一换元法和基本公式求出，则可直接应用牛顿－莱布尼茨公式求解，当然，用第二换元法与分部积分法求出定积分中被积函数的原函数之后，再用牛顿-莱布尼茨公式求解该定积分无疑也是正确的. 但由于定积分概念的特殊性，对后面两种积分法将在下节再做讨论.

习题6.2

基础题

1. 求下列定积分：

(1) $\int_{2}^{6}(x^2-1)\mathrm{d}x$；　(2) $\int_{4}^{9}\sqrt{x}(1-\sqrt{x})\mathrm{d}x$；　(3) $\int_{1}^{2}\frac{1}{x^3}\mathrm{d}x$；

(4) $\int_{1}^{2}\frac{\sqrt{x}}{\sqrt[3]{x}}\mathrm{d}x$；　(5) $\int_{1}^{2}\left(x+\frac{1}{x}\right)^2\mathrm{d}x$；　(6) $\int_{0}^{1}(2x-1)^2\mathrm{d}x$.

2. 设$f(x)=|1-x|$,求$\int_{0}^{2}f(x)\mathrm{d}x$.

3. 设$f(x)=\begin{cases}2x+3 & x\geqslant 0\\ x^2-x+3 & x<0\end{cases}$，求$\int_{-2}^{2}f(x)\mathrm{d}x$.

提高题

1. 求下列定积分：

(1) $\int_{-2}^{1}|x^2-1|\mathrm{d}x$；　(2) $\int_{-1}^{2}x|x|\mathrm{d}x$；　(3) $\int_{\frac{1}{e}}^{e}|\ln x|\mathrm{d}x$.

2. 求$\lim\limits_{n\to\infty}\frac{1}{n}\left(\sin\frac{\pi}{n}+\sin\frac{2\pi}{n}+\cdots+\sin\frac{n\pi}{n}\right)$.

3. 设函数$f(x)=\begin{cases}2x+3 & x<1\\ x^2+4 & x\geqslant 1\end{cases}$,求$\int_{0}^{2}f(x)\mathrm{d}x$.

4. 对函数$f(x)=\begin{cases}x^2-1 & 0\leqslant x<1\\ 0 & 1\leqslant x\leqslant 2\end{cases}$进行如下讨论：

(1) $f(x)$是否连续；

(2) $f(x)$是否可导；

(3) $f(x)$ 是否可积.

6.3　定积分的换元法和分部积分法

6.3.1　换元法

设函数$f(x)$在区间$[a,b]$上连续,函数$x=\varphi(t)$在区间$[\alpha,\beta]$上单值且有连续导数,当t从α变到β时,$x=\varphi(t)$在$[a,b]$上变化,且有$\varphi(\alpha)=a,\varphi(\beta)=b$. 则有

$$\int_a^b f(x)\mathrm{d}x=\int_\alpha^\beta f[\varphi(t)]\varphi'(t)\mathrm{d}t$$

证　设$f(x)$的不定积分为

$$\int f(x)\mathrm{d}x=F(x)+C \tag{6.1}$$

则

$$\int_a^b f(x)\mathrm{d}x=F(b)-F(a) \tag{6.2}$$

在式(6.1)中,令$x=\varphi(t)$,则得

$$\int f[\varphi(t)]\varphi'(t)\mathrm{d}t=F[\varphi(t)]+C$$

从而有

$$\int_\alpha^\beta f(\varphi(t))\varphi'(t)\mathrm{d}t=F(\varphi(\beta))-F(\varphi(\alpha))$$

又已知$\varphi(\alpha)=a,\varphi(\beta)=b$,故得

$$\int_\alpha^\beta f[\varphi(t)]\varphi'(t)\mathrm{d}t=F(b)-F(a) \tag{6.3}$$

由式(6.2)和式(6.3)得

$$\int_a^b f(x)\mathrm{d}x=\int_\alpha^\beta f(\varphi(t))\varphi'(t)\mathrm{d}t$$

这个公式与不定积分换元法公式类似，差别在于，不定积分最后需将变量还原，而定积分不需要做变量还原，但要将积分限做相应的改变，即换元必须换限. 同时，对被积函数和积分变量也要做相应的变换，这与不定积分的换元法相同. 所以对不定积分使用换元法的经验和技巧也可用在定积分的换元积分上.

例 6-9　求$\int_0^{\frac{1}{\sqrt{2}}}\frac{x^4}{\sqrt{1-x^2}}\mathrm{d}x$.

解　令$x=\sin t$,则当$x=0$时,$t=0$;当$x=\frac{1}{\sqrt{2}}$时,$t=\frac{\pi}{4}$. 又$\frac{x^4}{\sqrt{1-x^2}}=\frac{\sin^4 t}{\sqrt{1-\sin^2 t}}$,$\mathrm{d}x=\cos t\mathrm{d}t$,故

$$\begin{aligned}\int_0^{\frac{1}{\sqrt{2}}}\frac{x^4}{\sqrt{1-x^2}}\mathrm{d}x&=\int_0^{\frac{\pi}{4}}\frac{\sin^4 t}{\sqrt{1-\sin^2 t}}\cos t\,\mathrm{d}t\\&=\int_0^{\frac{\pi}{4}}\sin^4 t\,\mathrm{d}t=\int_0^{\frac{\pi}{4}}\left(\frac{1-\cos 2t}{2}\right)^2\mathrm{d}t\end{aligned}$$

$$= \int_0^{\frac{\pi}{4}} \left(\frac{1}{4} - \frac{1}{2}\cos 2t + \frac{1}{4}\cos^2 2t \right) dt$$

$$= \frac{1}{4} \times \frac{\pi}{4} - \frac{1}{2} \times \frac{1}{2}\sin 2t \Big|_0^{\frac{\pi}{4}} + \frac{1}{4}\int_0^{\frac{\pi}{4}} \frac{1 + \cos 4t}{2} dt$$

$$= \frac{\pi}{16} - \frac{1}{4} + \frac{1}{4}\left(\frac{1}{2}t + \frac{1}{8}\sin 4t \right) \Big|_0^{\frac{\pi}{4}}$$

$$= \frac{\pi}{16} - \frac{1}{4} + \frac{1}{4} \times \frac{\pi}{8} = \frac{3\pi}{32} - \frac{1}{4}$$

$$= \frac{1}{32}(3\pi - 8)$$

例 6-10　求圆 $x^2 + y^2 = R^2$ 的面积.

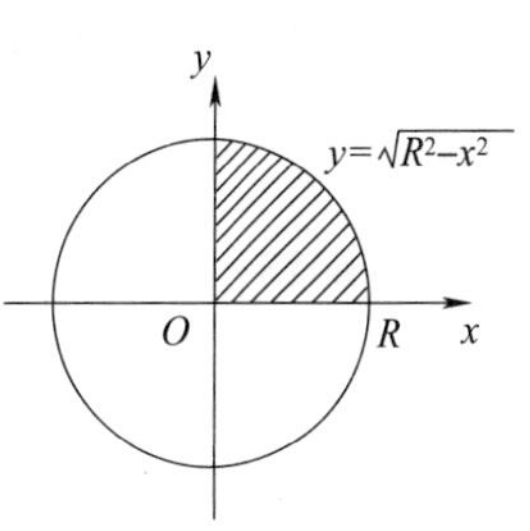

图　6-4

解　如图 6-4 所示，设圆在第 Ⅰ 象限内的面积为 S，则圆的面积为

$$A = 4S = 4\int_0^R y dx = 4\int_0^R \sqrt{R^2 - x^2} dx$$

上式中的积分，可以用两种方法计算.

法一：直接应用基本积分公式写出被积函数的原函数再计算，即

$$S = \int_0^R \sqrt{R^2 - x^2} dx$$

$$= \left(\frac{1}{2}x\sqrt{R^2 - x^2} + \frac{R^2}{2}\arcsin\frac{x}{R} \right) \Big|_0^R$$

$$= \frac{1}{2}R^2 \arcsin 1 = \frac{\pi}{4}R^2$$

于是得

$$A = 4S = \pi R^2$$

法二：应用定积分的换元法来计算. 设 $x = R\sin t$，则

$$S = \int_0^R \sqrt{R^2 - x^2} dx = R^2 \int_0^{\frac{\pi}{2}} \cos^2 t dt$$

$$= \frac{R^2}{2}\int_0^{\frac{\pi}{2}} (1 + \cos 2t) dt$$

$$= \frac{R^2}{2}\left(t + \frac{\sin 2t}{2} \right) \Big|_0^{\frac{\pi}{2}} = \frac{\pi}{4}R^2$$

于是

$$A = 4S = \pi R^2$$

例 6-11　求 $\int_0^4 \frac{x + 2}{\sqrt{2x + 1}} dx$.

解　令 $\sqrt{2x + 1} = t$，即 $x = \frac{1}{2}(t^2 - 1)$，则

$$\int_0^4 \frac{x + 2}{\sqrt{2x + 1}} dx = \int_1^3 \frac{t^2 + 3}{2t} t dt = \frac{1}{2}\int_1^3 (t^2 + 3) dt$$

$$= \frac{1}{2}\left(\frac{1}{3}t^3 + 3t \right) \Big|_1^3 = \frac{22}{3}$$

例 6-12 证明：若函数$f(x)$ 在$[-a,a]$ 内为连续的偶函数，则

$$\int_{-a}^{a} f(x)\mathrm{d}x = 2\int_{0}^{a} f(x)\mathrm{d}x$$

证 $$\int_{-a}^{a} f(x)\mathrm{d}x = \int_{-a}^{0} f(x)\mathrm{d}x + \int_{0}^{a} f(x)\mathrm{d}x \tag{6.4}$$

又在右端第一个积分$\int_{-a}^{0} f(x)\mathrm{d}x$ 中，做变量代换 $x=-t$，则

$$\begin{aligned}\int_{-a}^{0} f(x)\mathrm{d}x &= \int_{a}^{0} f(-t)\mathrm{d}(-t) = -\int_{a}^{0} f(t)\mathrm{d}t \\ &= \int_{0}^{a} f(t)\mathrm{d}t = \int_{0}^{a} f(x)\mathrm{d}x \end{aligned}\tag{6.5}$$

将式(6.5)代入式(6.4)得

$$\int_{-a}^{a} f(x)\mathrm{d}x = 2\int_{0}^{a} f(x)\mathrm{d}x$$

例 6-13 证明：若函数$f(x)$ 在$[-a,a]$ 内为连续的奇函数，则

$$\int_{-a}^{a} f(x)\mathrm{d}x = 0$$

请读者仿照例 6-12 的方法证明，该两例的结果可以当作公式使用.

例 6-14 求$\int_{0}^{\ln 2} \sqrt{\mathrm{e}^x-1}\mathrm{d}x$.

解 令$\sqrt{\mathrm{e}^x-1}=t$，则 $x=\ln(t^2+1)$，于是

$$\begin{aligned}\int_{0}^{\ln 2} \sqrt{\mathrm{e}^x-1}\mathrm{d}x &= \int_{0}^{1} t\frac{2t}{1+t^2}\mathrm{d}t = 2\int_{0}^{1}\frac{t^2+1-1}{t^2+1}\mathrm{d}t \\ &= 2\int_{0}^{1}\left(1-\frac{1}{1+t^2}\right)\mathrm{d}t \\ &= (2t-2\arctan t)\Big|_{0}^{1} = 2-\frac{\pi}{2}\end{aligned}$$

在应用换元法求定积分时，还有两点必须注意：

1）在应用第一换元法（凑微分法）计算定积分时，若没有正式引入新变量，则积分限不应改变. 下面再举一例.

例 6-15 求$\int_{0}^{\frac{\pi}{2}} \cos^3 x\sin x\mathrm{d}x$.

解

$$\int_{0}^{\frac{\pi}{2}} \cos^3 x\sin x\mathrm{d}x = -\int_{0}^{\frac{\pi}{2}} \cos^3 x\mathrm{d}\cos x = -\frac{1}{4}\cos^4 x\Big|_{0}^{\frac{\pi}{2}} = \frac{1}{4}$$

2）在应用定积分的换元法时，要注意 $x=\varphi(t)$ 是否满足有关条件. 例如，在积分$\int_{-1}^{1}\frac{1}{1+x^2}\mathrm{d}x$ 中，如果做代换 $x=\frac{1}{t}$，则有

$$\int_{-1}^{1}\frac{1}{1+x^2}\mathrm{d}x = \int_{-1}^{1}\frac{\frac{-1}{t^2}}{1+\frac{1}{t^2}}\mathrm{d}t = -\int_{-1}^{1}\frac{1}{1+t^2}\mathrm{d}t$$

$$= -\int_{-1}^{1} \frac{1}{1+x^2}dx$$

即 $2\int_{-1}^{1} \frac{1}{1+x^2}dx = 0$，于是有

$$\int_{-1}^{1} \frac{1}{1+x^2}dx = 0$$

该结果显然是错误的. 究其原因，当 $t \to 0$ 时，$x \to \infty$，此时的 x 已经超出了 x 的变化范围 $[-1,1]$.

6.3.2 分部积分法

设函数 $u(x)$，$v(x)$ 在区间 (a,b) 上具有连续导数 $u'(x)$ 和 $v'(x)$，则有

$$\int_a^b uv'dx = uv\Big|_a^b - \int_a^b vdu$$

或

$$\int_a^b udv = uv\Big|_a^b - \int_a^b vdu$$

称上式为定积分的分部积分公式.

证 由已知条件有 $d(uv) = udv + vdu$，故有

$$\int_a^b d(uv) = \int_a^b udv + \int_a^b vdu$$

即

$$uv\Big|_a^b = \int_a^b udv + \int_a^b vdu$$

从而

$$\int_a^b udv = uv\Big|_a^b - \int_a^b vdu$$

使用分部积分公式的基本要求如下：

1）其右式中的积分 $\int_a^b vdu$ 应比所求的积分 $\int_a^b udv$ 容易求得；

2）其右式中的积分 $\int_a^b vdu$ 会出现与所求积分 $\int_a^b udv$ 相同的积分（循环积分），将含该相同积分的项移到左式合并后，求出积分 $\int_a^b udv$. 具体计算步骤也和求不定积分的分部积分法相同，这里不再重复.

例 6-16 求 $\int_0^1 x\ln(1+x)dx$.

解

$$\begin{aligned}\int_0^1 x\ln(1+x)dx &= \frac{1}{2}\int_0^1 \ln(1+x)dx^2\\ &= \frac{1}{2}x^2\ln(1+x)\Big|_0^1 - \frac{1}{2}\int_0^1 \frac{x^2}{1+x}dx^2\\ &= \frac{1}{2}\ln 2 - \frac{1}{2}\int_0^1\left(x - 1 + \frac{1}{1+x}\right)dx\\ &= \frac{1}{2}\ln 2 - \frac{1}{2}\left[\frac{1}{2}x^2 - x + \ln(1+x)\right]\Big|_0^1\end{aligned}$$

$$= \frac{1}{2}\ln 2 - \frac{1}{2}\left(\frac{1}{2} - 1 + \ln 2\right) = \frac{1}{4}$$

例 6-17 求$\int_0^{\frac{\pi}{2}} e^x \sin x dx$.

解 $\int_0^{\frac{\pi}{2}} e^x \sin x dx = \int_0^{\frac{\pi}{2}} \sin x de^x = e^x \sin x \Big|_0^{\frac{\pi}{2}} - \int_0^{\frac{\pi}{2}} e^x d\sin x$

$$= e^{\frac{\pi}{2}} - \int_0^{\frac{\pi}{2}} e^x \cos x dx$$

$$= e^{\frac{\pi}{2}} - \int_0^{\frac{\pi}{2}} \cos x de^x$$

$$= e^{\frac{\pi}{2}} - e^x \cos x \Big|_0^{\frac{\pi}{2}} + \int_0^{\frac{\pi}{2}} e^x d\cos x$$

$$= e^{\frac{\pi}{2}} + 1 - \int_0^{\frac{\pi}{2}} e^x \sin x dx$$

即
$$2\int_0^{\frac{\pi}{2}} e^x \sin x dx = e^{\frac{\pi}{2}} + 1$$

故
$$\int_0^{\frac{\pi}{2}} e^x \sin x dx = \frac{1}{2}(e^{\frac{\pi}{2}} + 1)$$

习题 6.3

基础题

1. 用定积分的换元积分法求下列定积分：

(1) $\int_{-1}^{1} (2x-3)^4 dx$； (2) $\int_0^1 x e^{x^2+1} dx$； (3) $\int_0^{\frac{\pi}{2}} \sin^3 x \cos x dx$；

(4) $\int_{-\frac{\pi}{2}}^{0} \sin x \sqrt{\cos x} dx$； (5) $\int_0^1 \frac{e^x}{e^x+1} dx$； (6) $\int_e^{e^2} \frac{\ln x}{x} dx$；

(7) $\int_0^1 \frac{1}{4x+3} dx$； (8) $\int_{-1}^{1} (x^3 \cos x + 1) dx$.

2. 用定积分的分部积分法求下列定积分：

(1) $\int_1^e x \ln x dx$； (2) $\int_0^{\frac{\pi}{2}} x \sin x dx$； (3) $\int_0^1 x e^{2x} dx$；

(4) $\int_0^1 x e^{-x} dx$； (5) $\int_0^{\frac{\pi}{2}} x \cos 2x dx$.

提高题

1. 求下列定积分：

(1) $\int_0^1 (e^x - 1)^4 e^x dx$ ； (2) $\int_0^{\pi} (1 - \sin^3 x) dx$ ；

(3) $\int_{-2}^{-1} \frac{1}{x\sqrt{x^2-1}} dx$ ； (4) $\int_{-2}^{0} \frac{1}{x^2+2x+2} dx$；

(5) $\int_0^{\frac{\pi}{2}} \sin x \cos^3 x \mathrm{d}x$；　　(6) $\int_0^{\frac{\pi}{4}} \tan^2 x \mathrm{d}x$；

(7) $\int_0^1 \frac{1}{9x^2 + 6x + 1} \mathrm{d}x$；　　(8) $\int_0^1 \frac{1}{\sqrt{4 - x^2}} \mathrm{d}x$；

(9) $\int_1^2 \frac{\mathrm{e}^x}{\mathrm{e}^x + 1} \mathrm{d}x$.

2. 求下列定积分：

(1) $\int_{-\pi}^{\pi} x \sin^2 x \mathrm{d}x$；　　(2) $\int_{-1}^{1} x^3 \mathrm{e}^{-x^2} \mathrm{d}x$；

(3) $\int_{-1}^{1} \mathrm{e}^{|x|} \mathrm{d}x$；　　(4) $\int_{-1}^{1} \ln(x + \sqrt{1 + x^2}) \mathrm{d}x$；

(5) $\int_0^{\mathrm{e}-1} \ln(x + 1) \mathrm{d}x$；　　(6) $\int_0^{2\pi} \mathrm{e}^{2x} \cos x \mathrm{d}x$.

3. 如果 $f(x) = \int_{\pi}^{x} \frac{\sin t}{t} \mathrm{d}t$，求 $\int_0^{\pi} f(x) \mathrm{d}x$.

4. 若函数 $f(x)$ 在区间 $[0,1]$ 内连续，证明：$\int_0^{\frac{\pi}{2}} f(\sin x) \mathrm{d}x = \int_0^{\frac{\pi}{2}} f(\cos x) \mathrm{d}x$.

6.4　广义积分

前面所讨论的定积分都是在有限的积分区间和被积函数为有界的条件下进行的，在科学技术和经济管理中常常需要处理积分区间为无限区间，或被积函数在有限的积分区间上为无界函数的积分问题，这两种积分都称为广义积分(或反常积分). 相应地，前面讨论的积分称为常义积分.

设函数 $f(x)$ 在区间 $[a, +\infty)$ 上连续，取 $b > a$，则称

$$\lim_{b \to +\infty} \int_a^b f(x) \mathrm{d}x$$

为 $f(x)$ 在 $[a, +\infty)$ 上的广义积分，记为

$$\int_a^{+\infty} f(x) \mathrm{d}x = \lim_{b \to +\infty} \int_a^b f(x) \mathrm{d}x$$

若上述极限存在，则称广义积分 $\int_a^{+\infty} f(x) \mathrm{d}x$ 收敛；若该极限不存在，则称广义积分 $\int_a^{+\infty} f(x) \mathrm{d}x$ 发散.

同理可以定义广义积分

$$\int_{-\infty}^{b} f(x) \mathrm{d}x = \lim_{a \to -\infty} \int_a^b f(x) \mathrm{d}x$$

和

$$\int_{-\infty}^{+\infty} f(x) \mathrm{d}x = \int_{-\infty}^{c} f(x) \mathrm{d}x + \int_c^{+\infty} f(x) \mathrm{d}x, c \in (-\infty, +\infty)$$

按广义积分的定义，它是一类常义积分的极限. 因此，广义积分的计算就是先计算常义积分，再取极限.

例 6-18　求$\int_0^{+\infty}\frac{dx}{1+x^2}$.

解　$\int_0^{+\infty}\frac{1}{1+x^2}dx=\lim\limits_{b\to+\infty}\int_0^b\frac{1}{1+x^2}dx=\lim\limits_{b\to+\infty}\arctan x\Big|_0^b=\lim\limits_{b\to+\infty}(\arctan b-\arctan 0)=\frac{\pi}{2}$

例 6-19　求$\int_a^{+\infty}\frac{1}{x^2}dx\ (a>0)$.

解

$$\int_a^{+\infty}\frac{1}{x^2}dx=\lim_{b\to+\infty}\int_a^b\frac{1}{x^2}dx=\lim_{b\to+\infty}\left(-\frac{1}{x}\right)\Big|_a^b$$

$$=\lim_{b\to+\infty}\left(\frac{1}{a}-\frac{1}{b}\right)=\frac{1}{a}$$

例 6-20　求$\int_{-\infty}^{+\infty}\frac{1}{1+x^2}dx$.

解　法一:因被积函数$f(x)=\frac{1}{1+x^2}$在$(-\infty,+\infty)$内为偶函数,故

$$\int_{-\infty}^{+\infty}\frac{1}{1+x^2}dx=2\int_0^{+\infty}\frac{1}{1+x^2}dx$$

再利用例 6-18 的结果,有

$$\int_{-\infty}^{+\infty}\frac{1}{1+x^2}dx=2\times\frac{\pi}{2}=\pi$$

法二:

$$\int_{-\infty}^{+\infty}\frac{1}{1+x^2}dx=\int_{-\infty}^{0}\frac{1}{1+x^2}dx+\int_0^{+\infty}\frac{1}{1+x^2}dx$$

$$=\lim_{a\to-\infty}\int_a^0\frac{1}{1+x^2}dx+\lim_{b\to+\infty}\int_0^b\frac{1}{1+x^2}dx$$

$$=\lim_{a\to-\infty}\arctan x\Big|_a^0+\lim_{b\to+\infty}\arctan x\Big|_0^b$$

$$=\lim_{a\to-\infty}(-\arctan a)+\lim_{b\to+\infty}\arctan b$$

$$=-\left(-\frac{\pi}{2}\right)+\frac{\pi}{2}=\pi$$

例 6-21　积分$\int_1^{+\infty}\frac{1}{x^a}dx$当$a$取什么值时收敛?取什么值时发散?

解　(1) 当$a\neq1$时,按定义有

$$\int_1^{+\infty}\frac{1}{x^a}dx=\lim_{b\to+\infty}\int_1^b\frac{1}{x^a}dx=\lim_{b\to+\infty}\frac{1}{1-a}x^{1-a}\Big|_1^b$$

$$=\lim_{b\to+\infty}\frac{1}{1-a}(b^{1-a}-1)$$

当$a>1$时,有

$$\int_1^{+\infty}\frac{1}{x^a}dx=\lim_{b\to+\infty}\frac{1}{1-a}(b^{1-a}-1)=\frac{1}{a-1}$$

当$a<1$时,有

$$\int_1^{+\infty} \frac{1}{x^a}dx = \lim_{b \to +\infty} \frac{1}{1-a}(b^{1-a} - 1) = +\infty$$

故广义积分$\int_1^{+\infty} \frac{1}{x^a}dx$ 当 $a > 1$ 时收敛,当 $a < 1$ 时发散.

(2) 当 $a = 1$ 时,有

$$\int_1^{+\infty} \frac{1}{x}dx = \lim_{b \to +\infty} \int_1^b \frac{1}{x}dx = \lim_{b \to +\infty} \ln|x|\Big|_1^b$$

$$= \lim_{b \to +\infty} \ln b = +\infty$$

故当 $a = 1$ 时,广义积分$\int_1^{+\infty} \frac{1}{x^a}dx$ 发散.

综上所述,广义积分$\int_1^{+\infty} \frac{1}{x^a}dx$ 当 $a \leqslant 1$ 时发散,当 $a > 1$ 时收敛.

习题 6.4

基础题

1. 判定下列广义积分的敛散性,如果收敛,计算其值:

(1) $\int_1^{+\infty} \frac{1}{x^3}dx$;　(2) $\int_1^{+\infty} e^{-x}dx$;　(3) $\int_{-\infty}^0 \frac{1}{x^2+1}dx$;

(4) $\int_e^{+\infty} \frac{\ln x}{x}dx$;　(5) $\int_{-\infty}^{+\infty} xe^{-x^2}dx$;　(6) $\int_{-\infty}^{+\infty} \frac{1}{x^2+2x+2}dx$.

2. 判定下列广义积分的敛散性,如果收敛,计算其值:

(1) $\int_1^{+\infty} \frac{dx}{x^5}$;　(2) $\int_1^{+\infty} \frac{x}{1+x^2}dx$;

(3) $\int_0^{+\infty} xe^{-x^2}dx$;　(4) $\int_0^{+\infty} \frac{1}{1+x^2}dx$.

提高题

1. 判定下列广义积分的敛散性,如果收敛,计算其值:

(1) $\int_2^{+\infty} \frac{1}{x(\ln x)^k}dx(k > 1)$;　(2) $\int_1^{+\infty} \frac{e^x}{x}dx$;　(3) $\int_2^{+\infty} \frac{1-\ln x}{x^2}dx$.

复习题 6

1. 求下列定积分:

(1) $\int_0^1 (x^2 - 3x + 2)dx$;　(2) $\int_4^9 (1-\sqrt{x})\sqrt{x}dx$;

(3) $\int_1^2 \frac{x^2+3x-1}{x}dx$;　(4) $\int_4^5 \frac{1}{x^2-x-6}dx$.

2. 求下列定积分:

(1) $\int_0^5 \frac{x^3}{x^2+1}dx$;　(2) $\int_{-1}^1 \frac{\tan x}{\sin^2 x+1}dx$;

(3) $\int_1^5 \frac{\sqrt{x-1}}{x}\mathrm{d}x$；　(4) $\int_0^{\ln 2} \sqrt{e^x - 1}\mathrm{d}x$；

(5) $\int_0^2 x^2 \sqrt{4-x^2}\mathrm{d}x$；　(6) $\int_0^1 \frac{x^2}{(1+x^2)^2}\mathrm{d}x$；

(7) $\int_1^2 \frac{\sqrt{x^2-1}}{x}\mathrm{d}x$；　(8) $\int_0^1 x^2 e^{-x}\mathrm{d}x$；

(9) $\int_1^e (\ln x)^3 \mathrm{d}x$；　(10) $\int_0^{\frac{\pi}{2}} e^{-x}\cos x\mathrm{d}x$.

3. 求$\int_0^{+\infty} \frac{\arctan x}{(1+x^2)^{\frac{3}{2}}}\mathrm{d}x$.

4. 物体以 $v = 1 - t + t^3$ 做直线运动,求在时间段[1,2] 内的运动路程.

5. 设$f(x) = \frac{1}{1+x^2} + \sqrt{1-x^2}\int_0^1 f(x)\mathrm{d}x$,求$f(x)$.

6. 若 $b > 0$,且$\int_1^b \ln x\mathrm{d}x = 1$,求 b 的值.

7. 证明:若$f(x)$是以T为周期的连续函数,则当n为正整数时,有$\int_a^{a+nT} f(x)\mathrm{d}x = n\int_0^T f(x)\mathrm{d}x$成立.

阅读材料

宇宙速度

从地球表面垂直向上发射火箭，应该给火箭提供至少多大的初速度，才能让火箭飞向太空一去不复返呢?

设地球的半径为 R，地球的质量为 M，火箭的质量为 m，则当火箭飞离地面的距离为 x 时，按万有引力定律，火箭受到地球的引力为

$$f = \frac{kMm}{(R+x)^2}$$

如图 6-5 所示，其中 k 为引力常量.

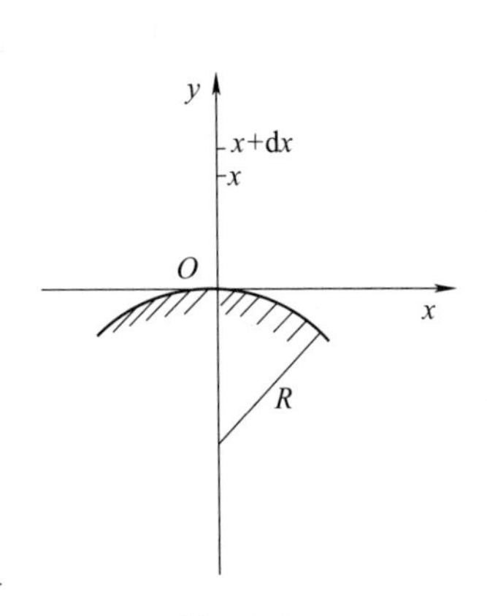

图　6-5

已知当 $x=0$ 时，$f=mg$(g 为重力加速度)，代入上式得 $kM = R^2 g$，从而有

$$f = \frac{R^2 gm}{(R+x)^2}$$

当火箭再上升距离 dx 时，其位能 W 将增加

$$\mathrm{d}W = f\mathrm{d}x = \frac{R^2 gm}{(R+x)^2}\mathrm{d}x$$

故当火箭自地面 ($x = 0$) 达到高度为 h 时,按定积分的微元分析思路,所获得的位能总量应为

$$W = \int_0^h \mathrm{d}W = \int_0^h \frac{R^2 gm}{(R+x)^2}\mathrm{d}x$$
$$= R^2 gm\left(\frac{1}{R} - \frac{1}{R+h}\right)$$

若火箭飞向太空一去不复返,那么 $h \to +\infty$,此时应获得的位能为

$$W = \int_0^{+\infty} \mathrm{d}W = \lim_{h\to+\infty}\int_0^h \frac{R^2 gm}{(R+x)^2}\mathrm{d}x$$
$$= \lim_{h\to+\infty} R^2 gm\left(\frac{1}{R} - \frac{1}{R+h}\right)$$
$$= Rgm$$

该位能来自动能，如果火箭离开地面的初速度为 v_0，则应具有动能$\frac{1}{2}mv_0^2$，为使火箭上升后一去不复返，必须$\frac{1}{2}mv_0^2 \geqslant Rgm$，即

$$v_0 \geqslant \sqrt{2Rg}$$

将 $g = 980\mathrm{cm/s^2}$，地球半径为 $R = 6.371 \times 10^8\mathrm{cm}$ 代入上式，得

$$v_0 \geqslant \sqrt{2 \times 6371 \times 10^5 \times 980} = 11.2 \times 10^5 (\mathrm{cm/s})$$
$$= 11.2(\mathrm{km/s})$$

故得火箭上升初速度至少为 11.2km/s.

说明：①人造卫星发射的初速度为 7.9km/s，称为第一宇宙速度，此时卫星刚摆脱地球的引力；②火箭进入太阳系的初速度为 11.2km/s，称为第二宇宙速度，即为宇宙飞船应有的发射初速度.

第 7 章　定积分的应用

定积分不仅在数学上有比较广泛的应用，例如几何方面的平面图形的面积、旋转体的体积以及平面曲线的弧长等，而且在其他学科中也有着非常广泛的应用，例如物理学中的变力做功问题等.

“微元法”就是根据定积分的定义抽象出来的将实际问题转化成定积分的一种简单直接方法，就是将研究对象分割成许多微小的单元，或从研究对象上选取某一“微元”加以分析，从而可以化曲为直，使变量、难以确定的量为常量、容易确定的量. 通俗地说，就是把研究对象分为无限多个无限小的部分，取出有代表性的极小的一部分进行分析处理，再从局部到全体综合起来加以考虑的科学思维方法. 在处理问题时，从对事物的极小部分(微元)分析入手，达到解决事物整体的方法. 这是一种深刻的思维方法，是先分割逼近，找到规律，再累计求和，达到了解整体. 微元法在几何、物理、力学和工程技术等方面都有着极其广泛的应用.

7.1　微元法的提出

7.1.1　定积分的再认识

在定积分概念的引入过程中，已经介绍了曲边梯形的面积的计算问题. 在介绍微元法之前，首先回顾一下此过程.

设$f(x)$在区间$[a, b]$上连续，且$f(x)\geqslant 0$，求以曲线$y=f(x)$为曲边，底为$[a, b]$的曲边梯形的面积A，如图7-1 所示.

步骤1：分割(化整为零). 用任意一组分点

$$a=x_0<x_1<\cdots<x_{n-1}<x_n=b$$

将区间分成n个小区间$[x_{i-1}, x_i]$，其长度为

$$\Delta x_i=x_i-x_{i-1}(i=1, 2, \cdots, n)$$

并记

$$\lambda=\max\{\Delta x_1, \Delta x_2, \cdots, \Delta x_n\}$$

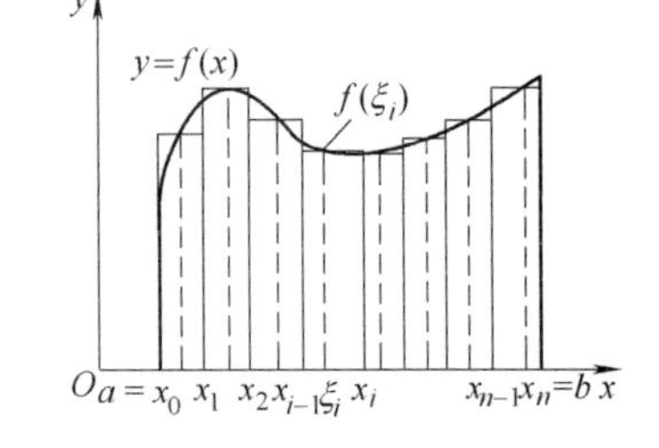

图　7-1

相应地，曲边梯形被划分成n个小曲边梯形，第i个小曲边梯形的面积记为$\Delta A_i(i=1, 2, \cdots, n)$，从而

$$A=\sum_{i=1}^{n}\Delta A_i$$

步骤2:近似替代(以不变高代替变高,以矩形代替曲边梯形,给出“零”的近似值). 在第i个小区间$[x_{i-1},x_i]$上任取一点ξ_i,则第i个小曲边梯形的面积ΔA_i的近似值为

$$\Delta A_i\approx f(\xi_i)\Delta x_i, \forall\xi_i\in[x_{i-1},x_i]\ (i=1,2,\cdots,n)$$

步骤3:求和(积零为整,给出“整”的近似值). 曲边梯形面积

$$A \approx \sum_{i=1}^{n} f(\xi_i)\Delta x_i$$

步骤 4:取极限,使近似值向精确值转化.

$$A = \lim_{\lambda \to 0}\sum_{i=1}^{n} f(\xi_i)\Delta x_i = \int_a^b f(x)\mathrm{d}x$$

从上述做法过程不难看出，所求的面积 A 有如下性质：

1）A 是一个与变量 x 的区间 $[a, b]$ 有关的量；

2）A 对于区间 $[a, b]$ 具有可加性，即若将 $[a, b]$ 分成部分区间 $[x_{i-1}, x_i]$ $(i=1, 2, \cdots, n)$，则 A 相应地分成部分量 $\Delta A_i(i = 1,2,\cdots,n)$，而 $A = \sum\limits_{i=1}^{n}\Delta A_i$.

3）用 $f(\xi_i)\Delta x_i$ 近似 ΔA_i 时的误差应是 Δx_i 的高阶无穷小. 此时，和式 $\sum\limits_{i=1}^{n} f(\xi_i)\Delta x_i$ 的极限才是精确值 A，即 $A = \int_a^b f(x)\mathrm{d}x$. 因此确定 $\Delta A_i \approx f(\xi_i)\Delta x_i(\Delta A_i - f(\xi_i)\Delta x_i = o(\Delta x_i))$ 是关键.

通过对求曲边梯形面积问题的回顾、分析、提炼，可以将上述四个步骤简化为以下两个步骤：

1）选取积分变量，并确定其范围，同时任意选取一个子区间. 例如，选取 x 为积分变量，其积分区间为 $[a, b]$，在其上任取一个子区间记作 $[x, x+\mathrm{d}x]$.

2）取部分量的近似值，并在整个区间上积分. 例如，假设所求量 A 的部分量为 ΔA，则 $\Delta A \approx f(x)\mathrm{d}x$，从而 $A = \int_a^b f(x)\mathrm{d}x$.

7.1.2　微元法

能用定积分计算的量 U，应满足下列三个条件：

1）U 与变量 x 的变化区间 $[a, b]$ 有关；

2）U 对于区间 $[a, b]$ 具有可加性；

3）U 的部分量 ΔU_i 可近似地表示成 $f(\xi_i)\Delta x_i$.

写出计算 U 的定积分表达式步骤：

1）根据问题，选取一个变量 x 为积分变量，并确定它的变化区间 $[a, b]$；

2）设想将区间 $[a, b]$ 分成若干小区间，取其中的任一小区间 $[x, x+\mathrm{d}x]$，求出它所对应的部分量 ΔU 的近似值

$$\Delta U \approx f(x)\mathrm{d}x \quad (f(x)\text{为}[a, b]\text{上的连续函数})$$

则称 $f(x)\mathrm{d}x$ 为量 U 的积分元素，且记作 $\mathrm{d}U = f(x)\mathrm{d}x$；

3）以 U 的元素 $\mathrm{d}U$ 作被积表达式，以 $[a, b]$ 为积分区间，得 $U = \int_a^b f(x)\mathrm{d}x$.

这个方法叫作元素法，其实质是找出 U 的元素 $\mathrm{d}U$ 的微分表达式 $\mathrm{d}U = f(x)\mathrm{d}x$ $(a \leqslant x \leqslant b)$. 因此，也称此法为微元法.

习题 7.1

1. 微元法的实质是什么?

2. 试推导由 $y=f(x)$，$f(x)>0$ 直线 $x=a$，$x=b$ 及 x 轴所围成的曲边梯形绕 y 轴旋转一周而成的立体的体积公式.

7.2　定积分的几何应用

从定积分的产生过程不难看出，定积分可以用来计算平面图形的面积，所以首先来看定积分在几何方面的应用.

7.2.1　平面图形的面积

1. 直角坐标系

由曲线 $y=f(x)$ 及直线 $x=a$ 与 $x=b$ $(a<b)$ 与 x 轴所围成的曲边梯形(图 7-2) 的面积为

$$A=\int_a^b\left|f(x)\right|\mathrm{d}x$$

其中，$f(x)\mathrm{d}x$ 为面积元素.

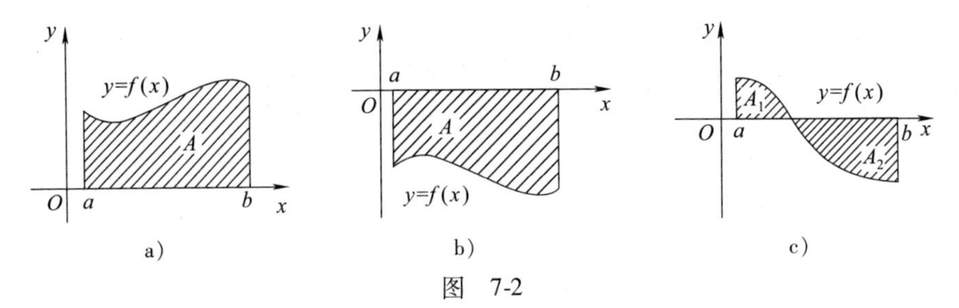

图　7-2

由曲线 $y=f(x)$ 与 $y=g(x)$ 及直线 $x=a$ 与 $x=b(a<b)$ 且 $f(x)\geqslant g(x)$ 所围成的图形(图 7-3) 的面积为

$$A=\int_a^b f(x)\mathrm{d}x-\int_a^b g(x)\mathrm{d}x=\int_a^b[f(x)-g(x)]\mathrm{d}x$$

其中，$[f(x)-g(x)]\mathrm{d}x$ 为面积元素.

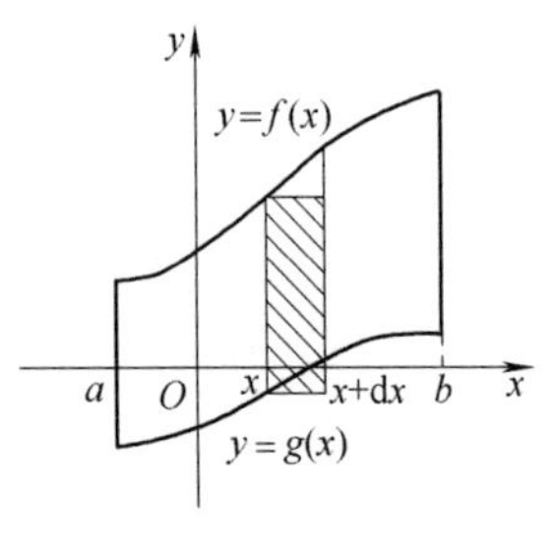

图　7-3

同理由 $[c,d]$ 上连续曲线 $x=\psi(y)$，$x=\varphi(y)$ $(\psi(y)\leqslant\varphi(y))$ 与直线 $y=c$，$y=d$ 所围的平面图形(图 7-4) 的面积为

$$A=\int_c^d[\varphi(y)-\psi(y)]\mathrm{d}y$$

可见，定积分求平面图形面积的方法步骤如下：

1) 求曲线交点并画草图；

2) 确定求哪块面积，进行“面积组合”(即由定积分表示的曲边梯形来划分这块面积，哪些该加，哪些该减，注意“曲边梯形”一定是以 x(或 y) 轴为一边，两条竖直线为另两边)；

3) 以 x(或 y) 的范围确定积分限，用定积分表示这块面积；

4) 求定积分.

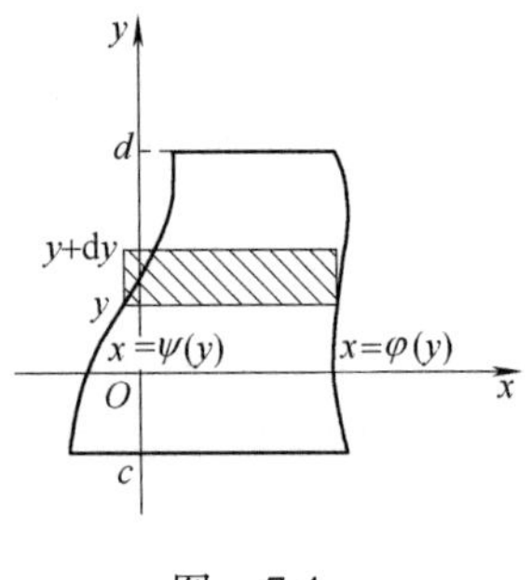

图　7-4

例 7-1　计算由两条抛物线 $y^2=x$，$y=x^2$ 所围成的图形的面积.

解　先求两曲线交点，由

$$\begin{cases} y^2 = x \\ y = x^2 \end{cases}$$

解之得 $\begin{cases} x=0 \\ y=0 \end{cases}$，$\begin{cases} x=1 \\ y=1 \end{cases}$. 如图 7-5 所示，得

$$A = \int_0^1 (\sqrt{x} - x^2)\,dx$$

$$= \left(\frac{2}{3}x^{\frac{3}{2}} - \frac{1}{3}x^3\right)\Big|_0^1 = \frac{1}{3}$$

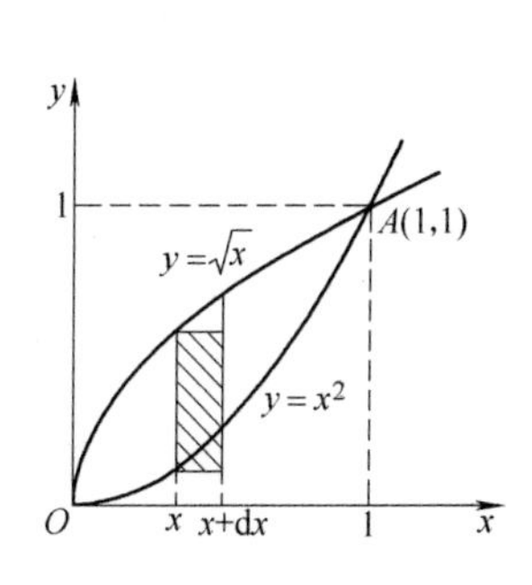

图　7-5

例 7-2　计算抛物线 $y^2 = 2x$ 与直线 $y = x - 4$ 所围成的图形面积.

解　法一：先画所围的图形简图. 解方程

$$\begin{cases} y^2 = 2x \\ y = x - 4 \end{cases}$$

得交点(2，−2)和(8，4). 选取 x 为积分变量，则 $0 \leqslant x \leqslant 8$.

在 $0 \leqslant x \leqslant 2$ 上，$dA = [\sqrt{2x} - (-\sqrt{2x})]dx = 2\sqrt{2x}dx$；

在 $2 \leqslant x \leqslant 8$ 上，$dA = [\sqrt{2x} - (x-4)]dx = (4 + \sqrt{2x} - x)dx$.

则 $A = \int_0^2 2\sqrt{2x}dx + \int_2^8 (4 + \sqrt{2x} - x)dx = 18$

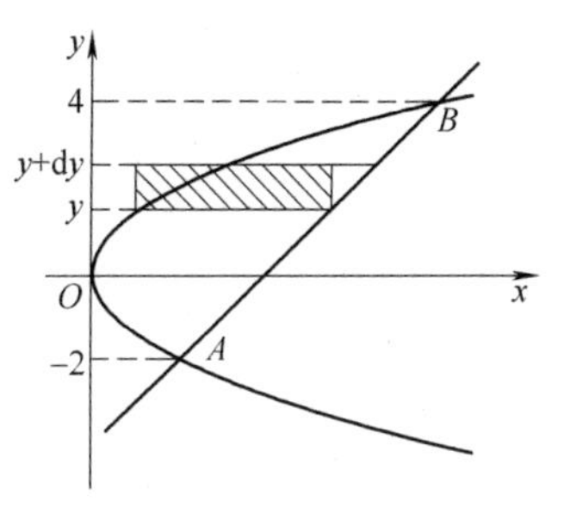

图　7-6

法二：换一种思维方向，若选取 y 为积分变量，如图 7-6 所示，则 $-2 \leqslant y \leqslant 4$，

$$dA = \left[(y+4) - \frac{1}{2}y^2\right]dy$$

$$A = \int_{-2}^4 \left[(y+4) - \frac{1}{2}y^2\right]dy = 18$$

显然，法二较简洁，这表明积分变量的选取有个合理性的问题.

例 7-3　求椭圆 $\frac{x^2}{a^2} + \frac{y^2}{b^2} = 1$（$a > 0$，$b > 0$）所围成的面积 .

解　根据椭圆图形的对称性，整个椭圆面积应为位于第一象限内面积的 4 倍，如图 7-7 所示.

取 x 为积分变量，则 $0 \leqslant x \leqslant a$，$y = b\sqrt{1 - \frac{x^2}{a^2}}$，$dA = y dx$

$= b\sqrt{1 - \frac{x^2}{a^2}}dx$，故

$$A = 4\int_0^a y dx = 4\int_0^a b\sqrt{1 - \frac{x^2}{a^2}}dx$$

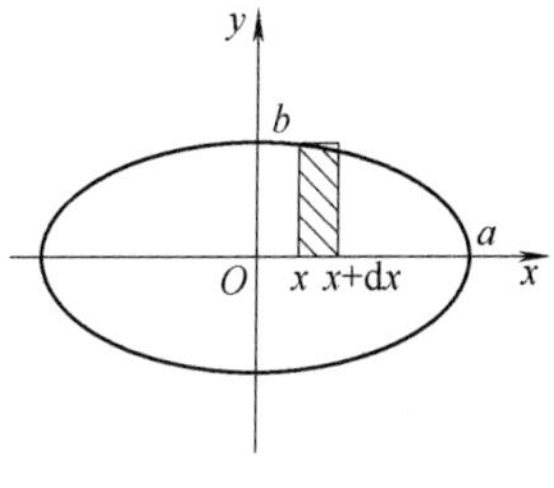

图　7-7

做变量替换 $x = a\cos t \left(0 \leqslant t \leqslant \frac{\pi}{2}\right)$，则 $y = b\sqrt{1 - \frac{x^2}{a^2}} = b\sin t$，$dx = -a\sin t dt$，于是

$$A = 4\int_{\frac{\pi}{2}}^0 (b\sin t)(-a\sin t)\,dt = 4ab\int_0^{\frac{\pi}{2}} \sin^2 t dt = \pi ab$$

2. 极坐标

设平面图形是由曲线 $r=\varphi(\theta)$ 及射线 $\theta=\alpha$，$\theta=\beta$ 所围成的曲边扇形，如图 7-8 所示.

取极角 θ 为积分变量，则 $\alpha \leqslant \theta \leqslant \beta$，在平面图形中任意截取一典型的面积元素 ΔA，它是极角变化区间为 $[\theta,\theta+\mathrm{d}\theta]$ 的窄曲边扇形.

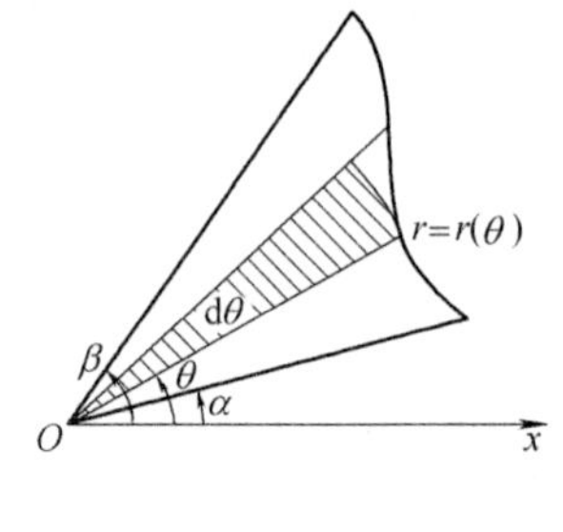

图 7-8

ΔA 的面积可近似地用半径为 $r=\varphi(\theta)$、中心角为 $\mathrm{d}\theta$ 的窄圆边扇形的面积来代替，即 $\Delta A \approx \dfrac{1}{2}[\varphi(\theta)]^2\mathrm{d}\theta$，从而得到了曲边梯形的面积元素

$$\mathrm{d}A=\frac{1}{2}[\varphi(\theta)]^2\mathrm{d}\theta$$

因此

$$A=\int_\alpha^\beta \frac{1}{2}[\varphi(\theta)]^2\mathrm{d}\theta$$

例 7-4 计算心形线 $r=a(1+\cos\theta)$ $(a>0)$ 所围成图形的面积.

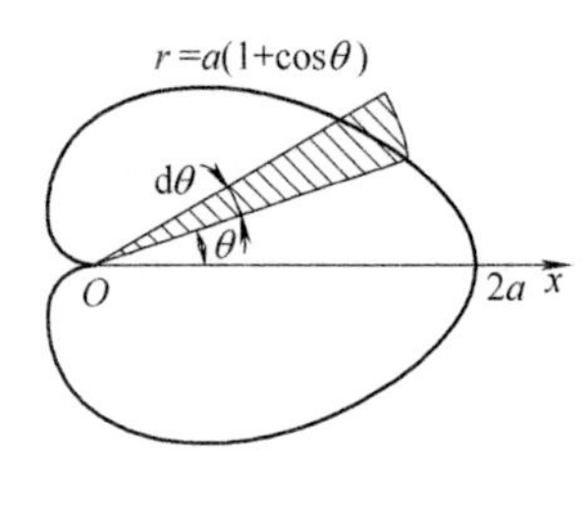

图 7-9

解 如图 7-9 所示，由于心形线关于极轴对称，于是

$$A=2\int_0^\pi \frac{1}{2}a^2(1+\cos\theta)^2\mathrm{d}\theta=\frac{3\pi a^2}{2}$$

7.2.2 立体的体积

1. 旋转体的体积

旋转体是由一个平面图形绕该平面内一条定直线旋转一周而生成的立体，该定直线称为旋转轴，例如圆柱、圆锥、球体等可以分别看成是由矩形绕它的一条边、直角三角形绕它的直角边、半圆绕它的直径旋转一周而成的立体，所以它们都是旋转体. 车床上切削加工出来的工件，很多都是旋转体.

以下主要介绍用定积分求以 x 轴或 y 轴为旋转轴的旋转体体积的方法.

首先计算由曲线 $y=f(x)$ 直线 $x=a$，$x=b$ $(a<b)$ 及 x 轴所围成的曲边梯形，绕 x 轴旋转一周而生成的立体的体积，如图 7-10 所示.

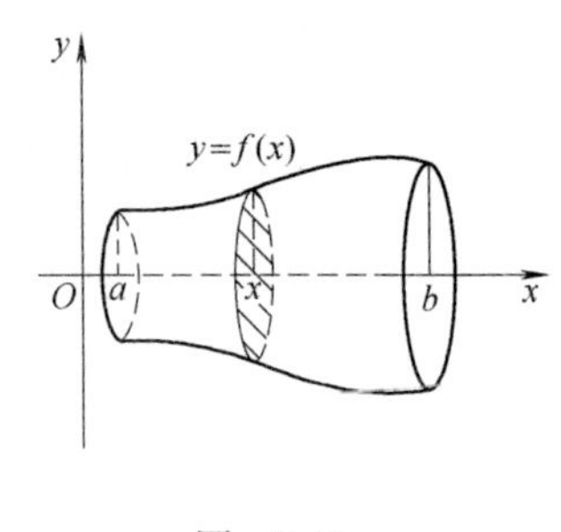

图 7-10

取 x 为积分变量，则 $x\in[a,\ b]$，对于区间 $[a,\ b]$ 上的任一区间 $[x,\ x+\mathrm{d}x]$，它所对应的小曲边梯形绕 x 轴旋转而生成的薄片似的立体的体积近似等于以 $f(x)$ 为底半径，$\mathrm{d}x$ 为高的圆柱体体积，即体积元素为 $\mathrm{d}V=\pi[f(x)]^2\mathrm{d}x$. 则由曲线 $y=f(x)$ 与直线 $x=a$，$x=b$ 及 x 轴所围成的曲边梯形，绕 x 轴旋转而成的旋转体的体积为

$$V=\int_a^b \pi[f(x)]^2\mathrm{d}x.$$

同理，由曲线 $x=\varphi(y)$ 与直线 $y=c$，$y=d$ 及 y 轴围成的曲边梯形绕 y 轴旋转而成的旋转体的体积为

$$V = \int_c^d \pi [\varphi(y)]^2 dy$$

注意　取微元应有代表性，即一个微元可代表每个微元；要有规律性，便于求出微元体积.

例 7-5　求由曲线 $y=\frac{r}{h}x$ 及直线 $x=0$，$x=h\ (h>0)$ 和 x 轴所围成的三角形绕 x 轴旋转而生成的立体的体积.

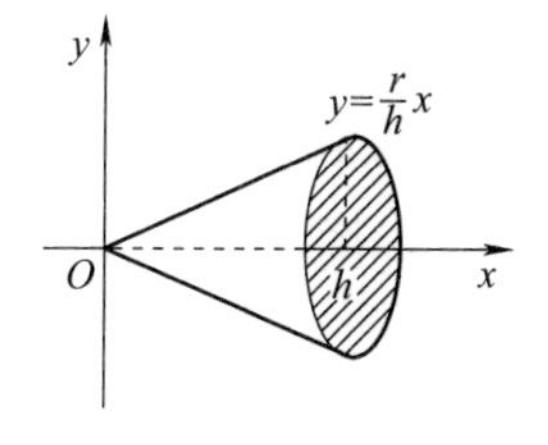

图　7-11

解　如图 7-11 所示，取 x 为积分变量，则 $x\in[0,\ h]$，于是

$$V = \int_0^h \pi\left(\frac{r}{h}x\right)^2 dx = \frac{\pi r^2}{h^2}\int_0^h x^2 dx = \frac{\pi r^2 h}{3}$$

例 7-6　求曲线$\frac{x^2}{2}+y^2=1$绕 y 轴旋转而成的旋转体的体积.

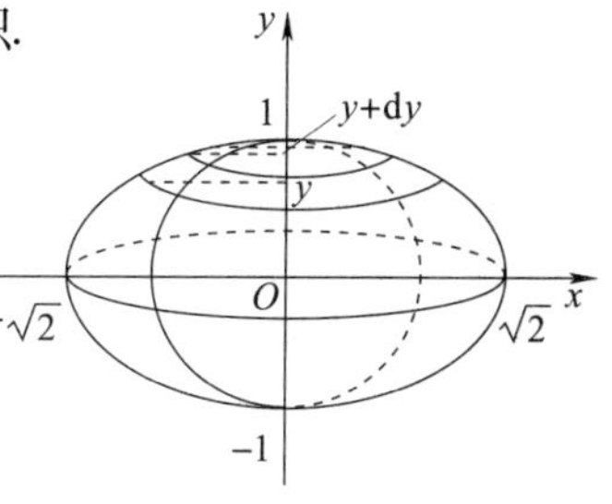

图　7-12

解　如图 7-12 所示，注意到 $x^2=2-2y^2$，所以

$$V = \int_{-1}^1 \pi(2-2y^2)dy = 4\pi\int_0^1(1-y^2)dy = \frac{8\pi}{3}$$

例 7-7　求由曲线 $y=x^2$ 和 $x=y^2$ 所围的平面图形绕 x 轴旋转一周的旋转体体积.

解　如图 7-13 所示，设所求体积为 V，由于上边界为 $x=y^2$，下边界为 $y=x^2$，则所求的体积为以 $x=0$，$x=1$，$y=0$ 和$y=\sqrt{x}$围成的平面图形绕 x 轴旋转一周的旋转体体积与以 $x=0$，$x=1$，$y=0$ 和 $x=y^2$ 围成的平面图形绕 x 轴旋转一周的旋转体体积之差，即

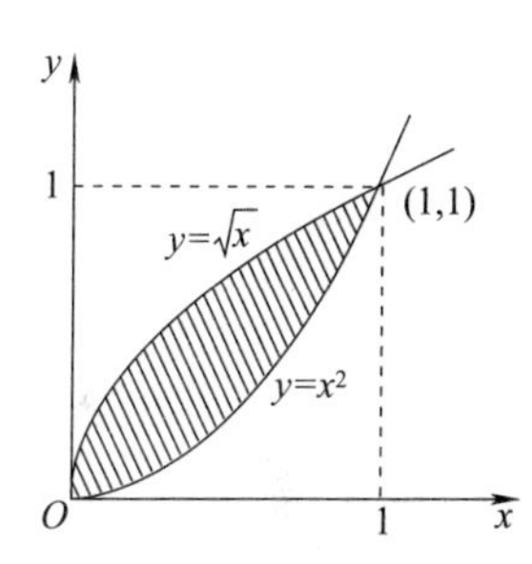

图　7-13

$$V = \int_0^1 \pi x dx - \int_0^1 \pi x^4 dx = \frac{3}{10}\pi$$

例 7-8　求由曲线 $y=x^2$ 与 $y=2-x^2$ 所围成的平面图形绕 x 轴和 y 轴旋转所得旋转体的体积.

解　如图 7-14 所示，求两曲线交点，由

$$\begin{cases} y=x^2 \\ y=2-x^2 \end{cases}$$

得交点$(-1,\ 1)$，$(1,\ 1)$.

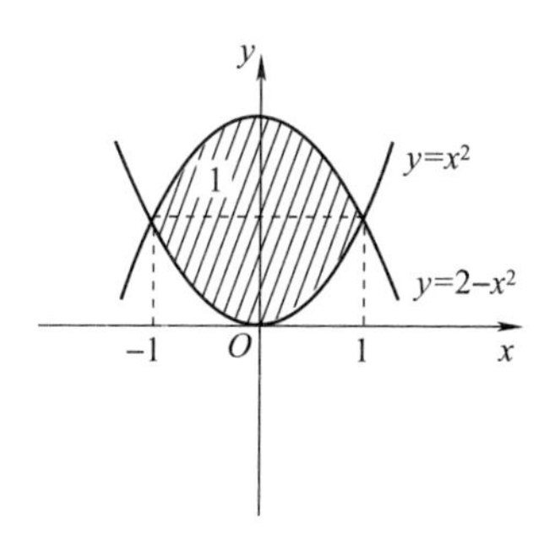

图　7-14

（1）绕 x 轴，有

$$V_x = \int_{-1}^1 \pi(2-x^2)^2 dx - \int_{-1}^1 \pi(x^2)^2 dx$$

$$= \pi\left[4x - \frac{4}{3}x^3\right]_{-1}^1 = \frac{16}{3}\pi$$

（2）绕 y 轴，有

$$V_y = \int_0^1 \pi(\sqrt{y})^2 dy + \int_1^2 \pi(\sqrt{2-y})^2 dy$$

$$= \pi\left[\frac{1}{2}y^2\Big|_0^1 + \left(2y-\frac{1}{2}y^2\right)\Big|_1^2\right]$$

$$= \pi$$

2. 平行截面面积为已知的立体的体积

由旋转体体积的计算过程可以发现，如果知道该立体上垂直于一定轴的各个截面的面积，那么这个立体的体积也可以用定积分来计算.

取定轴为 x 轴，且设该立体在过点 $x=a$，$x=b$ 且垂直于 x 轴的两个平面之内，以 $A(x)$ 表示过点 x 且垂直于 x 轴的截面面积，如图 7-15 所示.

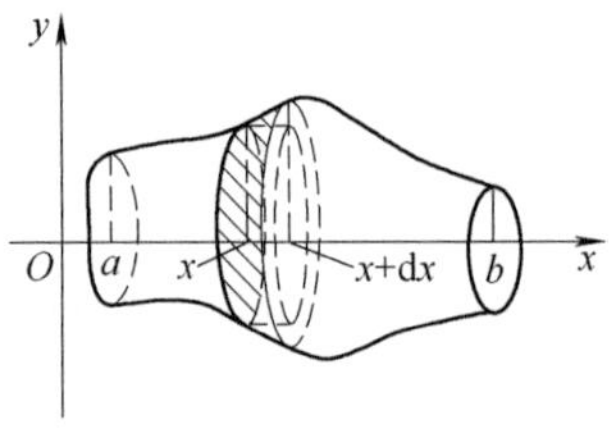

图 7-15

取 x 为积分变量，它的变化区间为 $[a, b]$. 立体中相应于 $[a, b]$ 上任一小区间 $[x, x+\mathrm{d}x]$ 的一薄片的体积近似于底面积为 $A(x)$，高为 $\mathrm{d}x$ 的扁圆柱体的体积. 即体积元素为 $\mathrm{d}V=A(x)\mathrm{d}x$. 于是，该立体的体积为

$$V=\int_a^b A(x)\mathrm{d}x$$

例 7-9 计算椭圆 $\dfrac{x^2}{a^2}+\dfrac{y^2}{b^2}=1$（$a>0$，$b>0$）所围成的图形绕 x 轴旋转而成的立体体积.

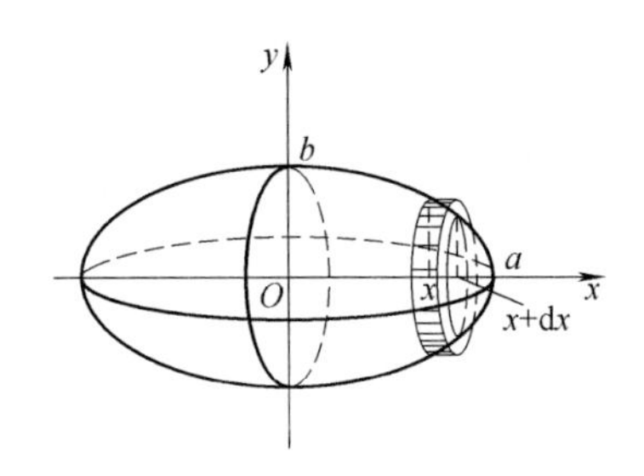

图 7-16

解 旋转体可看作是由上半个椭圆 $y=\dfrac{b}{a}\sqrt{a^2-x^2}$ 及 x 轴所围成的图形绕 x 轴旋转所生成的立体，如图 7-16 所示.

在 $x\in(-a, a)$ 处，用垂直于 x 轴的平面去截立体所得截面积为 $A(x)=\pi\left(\dfrac{b}{a}\sqrt{a^2-x^2}\right)^2$，因此

$$V=\int_{-a}^{a}\pi\left(\frac{b}{a}\sqrt{a^2-x^2}\right)^2\mathrm{d}x=\frac{\pi b^2}{a^2}\int_{-a}^{a}(a^2-x^2)\mathrm{d}x=\frac{4}{3}\pi ab^2$$

例 7-10 计算摆线的一拱 $\begin{cases}x=a(t-\sin t)\\y=a(1-\cos t)\end{cases}$ $(0\leqslant t\leqslant 2\pi)$ 以及 $y=0$ 所围成的平面图形绕 y 轴旋转而生成的立体的体积.

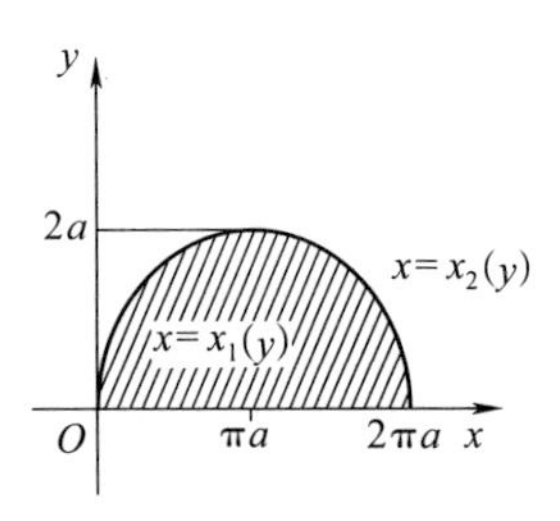

图 7-17

解 如图 7-17 所示，于是

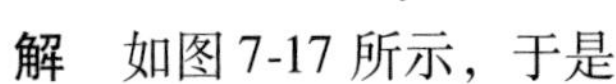

$$\begin{aligned}V&=\pi\int_0^{2a}x_2^2(y)\mathrm{d}y-\pi\int_0^{2a}x_1^2(y)\mathrm{d}y\\&=\pi\int_{2\pi}^{\pi}a^2\ (t-\sin t)^2\times a\sin t\mathrm{d}t-\pi\int_0^{\pi}a^2\ (t-\sin t)^2\times a\sin t\mathrm{d}t\\&=-\pi a^3\int_0^{2\pi}(t-\sin t)^2\sin t\mathrm{d}t=6\pi^3a^3\end{aligned}$$

7.2.3 平面曲线的弧长

1. 直角坐标系

设函数 $f(x)$ 在区间 $[a, b]$ 上具有一阶连续的导数，计算曲线 $y=f(x)$ 的长度 s.

取 x 为积分变量，则 $x\in[a, b]$，在 $[a, b]$ 上任取一小区间 $[x, x+\mathrm{d}x]$，那么这一小区间所对应的曲线弧段的长度 Δs 可以用它的弧微分 $\mathrm{d}s$ 来近似，如图 7-18 所示.

于是，弧长元素为

$$ds = \sqrt{1 + [f'(x)]^2}dx$$

弧长为

$$s = \int_a^b \sqrt{1 + [f'(x)]^2}dx$$

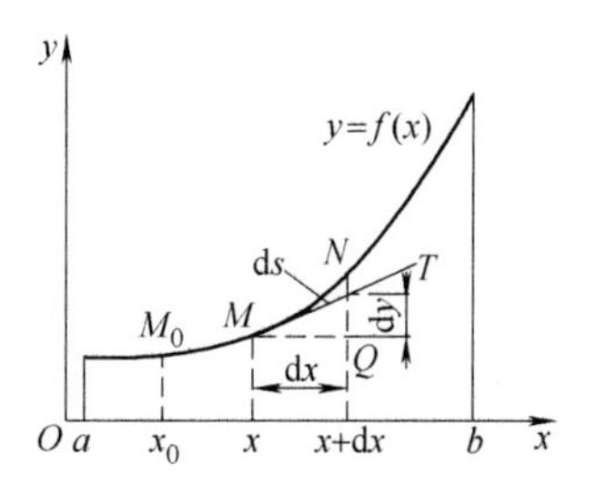

图　7-18

例 7-11　计算曲线 $y = \frac{2}{3}x^{\frac{3}{2}}(a \leqslant x \leqslant b)$ 的弧长.

解　$ds = \sqrt{1 + (\sqrt{x})^2}dx = \sqrt{1 + x}dx$

$$s = \int_a^b \sqrt{1 + x}dx = \frac{2}{3}[(1 + b)^{\frac{3}{2}} - (1 + a)^{\frac{3}{2}}]$$

2. 参数方程

若曲线由参数方程 $\begin{cases} x = \varphi(t) \\ y = \psi(t) \end{cases}$ $(\alpha \leqslant t \leqslant \beta)$给出，计算它的弧长时，只需要将弧微分写成

$ds = \sqrt{(dx)^2 + (dy)^2} = \sqrt{(\varphi'(t))^2 + (\psi'(t))^2}dt$

的形式，从而有

$$s = \int_\alpha^\beta \sqrt{(\varphi'(t))^2 + (\psi'(t))^2}dt$$

例 7-12　计算半径为 r 的圆周长度.

解　圆的参数方程为

$$\begin{cases} x = r\cos t \\ y = r\sin t \end{cases} \quad (0 \leqslant t \leqslant 2\pi)$$

于是有

$$ds = \sqrt{(-r\sin t)^2 + (r\cos t)^2}dt = rdt$$

$$s = \int_0^{2\pi} rdt = 2\pi r$$

3. 极坐标

若曲线由极坐标方程 $r = r(\theta)$ $(\alpha \leqslant r \leqslant \beta)$给出，要导出它的弧长计算公式，只需要将极坐标方程化成参数方程，再利用参数方程下的弧长计算公式即可.

曲线的参数方程为

$$\begin{cases} x = r(\theta)\cos\theta \\ y = r(\theta)\sin\theta \end{cases} \quad (\alpha \leqslant r \leqslant \beta)$$

此时 θ 变成了参数，且弧长元素为

$$ds = \sqrt{(dx)^2 + (dy)^2} = \sqrt{(r'\cos\theta - r\sin\theta)^2(d\theta)^2 + (r'\sin\theta + r\cos\theta)^2(d\theta)^2}$$
$$= \sqrt{r^2 + (r')^2}d\theta$$

从而有

$$s = \int_\alpha^\beta \sqrt{r^2 + (r')^2}d\theta$$

例 7-13　计算心形线 $r = a(1 + \cos\theta)(a > 0, 0 \leqslant \theta \leqslant 2\pi)$ 的弧长.

解 $$ds = \sqrt{a^2(1+\cos\theta)^2 + (-a\sin\theta)^2}d\theta = 2a\left|\cos\frac{\theta}{2}\right|d\theta$$

$$s = \int_0^{2\pi} 2a\left|\cos\frac{\theta}{2}\right|d\theta = 4a\int_0^{\pi}|\cos\beta|d\beta = 8a$$

习题 7.2

基础题

1. 用定积分表示下列曲线所围阴影部分的面积：

(1) $y=x^2$, $y=2x+3$；　　(2) $y=e^x$, $y=e$, $x=0$；

(3) $y=x-4$, $y=\sqrt{2x}$, $y=0$.

2. 求由下列曲线围成的图形面积：

(1) $y=2x+3$, $y=x^2$；　　(2) $y=\sqrt{x}$, $y=x$；

(3) $y=x$, $y=2x$, $y=2$；　　(4) $y=\frac{1}{x}$, $y=x$, $x=2$；

(5) $y=x-1$, $y=x^2-1$；　　(6) $y=e^x$, $y=e^{-x}$, $x=1$.

3. 计算下列图形分别绕 x 轴、y 轴旋转所得的旋转体的体积：

(1) $y=\sqrt{x}$, $x=2$, $y=0$；　　(2) $y=x^2$, $y^2=x$；

(3) $y=x^3$, $x=2$, $y=0$；　　(4) $xy=3$, $x+y=4$.

4. 求曲线 $y=e^x-2$ 在区间 $[-2, 2]$ 上与 x 轴所围成的图形的面积.

提高题

1. 求由曲线 $y=4-x^2$ 及 $y=0$ 所围成的图形绕直线 $x=3$ 旋转构成旋转体的体积.

2. 求曲线 $y=x^2$ 与直线 $y=x$, $y=2x$ 所围成的平面图形的面积.

3. 求双纽线 $\rho^2=a^2\cos2\theta$ 所围平面图形的面积.

4. 求圆弧 $y=\sqrt{2-x^2}$ 与抛物线 $y=\sqrt{x}$ 以及 y 轴围成的平面图形绕 x 轴、y 轴旋转所得的旋转体的体积.

7.3 定积分在物理学及经济学上的应用

7.3.1 定积分在物理学上的应用

1. 变力沿直线所做的功

由物理学知道，在一个常力的作用下，物体沿力的方向做直线运动，并且力 F 的方向与物体运动的方向一致，那么，当物体移动一段距离 s 时，F 所做的功为

$$W = Fs$$

但在实际问题中，物体所受的力经常是变化的，这就需要寻求其他方法求变力做功的问题. 设物体在变力 $f(x)$ 的作用下沿 x 轴从 a 移动到 b，变力的方向保持与 x 轴一致，用定积分微元法来计算变力 F 在 $[a, b]$ 路程段中所做的功.

在区间 $[a, b]$ 上任取一小区间 $[x, x+dx]$，当物体从 x 移动到 $x+dx$ 时，变力 $F=f(x)$

所做的功近似地把变力年看作常力所做的功，从而得到功元素为

$$dW=f(x)\,dx$$

因此，变力在$[a,\ b]$路程段所做的功为

$$W=\int_a^b f(x)\,dx$$

例 7-14　半径为r的球沉入水中，球的上部与水面相切，球的比重为1，现将这球从水中取出，需做多少功?

解　建立如图7-19所示的坐标系．将高为x的球缺取出水面，所需的力为

$$F(x)=G-F_{浮}$$

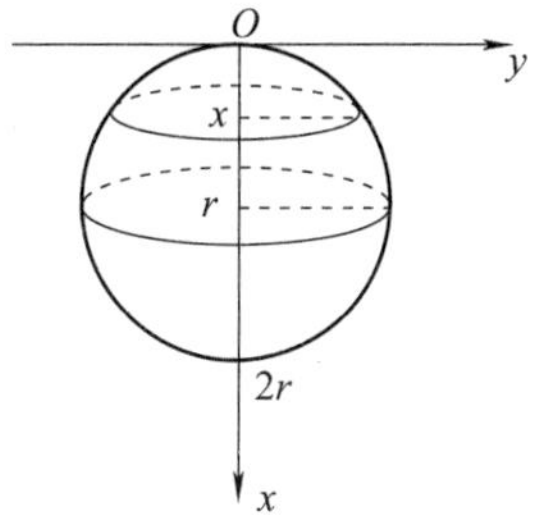

其中，$G=\frac{4\pi r^3}{3}\times 1\times g$是球的重力，$F_{浮}$表示将球缺取出之后，仍浸在水中的另一部分球缺所受的浮力.

图　7-19

由球缺公式

$$V=\pi x^2\left(r-\frac{x}{3}\right)$$

可得

$$F_{浮}=\left[\frac{4\pi r^3}{3}-\pi x^2\left(r-\frac{x}{3}\right)\right]\times 1\times g$$

从而

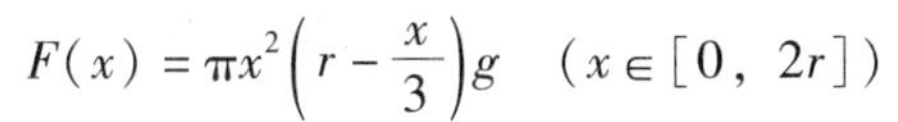

$$F(x)=\pi x^2\left(r-\frac{x}{3}\right)g\quad (x\in[0,\ 2r])$$

很明显，$F(x)$表示取出水面的球缺的重力，即仅有重力做功，而浮力并未做功，且这是一个变力，从水中将球取出所做的功等于变力$F(x)$从0改变至$2r$时所做的功.

取x为积分变量，则$x\in[0,\ 2r]$，对于$[0,\ 2r]$上的任一小区间$[x,\ x+dx]$，变力$F(x)$从0到$x+dx$这段距离内所做的功

$$dW=F(x)\,dx=\pi x^2\left(r-\frac{x}{3}\right)g\,dx$$

这就是功元素，并且功为

$$W=\int_0^{2r}\pi x^2\left(r-\frac{x}{3}\right)g\,dx=g\left[\frac{\pi r}{3}x^3-\frac{\pi}{12}x^4\right]\Big|_0^{2r}=\frac{4}{3}\pi r^4 g$$

2．液体的压力

在水深为h处的压强为$p=\gamma h$，这里γ是水的比重．如果有一面积为A的平板水平地放置在水深h处，那么平板一侧所受的水压力为

$$P=pA=\gamma hA$$

若平板非水平地放置在水中，那么由于水深不同之处的压强不相等．此时，平板一侧所受的水压力就必须使用定积分来计算.

例 7-15　边长为a和b的矩形薄板，与水面成α角斜沉于水中，长边平行于水面而位于水深h处．设$a>b$，水的比重为γ，试求薄板所受的水压力P.

解　由于薄板与水面成α角斜放置于水中，则它位于水中最深的位置是

$$h+b\sin\alpha$$

取 x 为积分变量，则 $x\in[h,\ h+b\sin\alpha]$ （x 表示水深）．在$[h,\ h+b\sin\alpha]$中任取一小区间$[x,\ x+\mathrm{d}x]$，如图 7-20 所示，与此小区间相对应的薄板上一个小窄条形的面积是

$$a\frac{\mathrm{d}x}{\sin\alpha}$$

它所承受的水压力元素约为

$$\mathrm{d}P=\frac{\gamma xa}{\sin\alpha}\mathrm{d}x$$

于是，水压力为

$$P=\int_h^{h+b\sin\alpha}\frac{\gamma a}{\sin\alpha}x\mathrm{d}x=\frac{\gamma a}{2\sin\alpha}[(h+b\sin\alpha)^2-h^2]=abh\gamma+\frac{1}{2}ab^2\gamma\sin\alpha$$

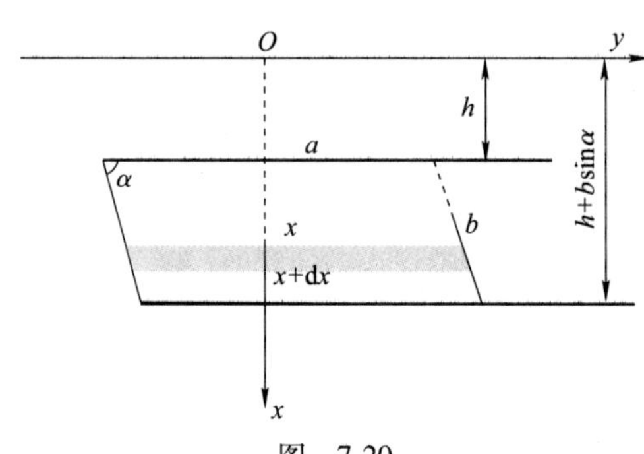

图　7-20

这一结果的实际意义十分明显：$abh\gamma$ 正好是薄板水平放置在深度为 h 的水中时所受到的压力；而$\frac{1}{2}ab^2\gamma\sin\alpha=\frac{1}{2}(b\sin\alpha)ab\gamma$ 是将薄板斜放置所产生的压力，它相当于将薄板水平放置在深度为$\frac{1}{2}b\sin\alpha$ 处所受的水压力.

例 7-16　修建一座大桥的桥墩时，先要下围囹，并且抽尽其中的水以便施工，已知围囹的直径为 20m，水深 27m，围囹高出水面 3m，求抽尽水所做的功.

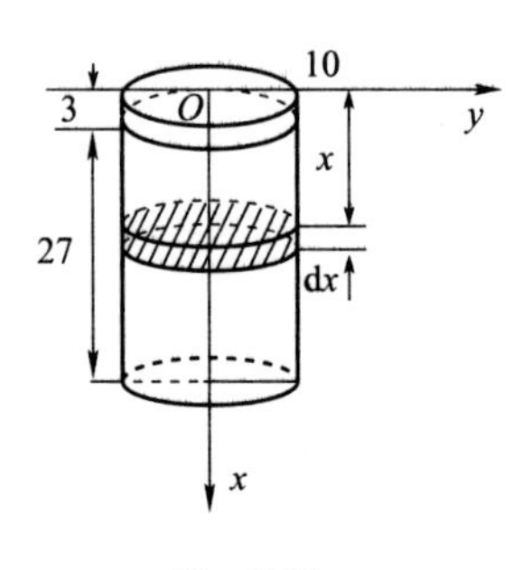

图　7-21

解　如图 7-21 所示建立直角坐标系.

取积分变量为 x，积分区间为$[3,\ 30]$．在区间$[3,\ 30]$上任取一小区间$[x,\ x+\mathrm{d}x]$，与它对应的一薄层(圆柱)水的重量为

$$9.8\rho\pi10^2\mathrm{d}x(\mathrm{N})$$

其中水的密度为 $\rho=1\times10^3\ \mathrm{kg/m^3}$

因为这一薄层水抽出围囹所做的功近似于克服这一薄层重量所做的功，所以功元素为

$$\mathrm{d}W=9.8\times10^5\pi x\mathrm{d}x$$

于是在$[3,\ 30]$上，抽尽水所做的功为

$$W=\int_3^{30}9.8\times10^5\pi x\mathrm{d}x=9.8\times10^5\pi\left[\frac{x^2}{2}\right]_3^{30}=1.37\times10^9(\mathrm{J})$$

例 7-17　底面半径为 R 的圆柱形桶内装着半桶水横放在地面上，试求桶的一个圆截面上所受的水压力.

分析　由物理学知，比重为 ρ 的液体在深度为 h 的点处的压强为 $p=\rho h$，所以在这个深

度上，面积为 A 水平放置的平板的一侧所受的液体压力为

$$F=\rho hA$$

当平板不是水平放置时，平板上各点所处的深度不同，就不能直接用这公式计算，但用微元法，可以用平行于液面的许多平行线把平板分割成若干小块，在第一块上各点的深度看作是相同的，由上述公式求出压力元素.

解　建立图 7－22 所示坐标系，则圆的方程为 $x^2+y^2=R^2$，有

$$y=\sqrt{R^2-x^2}$$

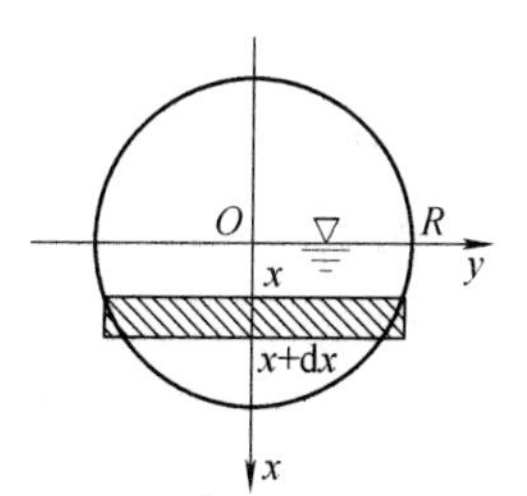

图　7-22

在区间$[0,R]$内任取微区间$[x,x+\mathrm{d}x]$，其对应水平长条的受压面积近似于

$$\mathrm{d}A=2y\mathrm{d}x=2\sqrt{R^2-x^2}\mathrm{d}x$$

所以压力元素为　$\mathrm{d}F=\rho x\mathrm{d}A=2\rho x\sqrt{R^2-x^2}\mathrm{d}x$

于是半圆所受水压力为

$$F=\rho\int_0^R 2x\sqrt{R^2-x^2}\mathrm{d}x=-\rho\int_0^R(R^2-x^2)^{\frac{1}{2}}\mathrm{d}(R^2-x^2)=-\frac{2}{3}\rho\left[(R^2-x^2)^{\frac{3}{2}}\right]_0^R=\frac{2}{3}\rho R^3$$

3. 引力

由物理学知道：质量为 m_1，m_2，相距为 r 的两质点间的引力大小为

$$F=k\frac{m_1m_2}{r^2}$$

其中 k 为引力常数. 引力的方向沿着两质点的连线方向.

如果要计算一根细棒对一个质点的引力，由于细棒上各点与该质点的距离是变化的，且各点对该质点的引力方向也是变化的，便不能简单地用上述公式来进行计算了.

例 7-18　设有一半径为 R，中心角为 φ 的圆弧形细棒，其线密度为常数 ρ，在圆心处有一质量为 m 的质点 M，试求这细棒对质点 M 的引力.

分析　解决这类问题，一般来说，应选择一个适当的坐标系.

解　建立如图 7-23 所示的坐标系，质点 M 位于坐标原点，该圆弧的参数方程为

$$\begin{cases}x=R\cos\theta\\y=R\sin\theta\end{cases}\quad\left(-\frac{\varphi}{2}\leqslant\theta\leqslant\frac{\varphi}{2}\right)$$

在圆弧细棒上截取一小段，其长度为 $\mathrm{d}s$，质量为 $\rho\mathrm{d}s$，到原点的距离为 R，夹角为 θ，它对质点 M 的引力 ΔF 的大小约为

$$\Delta F\approx k\frac{m\rho\mathrm{d}s}{R^2}$$

ΔF 在水平方向(即 x 轴)上的分力 ΔF_x 的近似值为

$$\Delta F_x\approx k\frac{m\rho\mathrm{d}s}{R^2}\cos\theta$$

而　$$\mathrm{d}s=\sqrt{(\mathrm{d}x)^2+(\mathrm{d}y)^2}=R\mathrm{d}\theta$$

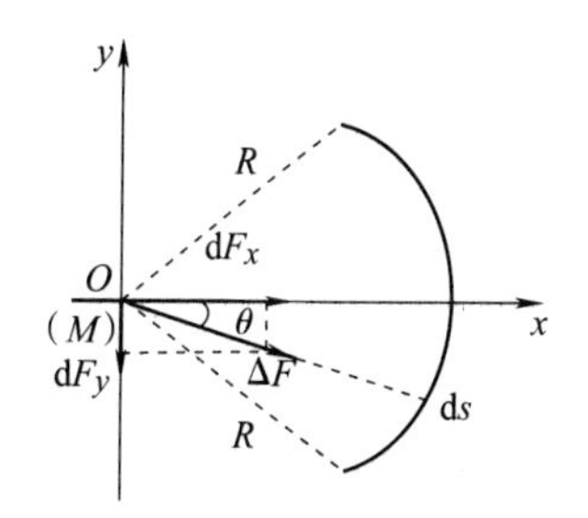

图　7-23

于是，得到了细棒对质点的引力在水平方向的分力 F_x 的元素

$$\mathrm{d}F_x=\frac{km\rho}{R}\cos\theta\mathrm{d}\theta$$

故
$$F_x=\int_{-\frac{\varphi}{2}}^{\frac{\varphi}{2}}\mathrm{d}F_x=\int_{-\frac{\varphi}{2}}^{\frac{\varphi}{2}}\frac{km\rho}{R}\cos\theta\mathrm{d}\theta=\frac{2km\rho}{R}\sin\frac{\varphi}{2}$$

类似地
$$F_y=\int_{-\frac{\varphi}{2}}^{\frac{\varphi}{2}}\mathrm{d}F_y=\int_{-\frac{\varphi}{2}}^{\frac{\varphi}{2}}\frac{km\rho}{R}\sin\theta\mathrm{d}\theta=0$$

因此，引力的大小为$\frac{2\mathrm{km}\rho}{R}\sin\frac{\varphi}{2}$，方向指向圆弧的中心.

例 7-19 把一个带 $+q$ 电荷量的点电荷放在 r 轴坐标原点处，它产生一个电场，这个电场对周围的电荷产生作用力，由物理学知道如果有一个单位正电荷放在电路中距离原点 O 为 r 的地方，那么电场对它的作用力大小为

$$F=k\frac{q}{r^2}\quad（k 为常数）$$

当这个单位正电荷在电场中从 $r=q$ 处沿 r 轴移到 $r=b$（$a<b$）处时，计算电场力所做的功.

解 取积分变量为 r，积分区间为$[a,b]$. 在区间$[a,b]$上任取一小区间$[r,r+\mathrm{d}r]$，与它相对应的电场力 F 所做的功的近似值为功元素

$$\mathrm{d}W=\frac{kq}{r^2}\mathrm{d}r$$

于是，在$[a,b]$上，电场力所做的功为

$$W=\int_a^b\frac{kq}{r^2}\mathrm{d}r=kq\left[-\frac{1}{r}\right]_a^b=kq\left(\frac{1}{a}-\frac{1}{b}\right)$$

7.3.2 定积分在经济学上的应用

设某个经济函数 $u(x)$的边际函数为 $u'(x)$，则有

$$\int_0^x u'(x)\mathrm{d}x=u(x)-u(0)$$

于是
$$u(x)=u(0)+\int_0^x u'(x)\mathrm{d}x.$$

已知生产某产品的边际成本为 $C'(x)$,x 为产量,固定成本为 $C(0)$,则总成本函数为

$$C(x)=\int_0^x C'(x)\mathrm{d}x+C(0)$$

已知销售某产品的边际收益为 $R'(x)$,x 为销售量,$R(0)=0$,则总收益函数为

$$R(x)=\int_0^x R'(x)\mathrm{d}x$$

设利润函数

$$L(x)=R(x)-C(x)$$

其中 x 为产量，$R(x)$是收益函数，$C(x)$是成本函数，若 $L(x)$，$R(x)$，$C(x)$均可导，则边际利润函数为

$$L'(x)=R'(x)-C'(x)$$

因此总利润为

$$L(x)=\int_0^x L'(x)\mathrm{d}x+L(0)=\int_0^x[R'(x)-C'(x)]\mathrm{d}x-C(0)$$

例 7-20　生产某产品的边际成本函数为 $C'(x)=3x^2-14x+100$，固定成本 $C(0)=1000$，求生产 x 个产品的总成本函数.

解　总成本为

$$C(x)=C(0)+\int_0^x C'(x)\,\mathrm{d}x=1000+\int_0^x(3x^2-14x+100)$$
$$=x^3-7x^2+100x+1000$$

例 7-21　已知边际收益为 $R'(x)=78-2x$，设 $R(0)=0$，求收益函数 $R(x)$.

解　收益函数

$$R(x)=R(0)+\int_0^x(78-2x)\,\mathrm{d}x=-x^2+78x$$

例 7-22　设某商品的边际收益为 $R'(Q)=200-\frac{Q}{100}$，求销售 50 个商品时的总收益和平均收益.

解　总收益函数

$$R(Q)=\int_0^Q R'(Q)\,\mathrm{d}Q=\int_0^Q\left(200-\frac{Q}{100}\right)\mathrm{d}Q=200Q-\frac{1}{200}Q^2,R(50)=9987.5$$

平均收益

$$\overline{R}(50)=\frac{R(50)}{50}=199.75$$

例 7-23　已知生产某产品 x 台的边际成本为 $C'(x)=\frac{150}{\sqrt{1+x^2}}+1$（万元/台），边际收入为 $R'(x)=30-\frac{2}{5}x$（万元/台）.

（1）若不变成本为 $C(0)=10$（万元/台），求总成本函数；

（2）当产量从 40 台增加到 80 台时，总成本与总收入的增量.

解　（1）总成本为

$$C(x)=C(0)+\int_0^x C'(x)\,\mathrm{d}x=10+\int_0^x\left(\frac{150}{\sqrt{1+x^2}}+1\right)\mathrm{d}x=10+150\ln(x+\sqrt{1+x^2})+x$$

由于当产量为零时总收入为零，即 $R(0)=0$，于是总收入为

$$R(x)=R(0)+\int_0^x R'(x)\,\mathrm{d}x=0+\int_0^x\left(30-\frac{2}{5}x\right)\mathrm{d}x=30x-\frac{1}{5}x^2$$

总利润函数为

$$L(x)=R(x)-C(x)=-\frac{1}{5}x^2+29x-150\ln(x+\sqrt{1+x^2})-10$$

（2）当产量从 40 台增加到 80 台时，总成本的增量为

$$C(80)-C(40)=143.95(\text{万元})$$

当产量从 40 台增加到 80 台时，总收入的增量为

$$R(80)-R(40)=240(\text{万元})$$

例 7-24　某产品边际成本为 $C'(x)=10+0.02x$，边际收益为 $R'(x)=15-0.01x$（C 和 R 的单位均为万元，产量 x 的单位为百台），试求产量由 15 单位增加到 18 单位时的总利润.

解　产量由 15 增加到 18 的总成本为

$$C = \int_{15}^{18} (10 + 0.02x)\,\mathrm{d}x = 30.99 \text{（万元）}$$

这时总收益为

$$R = \int_{15}^{18} (15 - 0.01x)\,\mathrm{d}x = 44.505 \text{（万元）}$$

因此,总利润为

$$L = R - C = 44.505 - 30.99 = 13.515 \text{（万元）}$$

注意　从数学意义上可得到这几个量之间的关系,即 $C = \int C'(x)\,\mathrm{d}x, R = \int R'(x)\,\mathrm{d}x$.

例 7-25　某企业生产的产品的需求量 Q 与产品的价格 p 的关系为 $Q = Q(p)$. 若已知需求量对价格的边际需求函数为 $f(p) = -3000p^{-2.5} + 36p^{0.2}$（单位：元），试求产品价格由 1.20 元浮动到 1.50 元时对市场需求量的影响.

解　已知 $Q'(p) = f(p)$，即

$$\mathrm{d}Q = f(p)\,\mathrm{d}p$$

所以，价格由 1.20 元浮动到 1.50 元时，总需求量

$$\begin{aligned} Q &= \int_{1.2}^{1.5} f(p)\,\mathrm{d}p = \int_{1.2}^{1.5} (-3000p^{-2.5} + 36p^{0.2})\,\mathrm{d}p \\ &= \left[2000p^{-1.5} + 30p^{1.2}\right]_{1.2}^{1.5} \\ &\approx 1137.5 - 1558.8 \\ &= -421.3 \text{（单位）} \end{aligned}$$

即当价格由 1.20 元浮动到 1.50 元时，该产品的市场需求量减少了 421.3 单位.

习题 7.3

基础题

1. 一蓄满水的圆柱形水桶高为 5m，底圆半径为 3m，试问要把桶中的水全部吸出需做多少功？（设水的密度为 ρ）

2. 一储油罐装有密度为 $\rho\text{kg/m}^3$ 的油料. 为了便于清理，罐的下部侧面开有半径为 Rmm 的圆孔，孔中心距液面 $h$mm，孔口挡板用螺钉铆紧，已知每个螺钉能承受 $\frac{1}{8}\rho g\pi hR^2$kN 的力，则至少需要多少个螺钉？

3. 某产品生产 x 个单位时的边际收入 $R'(x) = 200 - \frac{x}{100}$ $(x \geqslant 0)$.

（1）求生产了 50 个单位时的总收入；

（2）如果已生产了 100 个单位，求再生产 100 个单位时的总收入.

4. 某产品的边际成本 $C'(x) = 1$，边际收入 $R'(x) = 5 - x$（产量 x 的单位为百台）.

（1）试问产量多少时，总利润最大？

（2）从利润最大的产量又生产了 100 台，总利润减少了多少？

提高题

1. 一弹簧受到外力的作用，其长度的改变量与所受外力成正比. 已知弹簧受到 1kg 的

力时被压缩 0. 5cm. 当弹簧被压缩 3cm 时，求外力所做的功.

2. 一比重为 $2.5g\ \mathrm{kN/m^3}$（g 是重力加速度），半径为 r m，高为 h m 的金属圆柱体放入水中，上底面与水面相切. 求将这个柱体捞出水面所做的功.

复习题 7

1. 求下列曲线围成平面图形的面积：

（1）$y=2x^2$，$y=x^2$，$x=1$；　（2）$y=\cos x$，$x=-\dfrac{\pi}{2}$，$x=\dfrac{\pi}{2}$，$y=0$.

2. 求由下列曲线所围成图形绕指定轴旋转所得旋转体的体积：

（1）$y=x^2$，$y=0$，$x=1$，绕 x 轴；　（2）$y^2=x-1$ 与 $y-1=2(x-2)$，绕 y 轴.

3. 求由直线 $x+y=4$ 与曲线 $xy=3$ 所围成的平面图形绕 x 轴旋转一周形成的旋转体的体积.

4. 求圆形 $x^2+(y-5)^2=16$ 绕 x 轴旋转而成的旋转体的体积.

5. 已知某产品总产量的变化率是时间 t（单位：年）的函数 $f(t)=2t+5t\geqslant 0$，求第一个五年和第二个五年的总产量各为多少?

6. 某商品日产量为 x 单位时，固定成本为 20 元，边际成本为 $C'(x)=0.4x+2$（元/单位），求总成本函数 $C(x)$. 若销价为 18 元/单位，且产品可全部销出，求总利润函数 $L(x)$，并问日产量为多少时才能获得最大利润?

阅读材料

祖暅、祖暅原理与定积分

祖暅(gèng)又名祖暅之，字景烁，是我国南北朝时期南朝的数学家、科学家祖冲之的儿子.

祖暅历任太府卿等职，生卒年代不详. 受家庭的影响，尤其是父亲的影响，他从小就热爱科学，对数学具有特别浓厚的兴趣，祖冲之在 462 年编制《大明历》就是在祖暅三次建议的基础上完成的.《缀术》一书经学者们考证，有些条目就是祖暅所作. 祖暅终生读书专心致志，因走路时思考问题所以闹出了许多笑话. 祖暅原理是关于球体体积的计算方法，这是祖暅一生最有代表性的发现.

祖暅原理又名祖氏原理，是一个涉及几何求积的著名命题. 公元 656 年，唐代李淳风注《九章》时提到祖暅的开立圆术. 祖暅在求球体积时，使用了一个原理："幂势既同，则积不容异". "幂"是截面积，"势"是立体的高. 意思是两个同高的立体，如在等高处的截面积相等，则体积相等. 更详细点说就是，介于两个平行平面之间的两个立体，被任一平行于这两个平面的平面所截，如果两个截面的面积相等，则这两个立体的体积相等.

祖暅原理的发现起源于他发现《九章算术》中求球体积的答案是错误的.《九章算术》中提出的方法是取每边为 1 寸的正方体棋子八枚，拼成一个边长为 2 寸的正方体，在正方体内画内切圆柱体，再在横向画一个同样的内切圆柱体. 这样两个圆柱所包含的立体共同部分像两把上下对称的伞，刘徽将其取名为"牟合方盖"（古时人称伞为"盖"，"牟"同侔，意即相合）. 根据计算得出球体积是牟合方盖体的体积的四分之三，可是圆柱体又比牟合方盖大，但是《九章算术》中得出球的体积是圆柱体体积的四分之三，那么显然这个计算公式是错误的. 刘徽认为只要求出牟合方盖的体积，就可以求出球的体积. 可怎么也找不出求导牟合方盖体积的途径.

祖暅沿用了刘徽的思想，利用刘徽"牟合方盖"的理论去进行体积计算，得出"幂势既同，则积不容异"的结论.

在西方，球体的体积计算方法虽然早已由希腊数学家阿基米德发现，但祖暅原理是在独立研究的基础上得出的，且比阿基米德的内容更丰富，涉及的问题更复杂，二者有异曲同工之妙. 根据这一原理就可以求出牟合方盖的体积，然后再导出球的体积.

这一原理主要应用于计算一些复杂几何体的体积上面. 在西方，直到 17 世纪，才由意大利数学家卡瓦列里（Cavalieri，1598—1647）发现，并于 1635 年出版的《连续不可分几何》中提出了等积原理，所以西方人把它称为卡瓦列里原理. 其实，他的发现要比我国的祖暅晚 1100 多年.

半球体积的计算：由祖暅原理，半球与一个拥有与半球体相同横截面积和高的立体，即圆柱体中间切去一个圆锥体体积相同. 容易得体积为

$$V=\frac{2}{3}\pi r^3$$

我们都知道"点动成线，线动成面，面动成体"这句话，直线由点构成，点的多少表示直线的长短；面由线构成，也就是由点构成，点的多少表示面积的大小；几何体由面构成，就是由线构成，最终也就是由点构成，点的多少也表示了体积的大小，要想让两个几何体的体积相等，也就是让构成这两个几何体的点的数量相同，祖暅原理就运用到了它.

两个几何体夹在两平行平面中间，可以理解为这两个几何体平行面间的高度相等. 两平行面之间的距离一定，若视距离为一条线段，那么这个距离上就有无数个点，过一个点，可以画出一个平行于两平行面的截面，若两几何体在被过每一点的平行截面截出的截面面积两两相等，则说明两几何体在同一高度下的每两个截面上的点的数量相同. 有无数个截面，同一高度每两个几何体的截面上的点的数量相同，则说明，这两个几何体所拥有的点数量相同，那么也就是说，它们的体积相同. 所以可以用这种思想来理解祖暅原理.

第 8 章　常微分方程

微分方程是微积分应用于实际的一种重要方式. 在科学研究和生产实践中，常常需要建立变量之间的函数关系，许多时候是根据几何学、物理学和力学等方面的问题引导出数学模型——微分方程，这样的关系等式通常与函数变化率(导数)有关. 本章主要介绍常见类型的微分方程的概念及解法，并举例说明它们在实际问题中的应用.

8.1　微分方程的基本概念

例 8-1　列车在平直轨道上以 20m/s 的速度行驶，当制动时，列车加速度为 $-0.4\mathrm{m/s^2}$，求制动后列车的运动规律.

解　设所求运动规律为 $s=s(t)$，根据导数的力学意义，未知函数 $s=s(t)$ 应满足方程

$$\frac{\mathrm{d}^2s}{\mathrm{d}t^2}=-0.4 \tag{8.1}$$

由制动开始时刻列车的运动情况，未知函数 $s=s(t)$ 满足条件

$$s\big|_{t=0}=0,\ \frac{\mathrm{d}s}{\mathrm{d}t}\bigg|_{t=0}=20$$

方程(8.1)两边积分，得

$$\frac{\mathrm{d}s}{\mathrm{d}t}=-0.4t+C_1 \tag{8.2}$$

再积分一次，得

$$s=-0.2t^2+C_1t+C_2 \tag{8.3}$$

式(8.2)和式(8.3)中 C_1，C_2 都是任意常数.

将条件 $\frac{\mathrm{d}s}{\mathrm{d}t}\big|_{t=0}=20$ 代入式(8.2)内，得 $C_1=20$；将条件 $s\big|_{t=0}=0$，$C_1=20$ 代入式(8.3)内，得 $C_2=0$. 于是所求的运动规律为

$$s=-0.2t^2+20t \tag{8.4}$$

思考　列车的制动时间、制动距离分别是多少？

8.1.1　微分方程及其阶的定义

定义 8.1　含有自变量、未知函数以及未知函数的导数(或微分)的方程称为微分方程. 只含有一个自变量的微分方程称为常微分方程，自变量多于一个的微分方程称为偏微分方程，本章中只讨论常微分方程.

定义 8.2　微分方程中未知函数的导数(或微分)的最高阶数，称为微分方程的阶.

例 8-1 中的方程(8.1)是二阶微分方程. 再如 $y'=x$、$xy\mathrm{d}x+(1+x)\mathrm{d}y=0$ 是一阶微分方程；$y'''-5y''+(y')^4=2xy$ 是三阶微分方程；$y^{(n)}=x-1$ 是 n 阶微分方程.

8.1.2 微分方程的解与初始条件

定义 8.3 如果把某个函数(或隐函数)代入微分方程后，该微分方程成了恒等式，则称这个函数(或隐函数)为微分方程的解.

微分方程的解有不同的形式，常用的两种形式：一种是解中含有任意常数并且独立的任意常数的个数与微分方程的阶数相同，这样的解称为微分方程的通解；另一种是解不含任意常数，称为特解. 特解通常可以按照问题的条件从通解中确定任意常数的特定值而得到，用来确定特解的条件，称为初始条件. 例如，引例中的 $s\big|_{t=0}=0$，$\dfrac{ds}{dt}\Big|_{t=0}=0$是方程(8.1)的初始条件. 而式(8.3)是方程(8.1)的通解，式(8.4)是方程(8.1)的特解.

例 8-2 证明：$y=e^{-x}$与 $y=C_1e^{-x}+C_2e^x$ 均是微分方程 $y''-y=0$ 的解.

证 $y=e^{-x}$，$y'=-e^{-x}$，$y''=e^{-x}$代入微分方程左边，可得

$$左边=0=右边$$

所以 $y=e^{-x}$是所给微分方程的解.

$y=C_1e^{-x}+C_2e^x$，$y'=-C_1e^{-x}+C_2e^x$，$y''=C_1e^{-x}+C_2e^x$，代入微分方程左边，可得

$$左边=0=右边$$

所以 $y=C_1e^{-x}+C_2e^x$ 是所给微分方程的解.

思考 $y=e^{-x}$是特解，$y=C_1e^{-x}+C_2e^x$ 是通解. 函数 $y=Ce^x$ 是不是微分方程 $y''-y=0$ 的解？是通解还是特解？

8.1.3 最简单的微分方程解法

求微分方程解的过程，叫作解微分方程.

形式为 $y^{(n)}=f(x)$是最简单的微分方程，可通过直接积分逐步求解.

例 8-3 求微分方程 $y'''=xe^x$ 的通解.

解 两边对 x 取不定积分

$$y''=\int xe^x dx=xe^x-\int e^x dx=(x-1)e^x+C_1$$

类似地,有

$$y'=\int[(x-1)e^x+C_1]dx=(x-2)e^x+C_1x+C_2$$

$$y=\int[(x-2)e^x+C_1x+C_2]dx=(x-3)e^x+\frac{1}{2}C_1x^2+C_2x+C_3$$

则微分方程的通解为

$$y=(x-3)e^x+\frac{1}{2}C_1x^2+C_2x+C_3$$

思考 微分方程 $y'=2xy$ 能否直接积分求解？

习题 8.1

基础题

1. 微分方程$(y')^2+2y^2x=4ye^x$的阶为__________，其通解中含有__________个任意常数，函数$y=0$ __________(是/不是)此微分方程的特解.

2. 判断下列函数是否为所给微分方程的解：

(1) $xy'=2y$，$y=5x^2$；　　(2) $y'=\dfrac{x}{y}$，$y^2-x^2=1$；

(3) $y''+y'+3x=0$，$y=3x+4$.

提高题

已知$y=C_1\sin x+C_2\cos x$是微分方程$y''+y=0$的通解，求满足初始条件$y(0)=2$，$y'(0)=-1$的特解.

8.2 分离变量法

例 8-4 求微分方程$\dfrac{dy}{dx}=2xy^2$的通解.

解 方程变形为

$$\frac{1}{y^2}dy=2xdx$$

两边积分，得

$$\int\frac{1}{y^2}dy=\int 2xdx$$

于是

$$-\frac{1}{y}=x^2+C，即\ y=-\frac{1}{x^2+C}$$

其中C为任意常数.

可以验证，函数$y=-\dfrac{1}{x^2+C}$是方程的通解.

一般地，在微分方程中，形如

$$\frac{dy}{dx}=f(x)g(y) \tag{8.5}$$

的一阶微分方程称为可分离变量的微分方程.

将方程(8.5)进行变形，得

$$\frac{dy}{g(y)}=f(x)dx \tag{8.6}$$

注意到式(8.6)有一个特点，即在其中x的函数$f(x)$与dx在等式的一边，而y的函数$\dfrac{1}{g(y)}$与dy在等式的另一边，两边各自进行积分，不必考虑y是x的什么样的函数，即有

$$\int\frac{dy}{g(y)}=\int f(x)dx$$

积分得

$$G(y)=F(x)+C$$

其中 $G'(y)=\dfrac{1}{g(y)}$，$F'(x)=f(x)$.

此形式为微分方程(8.5)的隐式解(隐函数形式)，若有必要再解出 $y=y(x)$ 形式的显式解. 求解微分方程(8.5)的方法称为分离变量法.

例 8-5　求微分方程 $y'=2xy$ 的通解.

解　原方程可改写为
$$\frac{\mathrm{d}y}{\mathrm{d}x}=2xy$$
分离变量，得
$$\frac{\mathrm{d}y}{y}=2x\mathrm{d}x$$
两边积分，得隐式解
$$\ln|y|=x^2+C$$
若继续等价变形可得显式解
$$y=C_1\mathrm{e}^{x^2}$$
其中 $C_1=\mathrm{e}^C$.

隐式解、显式解均是微分方程的通解.

注意　这里的任意常数 C_1 也可以等于0，因为 $y=0$ 也满足微分方程，通常特解 $y=0$ 从式(8.5)变形为式(8.6)时丢失了.

例 8-6　求方程 $y'=\mathrm{e}^{x+y}$满足初始条件 $y|_{x=0}=0$ 的特解.

解　原方程可改写为
$$\frac{\mathrm{d}y}{\mathrm{d}x}=\mathrm{e}^x\mathrm{e}^y$$
分离变量,得
$$\frac{\mathrm{d}y}{\mathrm{e}^y}=\mathrm{e}^x\mathrm{d}x$$
两边积分,得
$$\int\mathrm{e}^{-y}\mathrm{d}y=\int\mathrm{e}^x\mathrm{d}x$$
即
$$-\mathrm{e}^{-y}=\mathrm{e}^x+C$$
把初始条件 $y|_{x=0}=0$ 代入上式,求得 $C=-2$，于是
$$\mathrm{e}^x+\mathrm{e}^{-y}=2$$
就是所求的微分方程的特解，不用写出显式解.

例 8-7　求离地面不远的物体从空中自由下落时的极限速度，假设物体空气阻力的大小与速度的平方成正比，比例系数为 k(其中常数 k 为阻尼系数).

解　根据牛顿第二定律，$m\dfrac{\mathrm{d}^2s}{\mathrm{d}t^2}=mg-k\left(\dfrac{\mathrm{d}s}{\mathrm{d}t}\right)^2$，初始条件$\dfrac{\mathrm{d}s}{\mathrm{d}t}\Big|_{t=0}=0$.

令 $v=\dfrac{\mathrm{d}s}{\mathrm{d}t}$，则
$$\frac{\mathrm{d}v}{\mathrm{d}t}=g-\frac{k}{m}v^2$$
分离变量，积分得
$$\int\frac{\mathrm{d}v}{g-\frac{k}{m}v^2}=\int\mathrm{d}t$$
$$\frac{1}{2\sqrt{g}}\int\left(\frac{\mathrm{d}v}{\sqrt{g}+\sqrt{\frac{k}{m}}v}+\frac{\mathrm{d}v}{\sqrt{g}-\sqrt{\frac{k}{m}}v}\right)=\int\mathrm{d}t$$

$$\ln\left(\sqrt{g}+\sqrt{\frac{k}{m}}v\right)-\ln\left(\sqrt{g}-\sqrt{\frac{k}{m}}v\right)=2\sqrt{\frac{kg}{m}}t+C$$

利用 $v(0)=\frac{\mathrm{d}s}{\mathrm{d}t}\Big|_{t=0}=0$,化简得

$$v=\sqrt{\frac{mg}{k}}\frac{\mathrm{e}^{2\sqrt{\frac{kg}{m}}t}-1}{\mathrm{e}^{2\sqrt{\frac{kg}{m}}t}+1}$$

在上式中令 $t\to+\infty$,$v\to\sqrt{\frac{mg}{k}}$,即得极限速度$\sqrt{\frac{mg}{k}}$.

习题 8.2

基础题

1. 微分方程通解中的任意常数 C 可否最终表示为 $3C_1$，C_1^2，e^{C_1}，$\sin C_1$ 等形式?

2. 微分方程 $y'=1-\left(\frac{y}{x}\right)^2$，做变量代换 $u=\frac{y}{x}$，可转化方程形式为__________，再利用__________方法求解；微分方程$\frac{\mathrm{d}y}{\mathrm{d}x}=\frac{1}{x+y+1}$，做变量代换 $u=x+y+1$，可转化方程形式为__________，再利用__________方法求解.

3. 求下列微分方程的解：

(1) $xy'-y^2=0$；　　(2) $y'=\frac{x^3}{y^3}$；

(3) $xy'+3y=0$，$y|_{x=1}=2$；　　(4) $y'=y\sin x$；

(5) $y'=\mathrm{e}^{2x-y}$，$y|_{x=0}=0$.

4. 已知某函数的导数是 $x-3$，又知当 $x=2$ 时，函数值等于9，求此函数.

提高题

1. (学习过程)模拟一个人的学习过程用微分方程$\frac{\mathrm{d}y}{\mathrm{d}t}=100-y$，其中 y 是一项知识(工作)被掌握了的百分数，时间 t 的单位为周，求学习过程规律，并描绘出几条解曲线.

2. 设跳伞运动员开始跳伞后所受的空气阻力与他下落的速度成正比(比例系数为常数 k). 起跳时速度为0，求达到其极限速度前的这段时间里下落速度与时间的函数关系.

8.3　一阶线性微分方程

可以用初等积分法求解的一阶微分方程. 除了8.2节中讲过的可分离变量的微分方程以外，另一重要类型就是一阶线性微分方程.

形如

$$y'+p(x)y=q(x)$$

的一阶微分方程，称为一阶线性微分方程，其特点是关于 y，y'是一次表达式.

若 $q(x)=0$，则方程

$$y'+p(x)y=0 \tag{8.7}$$

称为一阶齐次线性微分方程.

若 $q(x)\neq 0$，则方程

$$y'+p(x)y=q(x) \tag{8.8}$$

称为一阶非齐次线性微分方程.

显见式(8.7)可以用分离变量法求得通解公式(过程可参考例8-3)

$$y = Ce^{-\int p(x)\mathrm{d}x} \tag{8.9}$$

其中$\int p(x)\mathrm{d}x$ 是 $p(x)$ 的一个原函数.

例 8-8 求微分方程 $y' + y = 0$ 的通解.

解 $p(x) = 1$,代入通解公式(8.9),得

$$y = Ce^{-\int 1\mathrm{d}x} = Ce^{-x}$$

例 8-9 求微分方程 $y' - \frac{1}{x}y = 0$ 满足 $y(-1) = 2$ 的特解.

解 $p(x) = -\frac{1}{x}$,代入通解公式(8.9),得

$$y = Ce^{-\int -\frac{1}{x}\mathrm{d}x} = Ce^{\ln x} = Cx$$

将 $y(-1) = 2$ 代入通解,得 $C = -2$. 所以微分方程的特解为

$$y = -2x$$

严格地说,上式的写法仅当 $x > 0$ 时才成立,因为当 $x < 0$ 时应写作$\int \frac{1}{x}\mathrm{d}x = \ln|x|$,从而 $e^{\int\frac{\mathrm{d}x}{x}} = e^{\ln|x|} = |x|$,由于 C 的任意性,故 $y = Cx$ 与 $y = C|x|$ 完全一样,但若出现对数函数不在 e 的右上角则仍应加绝对值.

下面讨论一阶非齐次线性微分方程(8.8)的解法. 此时不能用分离变量法求解,因此需要其他办法. 注意到函数 $e^{-\int p(x)\mathrm{d}x}$ 满足方程(8.7),即

$$(e^{-\int p(x)\mathrm{d}x})' + p(x)e^{-\int p(x)\mathrm{d}x} = 0 \tag{8.10}$$

因此,如果在通解公式(8.9)中设 $y = C(x)e^{-\int p(x)\mathrm{d}x}$(常数变易法),代入方程(8.8)左边,并注意到式(8.10),即得

$$C'(x)e^{-\int p(x)\mathrm{d}x} = q(x)$$

$$C(x) = \int q(x)e^{\int p(x)\mathrm{d}x}\mathrm{d}x + C_1$$

因此一阶非齐次线性微分方程的通解公式为

$$y = e^{-\int p(x)\mathrm{d}x}\left(\int q(x)e^{\int p(x)\mathrm{d}x}\mathrm{d}x + C\right) \tag{8.11}$$

例 8-10 求微分方程 $y' - y\cos x = 2xe^{\sin x}$ 的通解.

解 $p(x) = -\cos x, q(x) = 2xe^{\sin x}$,根据通解公式(8.11),有

$$y = e^{-\int -\cos x dx}\left(\int 2x e^{\sin x} e^{\int -\cos x dx} dx + C\right) = e^{\sin x}\left(\int 2x dx + C\right)$$

所以微分方程的通解为

$$y = e^{\sin x}(x^2 + C)$$

例 8-11　当一次谋杀发生后,尸体温度从原来的37℃,按照牛顿冷却定律(一块热的物体其温度下降的速度是与其自身温度同外界温度的差值成正比的关系)开始变凉,假设 2h 后尸体温度变为35℃,并且假定周围空气的温度保持20℃不变,如果尸体被发现时的温度为30℃,时间为下午 4 点整,那么谋杀时何时发生的?

解　按冷却定律建立方程

$$\text{温度变化率} = a \times \text{温度差} = a(H - 20)$$

其中 a 为比例常数,H 为尸体温度. 于是

$$\frac{dH}{dt} = a(H - 20)$$

设 $p(t) = -a, q(t) = -20a$,根据通解公式(8.11),有

$$H = e^{-\int -a dt}\left(\int -20a e^{\int -a dt} dt + C\right) = e^{at}\left(\int -20a e^{-at} dt + C\right) = e^{at}(20e^{-at} + C)$$

即

$$H = Ce^{at} + 20$$

代入初始值 $t = 0, H = 37$,得

$$C = 17$$

于是

$$H = 17e^{at} + 20$$

为了求 a 的值,根据 2h 后尸体温度为35℃这一事实,有

$$35 = 17e^{2a} + 20$$

化简并取对数,得

$$a = \frac{1}{2}\ln\frac{15}{17} \approx -0.063$$

于是温度函数为

$$H = 17e^{-0.063t} + 20$$

再求多长时间尸体温度达到30℃. 令 $H = 30$,代入得

$$30 = 17e^{-0.063t} + 20$$

即

$$\frac{10}{17} = e^{-0.063t}$$

两边取自然对数,得

$$-0.531 = -0.063t$$

$$t \approx 8.4(\mathrm{h})$$

因此,谋杀发生在下午 4 点这一尸体被发现时的前 8.4h(即 8h24min),即谋杀是在上午 7 点 36 分发生的.

思考　常数 a 的正负号的实际意义? 考虑 a, 如果温度差是正的(即 $H>20$), 而 H 是下降的, 则温度的变化率就应是负的, 因此本题中 a 应为负的.

习题 8.3

基础题

1. 微分方程$\frac{dy}{dx}=\frac{1}{x+y+1}$的形式变形为$\frac{dx}{dy}=x+y+1$，它________(是/不是)一阶线性微分方程？若是，其标准形式为__________，代入通解公式得到方程的通解形式为__________.

2. 求下列微分方程的通解：

(1) $\frac{dy}{dx}=y\tan x$；　　(2) $y'-\frac{1}{x}y=x$；

(3) $\frac{dy}{dx}=y\cot x+2x\sin x$；　　(4) $y'+\frac{e^x}{1+e^x}y=1$.

3. 求微分方程 $\theta\ln\theta d\rho+(\rho-\ln\theta)d\theta=0$ 满足条件$\rho\big|_{\theta=e}=\frac{1}{2}$的特解.

4. 已知曲线上任一点(x, y)处的切线垂直于此点与坐标原点的连线，求该曲线的方程.

提高题

1. 一块甘薯被放入200℃的炉子内，其温度上升的规律满足微分方程

$$\frac{dH}{dt}=-k(H-200)$$

其中 k 为正值.

(1) 如果甘薯被放入炉子内时温度为20℃，求解上面的微分方程；

(2) 根据30min后甘薯的温度达到120℃这一条件，求出 k 的值.

2. 设药物离开血液进入尿液的速度是与那时血液中药物的多少成正比的. 如果初始剂量为 Q_0 的药物直接注射到血液中，3h后就只有20%剩留在血液中.

(1) 写出并求解 t(h)时刻有关血液中药物量 Q 的微分方程.

(2) 如果初始时刻病人被注射的药剂量为100mg，那么6h后这种药物在病人体内的量还有多少？

8.4　二阶常系数线性微分方程

形如

$$y''+py'+qy=0 \text{（其中 } p, q \text{ 为实常数）} \tag{8.12}$$

的二阶微分方程，称为二阶常系数齐次线性微分方程.

形如

$$y''+py'+qy=f(x) \text{（其中 } p, q \text{ 为实常数）} \tag{8.13}$$

的二阶微分方程，称为二阶常系数非齐次线性微分方程.

8.4.1　二阶常系数齐次线性微分方程的解法

例 8-12　求微分方程 $y''-5y'+6y=0$ 的通解.

分析　观察分析该二阶常系数齐次线性微分方程，思考常见函数中哪种函数 y，y'，y'' 是同一类函数呢？联想到是 e^x 类型，用待定法设 $y = e^{rx}$，代入得

$$r^2 e^{rx} - 5re^{rx} + 6e^{rx} = 0$$

即只须满足 $r^2 - 5r + 6 = 0$，称此代数方程为微分方程的特征方程，其根称为特征根.

解　解特征方程
$$r^2 - 5r + 6 = 0$$
得特征根为 $r_1 = 2$，$r_2 = 3$，微分方程的两个特解

$$y_1 = e^{2x}，\quad y_2 = e^{3x}$$

又$\dfrac{y_1}{y_2} = e^{-x} \neq$常数，则微分方程的通解为

$$y = C_1 e^{2x} + C_2 e^{3x}$$

说明　可以证明，二阶常系数齐次线性微分方程的两个特解 y_1，y_2 只要不成比例，即 $\dfrac{y_1}{y_2}$不恒等于常数，则 $y = C_1 y_1 + C_2 y_2$ 为该方程的通解.

一般地，二阶常系数齐次线性微分方程(8.12)的特征方程为 $r^2 + pr + q = 0$，下面根据特征方程的解(即特征根)的不同情况，分别讨论方程(8.12)的通解.

1）当 $p^2 - 4q > 0$ 时，$r^2 + pr + q = 0$ 有两个不相等的实根 r_1，r_2，则方程(8.12)的两个特解为 $y_1 = e^{r_1 x}$，$y_2 = e^{r_2 x}$，而$\dfrac{y_1}{y_2}$不恒等于常数，因此方程(8.12)的通解为

$$y = C_1 e^{r_1 x} + C_2 e^{r_2 x}$$

2）当 $p^2 - 4q = 0$ 时，$r^2 + pr + q = 0$ 有两个相等的实根 $r_1 = r_2 = r$，容易证明方程(8.12)的两个特解为 $y_1 = e^{rx}$，$y_2 = xe^{rx}$，且$\dfrac{y_1}{y_2}$不恒等于常数，因此方程(8.12)的通解为

$$y = (C_1 + C_2 x)e^{rx}$$

3）当 $p^2 - 4q < 0$ 时，$r^2 + pr + q = 0$ 有两个共轭复数根 $r_{1,2} = \alpha \pm \beta i$，可以证明 $y_1 = e^{\alpha x}\cos\beta x$，$y_2 = e^{\alpha x}\sin\beta x$ 是方程(8.12)的两个特解，且$\dfrac{y_1}{y_2}$不恒等于常数，因此方程(8.12)的通解为

$$y = e^{\alpha x}(C_1 \cos\beta x + C_2 \sin\beta x)$$

综上所述，二阶常系数齐次线性微分方程(8.12)的通解可归纳如下(表 8-1).

表　8-1

特征方程 $r^2 + pr + q = 0$ 的两个根	微分方程 $y'' + py' + qy = 0$ 的通解
两个不相等的实根 r_1，r_2	$y = C_1 e^{r_1 x} + C_2 e^{r_2 x}$
两个相等的实根 $r_1 = r_2 = r$	$y = (C_1 + C_2 x)e^{rx}$
共轭虚根 $r_{1,2} = \alpha \pm \beta i$	$y = e^{\alpha x}(C_1 \cos\beta x + C_2 \sin\beta x)$

例 8-13　求微分方程 $y'' + 6y' + 9y = 0$ 的通解.

解　解特征方程
$$r^2 + 6r + 9 = 0$$
得特征根为重根
$$r_1 = r_2 = r = -3$$

则微分方程的通解为　$$y=(C_1+C_2x)e^{-3x}$$

例 8-14　求微分方程 $y''-y'+y=0$ 的通解.

解　解特征方程　$$r^2-r+1=0$$

得共轭虚根　$$r_1=\frac{1}{2}+\frac{\sqrt{3}}{2}i,\ r_2=\frac{1}{2}-\frac{\sqrt{3}}{2}i$$

则微分方程的通解为　$$y=e^{\frac{x}{2}}\left(C_1\cos\frac{\sqrt{3}}{2}x+C_2\sin\frac{\sqrt{3}}{2}x\right)$$

8.4.2　二阶常系数非齐次线性微分方程的解法

定理 8.1　若 y^* 是二阶常系数非齐次线性微分方程(8.13)的一个特解，$\bar{y}=C_1y_1+C_2y_2$ 是对应的齐次线性微分方程(8.12)的通解，则 $y=\bar{y}+y^*$ 是微分方程(8.13)的通解.

证明从略.

定理 8.2　若二阶常系数非齐次线性微分方程为 $y''+py'+qy=f_1(x)+f_2(x)$，且 y_1^* 和 y_2^* 分别是 $y''+py'+qy=f_1(x)$，$y''+py'+qy=f_2(x)$ 的特解，$\bar{y}=C_1y_1+C_2y_2$ 是对应的齐次线性微分方程 $y''+py'+qy=0$ 的通解，则 $y=\bar{y}+y_1^*+y_2^*$ 是方程 $y''+py'+qy=f_1(x)+f_2(x)$ 的通解.

证明从略.

对于二阶常系数非齐次线性微分方程(8.13)，由定理 8.1 可知，要求通解，只需要先求出对应的齐次线性微分方程(8.12)的通解，再求出方程(8.13)自身的一个特解，然后将它们相加即可. 齐次线性微分方程(8.12)的通解问题在前面已经解决，因此只须讨论非齐次线性微分方程(8.13)的一个特解的求法.

下面对微分方程(8.13)中 $f(x)$ 的以下两种常见形式进行讨论.

(1) $f(x)=P_m(x)e^{\lambda x}$

其中 $P_m(x)$ 是 x 的 m 次多项式函数，常数 λ 为实数. 可以证明，微分方程 $y''+py'+qy=P_m(x)e^{\lambda x}$ 有如下形式的特解

$$y^*=x^kQ_m(x)e^{\lambda x}$$

其中，$Q_m(x)$ 是与 $P_m(x)$ 同次的待定多项式函数，按 λ 不为特征根、单根、二重根，k 分别取 0，1 或 2.

例 8-15　求微分方程 $y''-3y'+2y=5x+2$ 的通解.

解　解特征方程　$$r^2-3r+2=0$$

得特征根 $r_1=1$，$r_2=2$. 因此对应的齐次线性微分方程的通解为

$$\bar{y}=C_1e^x+C_2e^{2x}$$

再用待定法求非齐次线性微分方程的特解. 由方程右边的特点，$\lambda=0$ 不是特征方程的根，因此，令 $y^*=ax+b$，并求一、二阶导数代入原方程，有

$$-3a+2(ax+b)=5x+2$$

即　$$2ax-3a+2b=5x+2$$

$$a=\frac{5}{2},\ b=\frac{19}{4}$$

因此原方程的通解为 $$y = C_1 e^x + C_2 e^{2x} + \frac{5}{2}x + \frac{19}{4}$$

例 8-16　求微分方程 $y'' - y = 2e^{-x}$ 满足初始条件 $y(0) = 1$，$y'(0) = 2$ 的特解.

解　解特征方程 $$r^2 - 1 = 0$$
得特征根 $r_1 = -1$，$r_2 = 1$，因此对应的齐次线性微分方程的通解
$$\bar{y} = C_1 e^x + C_2 e^{-x}$$

再用待定法求非齐次线性微分方程的特解. 由方程右边的特点，$\lambda = -1$ 是特征方程的单根，因此令 $y^* = axe^{-x}$，并求一、二阶导数
$$y^{*\prime} = (a - ax)e^{-x}, \quad y^{*\prime\prime} = (ax - 2a)e^{-x}$$
代入原方程，得
$$(ax - 2a)e^{-x} - axe^{-x} = 2e^{-x}$$
即 $$-2a = 2, \quad a = -1$$
则方程的通解为
$$y = C_1 e^x + C_2 e^{-x} - xe^{-x}$$
求导，得 $$y' = C_1 e^x - C_2 e^{-x} - e^{-x} + xe^{-x}$$
将 $y(0) = 1$，$y'(0) = 2$ 代入，得
$$C_1 = 2, \quad C_2 = -1$$
所以微分方程的特解为
$$y = 2e^x - e^{-x} - xe^{-x}$$

(2) $f(x) = e^{\lambda x}(A\cos\omega x + B\sin\omega x)$

可以证明，$y'' + py' + qy = e^{\lambda x}(A\cos\omega x + B\sin\omega x)$ 有如下形式的特解
$$y^* = x^k e^{\lambda x}(a\cos\omega x + b\sin\omega x)$$
其中 a，b 为待定系数，按 $\lambda + \omega i$ 不为特征根、单根，k 分别取 0 或 1.

例 8-17　求微分方程 $y'' + 2y' - 3y = 4\sin x$ 的通解.

解　解特征方程 $$r^2 + 2r - 3 = 0$$
得特征根 $r_1 = 1$，$r_2 = -3$. 因此对应的齐次线性微分方程的通解为
$$\bar{y} = C_1 e^x + C_2 e^{-3x}$$

再用待定法求非齐次特解. 由方程右边的特点，i 不是特征方程的根，因此令 $y^* = a\cos x + b\sin x$，并求一、二阶导数
$$y^{*\prime} = -a\sin x + b\cos x, \quad y^{*\prime\prime} = -a\cos x - b\sin x$$
代入原方程，得
$$(-4a + 2b)\cos x + (-2a - 4b)\sin x = 4\sin x$$
比较两端同类项的系数，得
$$\begin{cases} -4a + 2b = 0 \\ -2a - 4b = 4 \end{cases}$$
即 $$a = -\frac{2}{5}, \quad b = -\frac{4}{5}$$
于是微分方程的特解为
$$y^* = -\frac{2}{5}\cos x - \frac{4}{5}\sin x$$

故原方程的通解为

$$y = C_1 e^{x} + C_2 e^{-3x} - \frac{2}{5}\cos x - \frac{4}{5}\sin x$$

例 8-18 （阻尼振动方程（低速））质量为 m 的物体水平放置在一端固定的弹簧上，振动系统受弹性回复力 $F_{弹}$ 和介质的黏滞阻力 f 的作用，f 与速度大小成正比，与其方向相反，取其平衡位置为原点建立坐标系（图 8-1），设 $t=0$ 时物体的位置为 $x=x_0$，初始速度为 v_0，试建立物体的运动规律 $x=x(t)$ 满足的微分方程.

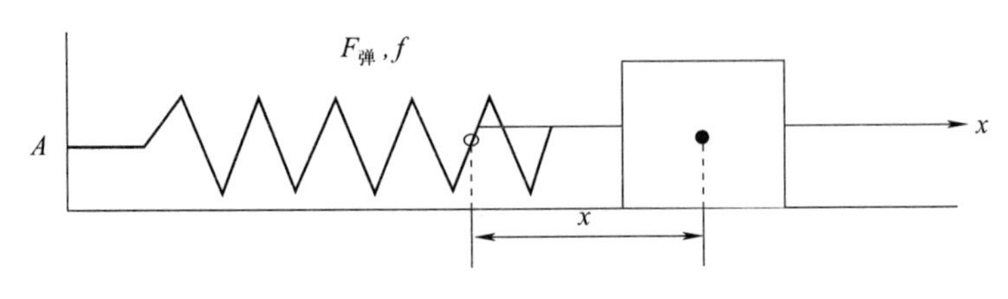

图　8-1

解　由胡克定律，弹性回复力 $F_{弹} = -kx$，k 为弹簧劲度系数，又根据题意阻力

$$f = -k_1 \frac{dx}{dt}$$

其中 k_1 为阻尼系数. 根据牛顿第二运动定律，建立微分方程

$$-kx - k_1 \frac{dx}{dt} = m \frac{d^2x}{dt^2}$$

即

$$\frac{d^2x}{dt^2} + \frac{k_1}{m}\frac{dx}{dt} + \frac{k}{m}x = 0$$

其中 $x|_{t=0} = x_0$，$\frac{dx}{dt}|_{t=0} = v_0$. 这是带初始条件的二阶常系数齐次线性微分方程.

例 8-19 （无阻尼强迫振动方程）质量为 m 的物体自由悬挂在一端固定的弹簧上，物体只受弹性回复力 f 和铅直干扰力 $F = h\sin\omega t$ 作用，取其平衡位置为原点建立坐标系，求物体的运动规律 $x=x(t)$.

解　问题归结为求解无阻尼强迫振动方程

$$\frac{d^2x}{dt^2} + p^2 x = h\sin\omega t$$

其中 p 为固有频率（仅由系统特性确定）. 由于特征方程

$$r^2 + p^2 = 0$$

的特征根为 $r_{1,2} = \pm p\mathrm{i}$，则对应的齐次线性微分方程的通解为

$$x = C_1 \cos pt + C_2 \sin pt$$

令 $A = \sqrt{C_1 + C_2}$，$\tan\varphi = \frac{C_1}{C_2}$，则通解变为

$$x = A\sin(pt + \varphi)$$

当 $\omega \neq p$ 时，非齐次线性微分方程的特解形式为

$$x^* = a\sin\omega t + b\cos\omega t$$

代入原方程，得

$$a=\frac{h}{p^2-\omega^2},\ b=0$$

此时物体的运动规律

$$x=x(t)=A\sin(pt+\varphi)+\frac{h}{p^2-\omega^2}\sin\omega t.$$

当 $\omega=p$ 时，非齐次线性微分方程的特解形式为

$$x^*=(a\sin\omega t+b\cos\omega t)t$$

代入原方程可得

$$b=-\frac{h}{2p},\ a=0$$

此时物体的运动规律

$$x=x(t)=A\sin(pt+\varphi)-\frac{h}{2p}t\cos\omega t$$

此式中前一项是自由振动，后一项是强迫振动，随着 t 的增大，强迫振动振幅 $\frac{h}{2p}t$ 可无限增大，这时产生共振现象. 若要避免共振现象，应使 ω 远离固有频率 p；若要利用共振现象，应使 ω 与 p 尽量靠近，或使 $\omega=p$. 对建筑工程、机械来说，共振可能引起破坏作用，如桥梁、电动机机座被破坏等；但对电磁振荡来说，共振可能引起有利作用，如收音机的调频放大即是利用共振原理.

习题 8.4

基础题

1. 填空题

(1) 以 $r^2-2r-3=0$ 为特征方程的二阶常系数齐次线性微分方程为__________，其通解为__________.

(2) 微分方程 $y''-5y'+6y=xe^{2x}$ 的特征根为__________，特解可设为__________.

2. 求下列微分方程的解：

(1) $y''-16y=0$；　(2) $y''-7y'+10y=0$；

(3) $y''+2y'+2y=0$；　(4) $y''-6y'+9y=0$；

(5) $y''+4y=0$，$y|_{x=0}=1$，$y'|_{x=0}=-1$.

3. 求下列微分方程的通解：

(1) $y''+y'=2x$；　(2) $2y''+y'-y=2e^x$；

(3) $y''-2y'+y=e^{3x}$；　(4) $y''-5y'+6y=xe^{2x}$；

(5) $y''-2y'+3y=2\cos x$.

4. 求微分方程 $y''-3y'=x-2\cos^2 x$ 的通解.

5. 如果 $y=e^{2t}$ 是微分方程 $y''-5y'+ky=0$ 的解，求常数 k 的值及微分方程的通解.

提高题

设微分方程组

$$\begin{cases} \dfrac{dx}{dt} = -y \\ \dfrac{dy}{dt} = -x \end{cases}$$

(1) 将此微分方程组转化成一个有关 y 的二阶微分方程;

(2) 求解该微分方程，得到关于 t 的函数 y；进一步求出关于 t 的函数 x.

复习题8

1. 填空题

(1) 微分方程 $y(y')^3+2y=x$ 的阶是__________.

(2) 一个二阶常系数齐次微分方程的通解中含有__________个独立的任意常数.

(3) 微分方程$\dfrac{dy}{dx}=3xe^{-y}$的通解为__________.

(4) 以方程 $r^2-3r+2=0$ 为特征方程的二阶常系数齐次线性微分方程为__________.

(5) 以 $y=C_1e^{2x}+C_2xe^{2x}$为通解的二阶常系数齐次线性微分方程为__________.

(6) 二阶常系数非齐次线性微分方程 $y''-4y'+3y=2xe^x$ 的特解可设为__________.

2. 选择题

(1) 下列微分方程中是一阶线性微分方程的是(　　).

A. $y'=2x$　　　B. $y'+\cos y=e^x$

C. $\sqrt{x}y'-xy+2x^2=0$　　　D. $yy'+2y=x$

(2) 微分方程$(y^2+x^2)dx=2xydy$ 是(　　).

A. 一阶线性微分方程　　　B. 齐次方程

C. 可分离变量微分方程　　　D. 偏微分方程

(3) 微分方程 $y''+2y'-3y=\sin 2x$ 的特解可设为(　　)

A. $y^*=a\cos 2x+b\sin 2x$　　　B. $y^*=x(a\sin 2x+b\cos 2x)$

C. $y^*=a\sin 2x$　　　D. $y^*=e^x(a\cos 2x+b\sin 2x)$

(4) 微分方程 $y'+2y=e^{3x}$满足初始条件 $y|_{x=0}=0$ 的特解为(　　)

A. $y=\dfrac{1}{5}(e^{5x}-1)$　　　B. $y=\dfrac{1}{5}(e^{5x}+C)$

C. $y=\dfrac{1}{5}e^{-2x}(e^{5x}-1)$　　　D. $y=\dfrac{1}{5}e^{-2x}(e^{5x}+C)$

3. 求下列微分方程的通解:

(1) $y'-3xy-2x=0$;　　　(2) $y'+3y=e^{-2x}$;

(3) $y''-y'-2y=0$;　　　(4) $y''-4y'+4y=e^{2x}$;

(5) $(1+x^2)dy-2x(1+y^2)dx=0$;　　　(6) $y''-4y'+5y=\sin x$.

4. 求下列微分方程的特解:

(1) $(1+x^2)y'=\arctan x$, $y|_{x=0}=0$;

(2) $xy'+y=\sin x$, $y|_{x=\pi}=1$;

(3) $y''-6y'+9y=0$, $y(0)=0$, $y'(0)=2$;

(4) $y''+y=-\sin 2x$, $y(\pi)=1$, $y'(\pi)=1$.

阅读材料

数学软件 MATLAB 在求解微分方程中的应用

实际上，只有少数特殊类型的微分方程才可以比较容易求出通解、特解，而来源于工程技术、经济管理、生态、环境、人口等许多系统的微分方程，其中大部分是非线性微分方程，是非常难解出或不能解出显式解、隐式解，因此需要用数值求解的方法得到微分方程在某些离散点的近似解，进而分析方程所反映的客观规律. 许多数学软件都能帮助我们得到微分方程的解析解、数值解，下面利用数学软件 MATLAB 简单说明求解过程.

在 MATLAB 中，有直接求解微分方程的指令 dsolve，输入命令中是用 Dy 表示 y'，用 D2y 表示 y''，默认自变量为 t. 指令 dsolve 的调用格式为

$y=$dsolve('微分方程1', '微分方程2', …, '初始条件1', '初始条件2', …, '自变量')

例1　求解微分方程 $y'+2xy=4x$.

解　在命令窗口输入

```
>>y=dsolve('Dy+2*x*y=4*x','x')
```

输出结果

```
y =
2+exp(-x^2)*C1
```

注意：如果输入

```
dsolve('Dy+2*x*y=4*x')
```

输出结果变化为

```
y =
2+exp(-2*x*t)*C1
```

例2　求解微分方程 $y''=\cos 2x-y$, $y(0)=1$, $y'(0)=0$.

解　在命令窗口输入

```
>>y=dsolve('D2y=cos(2*x)-y','y(0)=1','Dy(0)=0','x')
```

输出结果为

```
y =
-2/3*cos(x)^2+1/3+4/3*cos(x)
```

在 MATLAB 中，求带初值问题微分方程的数值解的命令有 ode23 和 ode45，其中 ode45 比 ode23 精确一些. 调用格式为

```
[x,y]=ode23(@f,xs,y0,options)
```

```
[x,y] = ode45(@ f,xs,y0,options)
```

例 3　求解 $y' = y + 2x$，$y(0) = 1$的数值解.

解　建立 M 函数. 在命令窗口输入

```
function dy = myfun(x,y)
dy = y + 2 * x;
```

调用 ode45 求解，输入命令

```
> > xs = 0:0.1:1;
> > [x,y] = ode45(@ myfun,xs,1)
```

计算该微分方程的解析解为 $y = 3e^x - 2x - 2$，继续输入命令

```
> > x1 = 0:0.1:1;
> > y1 = 3. * exp(x1) - 2. * x1 - 2;
> > plot(x,y,'*',x1,y1)
```

可以得到数值解与解析解的对比图. 输出结果为

```
x =              y =              y1 =
  0                1.0000           1.0000
  0.1000           1.1155           1.1155
  0.2000           1.2642           1.2642
  0.3000           1.4495           1.4496
  0.4000           1.6754           1.6755
  0.5000           1.9461           1.9462
  0.6000           2.2662           2.2664
  0.7000           2.6411           2.6413
  0.8000           3.0764           3.0766
  0.9000           3.5786           3.5788
  1.0000           4.1546           4.1548
```

例 4　食饵-捕食者模型. 意大利生物学家 Ancona 曾致力于鱼类种群相互制约关系的研究，他从第一次世界大战期间，地中海各港口捕获的几种鱼类捕获量百分比的资料中，发现鲨鱼等的比例有明显增加(表 8-2)，而供其捕食的食用鱼的百分比却明显下降. 显然战争使捕鱼量下降，食用鱼增加，鲨鱼等也随之增加，但为何鲨鱼的比例大幅增加呢？他无法解释这个现象，于是求助于著名的意大利数学家 V. Volterra，希望建立一个食饵-捕食系统的数学模型，定量地回答这个问题.

表 8-2

年份	1914	1915	1916	1917	1918	1919	1920	1921	1922	1923
百分比(%)	11.9	21.4	22.1	21.2	36.4	27.3	16.0	15.9	14.8	10.7

解　基本假设：食饵由于捕食者的存在使增长率降低，假设降低的程度与捕食者数量成正比；捕食者由于食饵为它提供食物的作用使其死亡率降低或使之增长，假定增长的程度与食饵数量成正比.

符号说明：

$x(t)$——食饵在 t 时刻的数量；
r——食饵独立生存时的增长率；
a——捕食者掠取食饵的能力；
b——食饵对捕食者的供养能力；
$y(t)$——捕食者在 t 时刻的数量；
c——捕食者独立生存时的死亡率；
K——捕获能力系数.

食饵独立生存时的增长率为 r，即$\frac{dx}{dt}=rx$；捕食者使食饵的增长率减小，减小量与 y 成正比. 因此有

$$\frac{dx}{dt}=(r-ay)x=rx-axy \tag{1}$$

捕食者独立生存时的死亡率为 d，即$\frac{dy}{dt}=-cy$；食饵使捕食者的死亡率减小，减小量与 x 成正比. 因此有

$$\frac{dy}{dt}=-(c-bx)y=-cy+bxy \tag{2}$$

在初始条件 $x(0)=x_0'$，$y(0)=y_0'$下求解式(1)、式(2).

用 MATLAB 求解食饵-捕食者模型，步骤如下：

1）将式(1)、式(2)与初始条件改写为

$$\dot{x}_1=rx_1-ax_1x_2,\ \dot{x}_2=-cx_2+bx_1x_2,\ x_1(0)=x_{10},\ x_2(0)=x_{20}$$

矩阵化

$$x=[x_1,\ x_2]^{\mathrm{T}},\ \dot{x}=Ax,\ A=\mathrm{diag}[r-ax_2,\ \ -c+bx_1]$$

$$x(0)=[x_{10},\ x_{20}]^{\mathrm{T}},\ r=1,\ c=0.5,\ a=0.1,\ b=0.02,\ x_{10}=25,\ x_{20}=2$$

2）建立 M 函数. 在命令窗口输入

```
function y=myfun(t,x)
r=1;c=0.5;a=0.1;b=0.02;
y=diag([r-a*x(2),-c+b*x(1)])*x;
ts=0:0.1:15;x0=[25,2];
[t,x]=ode45('myfun',ts,x0);
[t,x],
plot(t,x),grid,gtext('x1(t)'),gtext('x2(t)'),
pause,
plot(x(:,1),x(:,2)),grid,xlabel('x1'),ylabel('x2')
```

输出结果为(图 8-2、图 8-3)

t =	x_1 =	x_2 =
0	25.0000	2.0000
0.1000	27.0818	2.0041
0.2000	29.3344	2.0170
0.3000	31.7689	2.0394
…		
0.8000	46.9360	2.3503

```
0.9000          50.6072          2.4683
1.0000          54.5301          2.6106
…
10.3000         17.8063          2.0898
10.4000         19.2755          2.0627
10.5000         20.8708          2.0422
10.6000         22.6016          2.0287
10.7000         24.4779          2.0228
10.8000         26.5102          2.0249
10.9000         28.7093          2.0355
11.0000         31.0844          2.0558
…
14.7000         9.9982           25.9788
14.8000         8.5540           25.1736
14.9000         7.3762           24.3300
15.0000         6.4158           23.4645
```

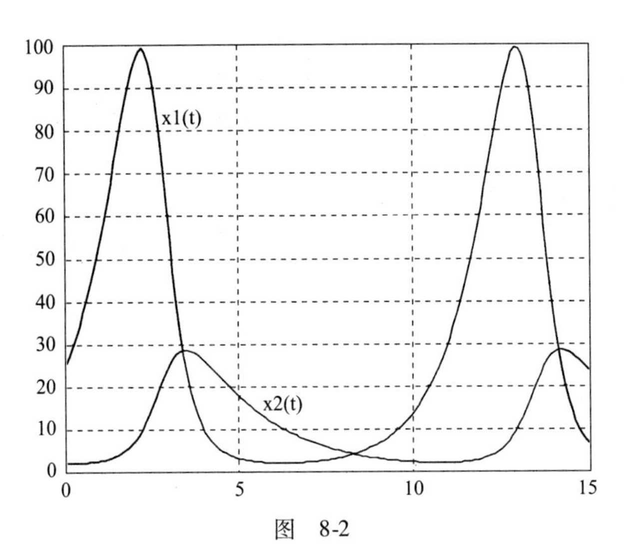

图 8-2

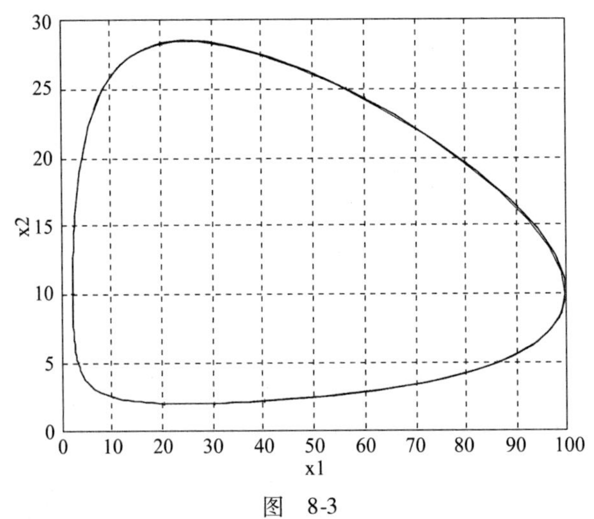

图 8-3

第9章　数学建模

9.1　数学建模简介

1. 数学建模的起源

数学建模是在20世纪六七十年代进入一些西方国家大学的，中国的几所大学也在20世纪80年代初将数学建模引入课堂. 经过20多年的发展，绝大多数本科院校和许多专科学校都开设了各种形式的数学建模课程和讲座，为培养学生利用数学方法分析、解决实际问题的能力开辟了一条有效的途径.

大学生数学建模竞赛最早是1985年在美国出现的，1989年在几位从事数学建模教育的教师的组织和推动下，中国几所大学的学生开始参加美国的竞赛，而且积极性越来越高，近几年参赛校数、队数占到相当大的比例. 可以说，数学建模竞赛是在美国诞生，在中国开花、结果的.

1992年由中国工业与应用数学学会组织举办了10个城市的大学生数学模型联赛，74所院校的314支队参加. 教育部领导及时发现并扶植、培育了这一新生事物，决定从1994年起由教育部高教司和中国工业与应用数学学会共同主办全国大学生数学建模竞赛、每年一届. 二十几年来这项竞赛的规模以平均年增长25%以上的速度发展.

从1999年开始，全国大学生数学建模竞赛开始设置C、D题，允许大专和高职学院学生选择C、D题解答进行比赛. 2016年来自全国33个省/市/区(包括香港和澳门)及新加坡的1367所院校、31199个队(本科28046队、专科3153队)、93000多名大学生报名参加本项竞赛.

什么是数学建模呢? 数学建模就是通过建立数学模型，用计算得到的结果来解释实际问题，并接受实际的检验的全过程. 当需要从定量的角度分析和研究一个实际问题时，人们就要在深入调查研究、了解对象信息、做出简化假设、分析内在规律等工作的基础上，用数学的符号和语言做表述来建立数学模型.

近半个多世纪以来，随着计算机技术的迅速发展，数学的应用不仅在工程技术、自然科学等领域发挥着越来越重要的作用，而且以空前的广度和深度向经济、管理、金融、生物、医学、环境、地质、人口、交通等新的领域渗透，所谓数学技术已经成为当代高新技术的重要组成部分.

数学模型(Mathematical Model)是一种模拟，是用数学符号、算式、程序、图形等对实际课题本质属性的抽象而又简洁的刻画，它或能解释某些客观现象，或能预测未来的发展规律，或能为控制某一现象的发展提供某种意义下的最优策略或较好策略. 数学模型一般并非现实问题的直接翻版，它的建立常常既需要人们对现实问题深入细致的观察和分析，又需要人们灵活巧妙地利用各种数学知识. 这种应用知识从实际课题中抽象、提炼出数学模型的过程就称为数学建模.

不论是用数学方法在科技和生产领域解决哪类实际问题，还是与其他学科相结合形成交叉学科，首要的和关键的一步是建立研究对象的数学模型，并加以计算求解(通常借助计算机)；数学建模和计算机技术在知识经济时代的作用可谓是如虎添翼.

2. 数学建模的过程

(1) 模型准备

了解问题的实际背景，明确其实际意义，掌握对象的各种信息. 以数学思想来包容问题的精髓，数学思路贯穿问题的全过程，进而用数学语言来描述问题. 要求符合数学理论，符合数学习惯，清晰准确.

(2) 模型假设

根据实际对象的特征和建模的目的，对问题进行必要的简化，并用精确的语言提出一些恰当的假设.

(3) 模型建立

在假设的基础上，利用适当的数学工具来刻画各变量常量之间的数学关系，建立相应的数学结构(尽量用简单的数学工具).

(4) 模型求解

利用获取的数据资料，对模型的所有参数做出计算(或近似计算).

(5) 模型分析

对所要建立模型的思路进行阐述，对所得的结果进行数学上的分析.

(6) 模型检验

将模型分析结果与实际情形进行比较，以此来验证模型的准确性、合理性和适用性. 如果模型与实际较吻合，则要对计算结果给出其实际含义，并进行解释. 如果模型与实际吻合较差，则应该修改假设，再次重复建模过程.

(7) 模型应用与推广

应用方式因问题的性质和建模的目的而异，而模型的推广就是在现有模型的基础上进行更加全面、更符合现实情况的优化升级.

3. 数学建模的思考方法

数学建模是一种数学的思考方法，是运用数学的语言和方法，通过抽象、简化建立能近似刻画并解决实际问题的一种强有力的数学手段.

数学建模就是用数学语言描述实际现象的过程. 这里的实际现象既包含具体的自然现象如自由落体运动，也包含抽象的现象如顾客对某种商品的价值倾向. 这里的描述不但包括外在形态与内在机制，也包括预测、试验和解释实际现象等内容.

也可以这样直观地理解这个概念：数学建模是一个让纯粹数学家(指只研究数学而不管数学在实际中的应用的数学家)变成物理学家、生物学家、经济学家甚至心理学家等的过程.

数学模型一般是实际事物的一种数学简化. 它常常是以某种意义上接近实际事物的抽象形式存在的，但它和真实的事物有着本质的区别. 要描述一个实际现象可以有很多种方式，如录音、录像、比喻、传言等. 为了使描述更具科学性、逻辑性、客观性和可重复性，人们采用一种普遍认为比较严格的语言来描述各种现象，这种语言就是数学. 使用数学语言描述的事物就称为数学模型. 有时候我们需要做一些实验，但这些实验往往用抽象出来了的数学模型作为实际物体的代替而进行相应的实验，实验本身也是实际操作的一种理论替代.

4. 数学建模的应用

应用数学去解决各类实际问题时，建立数学模型是十分关键的一步，同时也是十分困难的一步. 建立数学模型的过程，是把错综复杂的实际问题简化、抽象为合理的数学结构的过程. 要通过调查、收集数据资料，观察和研究实际对象的固有特征和内在规律，抓住问题的主要矛盾，建立起反映实际问题的数量关系，然后利用数学的理论和方法去分析和解决问题. 这就需要深厚扎实的数学基础，敏锐的洞察力和想象力，以及对实际问题的浓厚兴趣和广博的知识面.

数学建模是联系数学与实际问题的桥梁，是数学在各个领域广泛应用的媒介，是数学科学技术转化的主要途径. 数学建模在科学技术发展中的重要作用越来越受到数学界和工程界的普遍重视，它已成为现代科技工作者必备的重要能力之一.

为了适应科学技术发展的需要和培养高质量、高层次科技人才，数学建模已经在大学教育中逐步开展，国内外越来越多的大学正在进行数学建模课程的教学和参加开放性的数学建模竞赛，将数学建模教学和竞赛作为高等院校的教学改革和培养高层次的科技人才的一个重要方面，许多院校正在将数学建模与教学改革相结合，努力探索更有效的数学建模教学法和培养面向21世纪人才的新思路，与我国高校的其他数学类课程相比，数学建模具有难度大、涉及面广、形式灵活，对教师和学生要求高等特点，数学建模的教学本身是一个不断探索、不断创新、不断完善和提高的过程.

为了改变过去以教师为中心、以课堂讲授为主的传统教学模式，数学建模课程的指导思想是：以实验室为基础、以学生为中心、以问题为主线、以培养能力为目标来组织教学工作. 通过教学使学生了解利用数学理论和方法去分析和解决问题的全过程，提高他们分析问题和解决问题的能力，以及学习数学的兴趣和应用数学的意识与能力，使他们在以后的工作中能经常性地想到用数学去解决问题，提高他们尽量利用计算机软件及当代高新科技成果的意识，能将数学、计算机有机地结合起来去解决实际问题.

数学建模以学生为主，教师利用一些事先设计好的问题启发、引导学生主动查阅文献资料和学习新知识，鼓励学生积极开展讨论和辩论，培养学生主动探索、努力进取的学风，从事科研工作的初步能力，以及团结协作的精神，形成一个生动活泼的环境和气氛. 教学过程的重点是创造一个环境去诱导学生的学习欲望，培养他们的自学能力，增强他们的数学素质和创新能力，其中提高数学素质强调的是获取新知识的能力，即注重的是解决问题的过程，而不是知识本身与结果.

参加数学建模竞赛赛前培训的同学大都需要学习诸如数理统计、最优化、图论、微分方程、计算方法、神经网络、层次分析法、模糊数学、数学软件包的使用等“短课程”（或讲座），用的学时不多，多数是启发性地讲一些基本的概念和方法，主要是靠学生们自学，充分调动学生们的积极性，发挥潜能. 培训中广泛采用讨论方式，学生自己报告、讨论、辩论，教师主要起质疑、答疑、辅导的作用，竞赛中一定要使用计算机及相应的软件，如Spss、Lingo、Maple、Mathematica、Matlab甚至排版软件等.

5. 简单数学模型

问题1：椅子能在不平的地面上放稳吗？

把椅子往不平的地面上一放，通常只有三只脚着地，放不稳，然而只要稍挪动几次，就可以四脚着地，放稳了. 下面用数学语言证明.

（1）模型假设

对椅子和地面都要做一些必要的假设：

1）椅子四条腿一样长，椅脚与地面接触可视为一个点，四脚的连线呈正方形.

2）地面高度是连续变化的，沿椅子的任何方向都不会出现间断（没有像台阶那样的情况），即地面可视为数学上的连续曲面.

对于椅脚的间距和椅子脚的长度而言，地面是相对平坦的，使椅子在任何位置至少有三只脚同时着地.

（2）模型建立

如图 9-1 所示，首先用变量表示椅子的位置，由于椅脚的连线呈正方形，以中心为对称点，正方形绕中心的旋转正好代表了椅子的位置的改变，于是可以用旋转角度这一变量来表示椅子的位置.

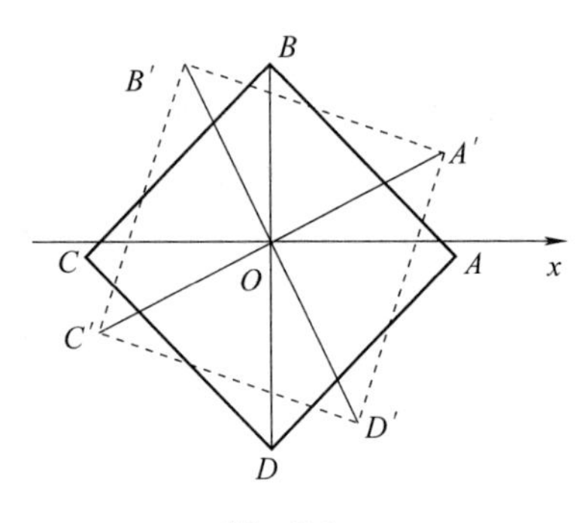

图 9-1

其次要把椅脚着地用数学符号表示出来，如果用某个变量表示椅脚与地面的竖直距离，当这个距离为 0 时，表示椅脚着地了. 椅子要挪动位置说明这个距离是位置变量的函数.

由于正方形的中心对称性，只要设两个距离函数就行了，记 A、C 两脚与地面距离之和为 $f(\theta)$，B、D 两脚与地面距离之和为 $g(\theta)$，显然 $f(\theta)\geqslant 0$，$g(\theta)\geqslant 0$，由假设 2 知 $f(\theta)$，$g(\theta)$ 都是连续函数，再由假设 3 知 $f(\theta)$，$g(\theta)$ 至少有一个为 0. 当 $\theta=0$ 时，不妨设 $g(\theta)=0$，$f(\theta)>0$，这样改变椅子的位置使四只同时着地，就归结为如下命题：

已知 $f(\theta)$，$g(\theta)$ 是 θ 的连续函数，对任意 θ，$f(\theta)g(\theta)=0$，且 $g(0)=0$，$f(0)>0$，则存在 θ_0，使 $g(\theta_0)=f(\theta_0)=0$.

（3）模型求解

将椅子旋转 90°，对角线 AC 和 BD 互换，由 $g(0)=0$，$f(0)>0$ 可知 $g\left(\frac{\pi}{2}\right)>0$，$f\left(\frac{\pi}{2}\right)=0$. 令 $h(\theta)=g(\theta)-f(\theta)$，则 $h(0)<0$，$h\left(\frac{\pi}{2}\right)>0$，由 $f(\theta)$，$g(\theta)$ 的连续性知 $h(\theta)$ 也是连续函数，由零点定理，则存在 $\theta_0\left(0<\theta_0<\frac{\pi}{2}\right)$ 使 $h(\theta_0)=0$，即 $g(\theta_0)=f(\theta_0)$，又由 $g(\theta_0)\cdot f(\theta_0)=0$，所以 $g(\theta_0)=f(\theta_0)=0$.

（4）评注

模型的巧妙之处在于用已知的元变量 θ 表示椅子的位置，用 θ 的两个函数表示椅子四脚与地面的距离. 利用正方形的中心对称性及旋转 90°并不是本质的，同学们可以考虑四脚呈长方形的情形.

问题 2：生产安排问题.

某机器厂生产甲、乙两种产品. 这两种产品都要分别在 A、B、C 三种不同设备上加工.

按工艺材料规定，生产每件产品甲需占用各设备分别为2h、4h、0h，生产每件产品乙需占用各设备分别为2h、0h、5h. 已知各设备计划期内用于生产这两种产品的能力分别为12h、16h、15h，又知每生产一件甲产品企业能获得2元利润，每生产一件乙产品企业能获得3元利润，问该企业应安排生产两种产品各多少件，使总的利润收入为最大?

解　为更加直观理解题意，把上述问题转化如下(表9-1)：

表　9-1

	甲产品	乙产品	资源限量
A设备	2	2	12
B设备	4	0	16
C设备	0	5	15
利润	2	3	

假定用x_1和x_2分别表示甲、乙两种产品在计划期内的产量. 因设备A在计划期内的可用时间为12h，不允许超过，于是有$2x_1+2x_2\leqslant12$. 对设备B、C也可列出类似的不等式：$4x_1\leqslant16$，$5x_2\leqslant15$. 企业的目标是在各种设备能力允许的条件下，使总的利润收入$z=2x_1+3x_2$为最大. 所以可归结为

$$\text{约束于}\quad\begin{cases}2x_1+2x_2<12\\4x_1\leqslant16\\5x_2\leqslant15\\x_1,\ x_2\geqslant0\end{cases}$$

使

$$z=2x_1+3x_2\rightarrow\max$$

这是一个将生产安排问题抽象为在满足一组约束条件的限制下，寻求变量x_1和x_2的决策值，使目标函数达到最大值的数学规划问题.

常写成如下数学表达式：

$$\max z=2x_1+3x_2$$

$$\text{s. t.}\begin{cases}2x_1+2x_2\leqslant12\\4x_1\leqslant16\\5x_2\leqslant15\\x_1,\ x_2>0\end{cases}$$

即为一个线性规划模型，我们可以利用lingo软件求解.

思考题

1. 钢管下料. 某钢管零售商从钢管厂进货，将钢管按照顾客的要求切割后出售，从钢管厂进货时得到的原料钢管都是每根长19m.

(1) 现有一客户需要50根4m、20根6m、15根8m的钢管. 应如何下料最节省?

(2) 零售商如果采用的不同切割模式太多，将会导致生产过程的复杂化，从而增加生产和管理成本，所以该零售商规定采用的不同切割模式不能超过3种. 此外，该客户除需要问题(1)中的三种钢管外，还需要10根5m的钢管. 试问应该如何下料最节省?

2. 最速方案问题. 将一辆急待修理的汽车由静止开始沿一直线方向推至相隔sm的修车

处，设阻力不计，推车人能使车得到的推力f满足$-B \leqslant f \leqslant A$. $f>0$为推力，$f<0$为拉力. 问怎样推车可使车最快停于修车处？

9.2 全国大学生数学建模竞赛介绍

全国大学生数学建模竞赛由国家教育部高教司和中国工业与应用数学学会共同主办. 竞赛题目一般来源于工程技术和管理科学等方面经过适当简化加工的实际问题，不要求参赛者预先掌握深入的专门知识，只需要学过普通高校的数学课程完成一篇包括模型的假设、建立和求解，计算方法的设计和计算机实现，结果的分析和检验，模型的改进等方面的论文(即答卷). 竞赛评奖以假设的合理性、建模的创造性、结果的正确性和文字表述的清晰程度为主要标准.

全国统一竞赛题目，采取通信竞赛方式，以相对集中的形式进行；竞赛一般在每年9月初的三天内举行(为保证大家尽量少耽误课程，所以一般包括周末的两天)；大学生以队为单位参赛，每队3人及1名教师作为辅导(可以不设指导教师)，专业不限.

1. 全国大学生数学建模竞赛论文的写法

参加数学建模竞赛都希望得到不错的成绩，如何获得较好的成绩呢？一般来说，数学建模竞赛评奖是根据学生提交的论文，以“假设的合理性、建模的创造性、结果的正确性和文字表述的清晰性”为主要评价标准，因此论文的撰写非常重要.

(1) 题目

论文题目是一篇论文涉及论文范围及水平的第一个重要信息，要求简短精练、高度概括、准确得体，既要准确表达论文内容，恰当反映所研究的范围和深度，又要尽可能概括、精炼.

论文题目一般应紧紧围绕问题的内容，根据数学建模所使用的模型和方法，取一个恰如其分的名字，例如XXXX问题的优化模型、XXXX的数学模型、XXXX问题的预测与控制模型等.

(2) 摘要

摘要是论文内容不加注释和评论的简短陈述，其作用是使读者不阅读论文全文即能获得必要的消息. 在数学竞赛论文中，摘要是非常重要的一部分.

数学建模论文的摘要应包含以下内容：所研究的实际问题、建立的模型、求解模型的方法、获得基本结果以及对模型的检验或推广. 论文摘要需要用概括、简练的语言反映这些内容，尤其要突出模型的优点，如巧妙的建模方法、快速有效的算法、合理的推广等.

从2001年开始，为了提高论文评选效率，要求将题目和论文第一页全部用作摘要，对字数已无明确限制. 因此在摘要中也可适当出现反映结果的图、表和数学公式.

在这里提醒读者注意，摘要在整篇论文中占有重要权重，需要认真书写.

(3) 问题重述

数学建模竞赛要求解决给定的具体问题，所以论文中应叙述给定问题. 撰写这部分内容时，有的学生不动脑筋，照抄原题，这样不好，应把握住问题的实质，用比较精练的语言叙述原问题，并提出数学建模需要解决的问题.

（4）模型假设与符号说明

在数学建模时，要根据问题的特征和建模目的，抓住问题的本质，忽略次要因素，对问题进行必要的简化，做出一些合理的假设. 模型假设部分要求用精练、准确的语言列出问题中所给出的假设，以及为了解决问题作者所做的必要、合理的假设.

假设做得不合理或太简单，会导致错误的或无用的模型；假设做得过分详尽，试图把复杂对象的众多因素都考虑进去，会使工作变得很难或无法进行下去，因此常常需要在合理与简化之间做出恰当的折中. 因为这一项是论文评奖中的重要指标之一，所以必须逐一书写清楚.

（5）模型建立

根据分析假设建立模型，用数学的语言、符号描述对象的内在规律，得到一个数学结构. 数学建模时应尽量采用简单的数学工具，使建立的模型易于被人理解. 在撰写这一部分内容时，对所用的变量、符号、计量单位如果在第 4 部分没有说明，则在正文应做解释，特定的变量和参数应在整篇文章中保持一致.

为了使模型易懂，可借助于适当的图形、表格来描述问题或数据. 因为这一部分是论文的核心内容，也是评奖的重要指标之一，主要反映在“建模的创新性”上，所以必须认真撰写.

（6）模型求解

使用各种数学方法或数学软件包求解数学模型. 此部分应包含求解过程的公式推导、算法步骤及计算结果. 为求解而编写的计算机程序应放在附录部分. 有时需要对求解结果进行数学上的分析，如结果的误差分析、模型对数据的稳定性或灵敏度分析等.

（7）模型检验

把求解和分析结果翻译回实际问题中，与实际的现象、数据相比较. 如果结果与实际不符，问题常出在模型假设上，应该修改、补充假设，重新建模、求解. 这一步对于模型是否真的有用十分关键.

（8）模型评价与推广

将自己所建立的模型与现有模型进行比较，以评价其优劣. 将所建的模型推广到解决更多的类似问题，或讨论给出该模型的更一般情况下的解法，或指出可能的深化、推广及进一步研究的建议.

（9）参考文献

在正文中提及或直接引用的材料或原始数据，应使用“[1]”“[2]”形式的序号注明出处，并将相应的出版物加以编号并列举在参考文献中. 须标明出版物的作者姓名、著作或期刊名称、出版单位、页码、出版日期等.

著作图书的书写格式为：[序号] 作者. 书名[文献类型标志]. 出版地：出版社，出版年：引用页码.

期刊的书写格式为：[序号] 作者. 文章名[文献类型标志]. 期刊名，年，卷(期)：引用页码.

（10）附录

附录是正文的补充，与正文有关而不便于编入正文的内容都可以收集在这里，包括计算机程序、比较重要但数据量较大的中间结果等. 为便于阅读，应在源程序中加入足够的注释和说明语句.

2. 数学建模相关网站

1）全国大学生数学建模竞赛官网

2）大学生竞赛社区

3）中国数模网

3. 国内数学建模教材

1）司守奎，孙玺菁. 数学建模算法与应用[M]. 北京：国防工业出版社，2011.

2）姜启源，谢金星，叶俊. 数学模型[M]. 4版. 北京：高等教育出版社，2011.

3）张万龙，魏嵬. 数学建模方法与案例[M]. 北京：国防工业出版社，2014.

4）李汉龙，缪淑贤，韩婷，等. 数学建模入门与提高[M]. 北京：国防工业出版社，2013.

附　录

附录 A　高等数学预备知识

一、代数

1. 指数定律

$a^m a^n = a^{m+n}$，$(ab)^n = a^n b^n$，$(a^m)^n = a^{mn}$，$a^{\frac{m}{n}} = \sqrt[n]{a^m}$，$\sqrt{a^2} = |a|$

若 $a \neq 0$，则$\dfrac{a^m}{a^n} = a^{m-n}$，$a^0 = 1$，$a^{-m} = \dfrac{1}{a^m}$.

2. 零的乘除

如果 $a \neq 0$，则$\dfrac{0}{a} = 0$，$a^0 = 1$，$0^{|a|} = 0$.

对任何数 a，有 $a \times 0 = 0 \times a = 0$.

任何数除以零是没有意义的.

3. 分式

$\dfrac{a}{b} + \dfrac{c}{d} = \dfrac{ad+bc}{bd}$，$\dfrac{a}{b}\,\dfrac{c}{d} = \dfrac{ac}{bd}$，$\dfrac{a/b}{c/d} = \dfrac{a}{b}\,\dfrac{d}{c}$，$\dfrac{-a}{b} = \dfrac{a}{-b} = -\dfrac{a}{b}$

4. 二项式定理

对任意的正整数 n，有

$$(a+b)^n = a^n + na^{n-1}b + \frac{n(n-1)}{2!}a^{n-2}b^2 + \frac{n(n-1)(n-2)}{3!}a^{n-3}b^3 + \cdots + nab^{n-1} + b^n$$

5. 整数幂

$a^n - b^n = (a-b)(a^{n-1} + a^{n-2}b + \cdots + ab^{n-2} + b^{n-1})$ $(n>1)$

例如：$a^2 - b^2 = (a-b)(a+b)$

$a^3 - b^3 = (a-b)(a^2 + ab + b^2)$

$a^4 - b^4 = (a-b)(a^3 + a^2b + ab^2 + b^3)$

6. 常见级数的部分和

$$1 + 2 + 3 + \cdots + n = \frac{1}{2}n(n+1)$$

$$1^2 + 2^2 + 3^2 + \cdots + n^2 = \frac{1}{6}n(n+1)(2n+1)$$

$$1^3 + 2^3 + 3^3 + \cdots + n^3 = \frac{1}{4}n^2(n+1)^2$$

$$1 + 3 + 5 + \cdots + 2n - 1 = n^2$$

$$a + (a+d) + (a+2d) + \cdots + (a+(n-1)d) = na + \frac{n(n-1)}{2}d = \frac{n}{2}[2a + (n-1)d]$$

$$a+aq+aq^{2}+\cdots+aq^{n-1}=\begin{cases}\dfrac{a(1-q^{n})}{1-q} & q\neq 1\\ na & q=1\end{cases}$$

7. 配平方

如果 $a\neq 0$，那么

$$\begin{aligned}ax^{2}+bx+c&=a\left(x^{2}+\frac{b}{a}x\right)+c\\&=a\left[x^{2}+2\frac{b}{2a}x+\left(\frac{b}{2a}\right)^{2}-\left(\frac{b}{2a}\right)^{2}\right]+c\\&=a\left(x+\frac{b}{2a}\right)^{2}+\frac{4ac-b^{2}}{4a}\\&=au^{2}+C\left(\text{其中，}u=x+\frac{b}{2a}，C=\frac{4ac-b^{2}}{4a}\right)\end{aligned}$$

二、几何

1. 任意三角形

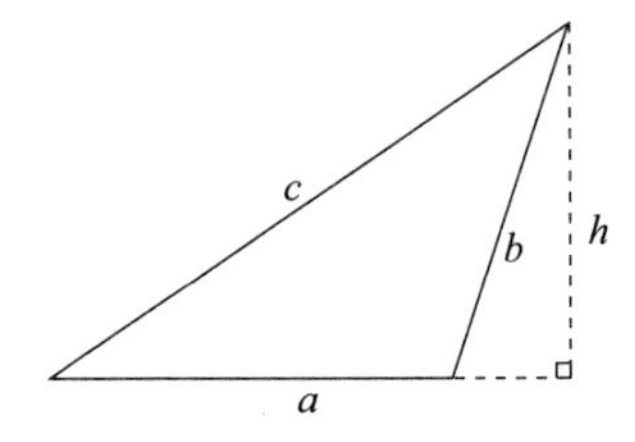

面积 $A=\frac{1}{2}ah$.

2. 直角三角形

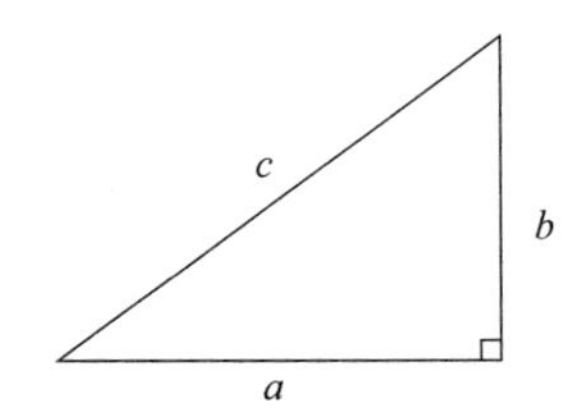

勾股定理：$a^{2}+b^{2}=c^{2}$.

3. 平行四边形

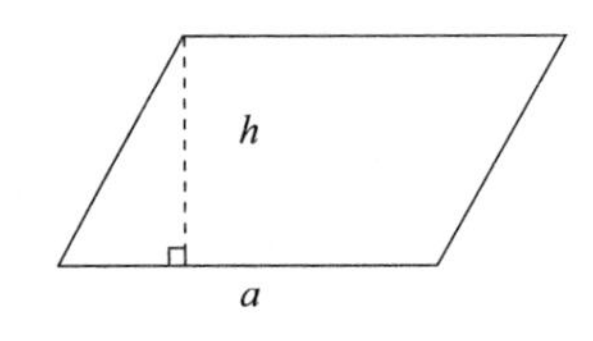

面积 $A=a\cdot h$.

4. 梯形

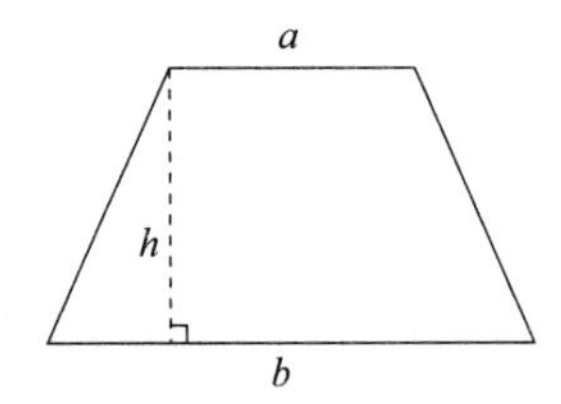

面积 $A=\frac{(a+b)}{2}h$.

5. 圆

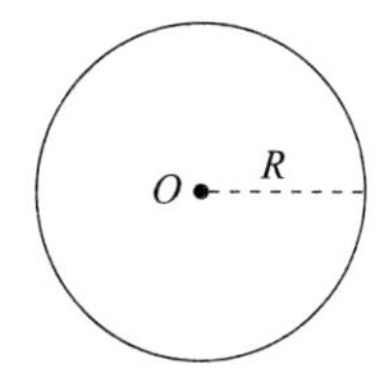

面积 $A=\pi R^2$.

6. 圆柱

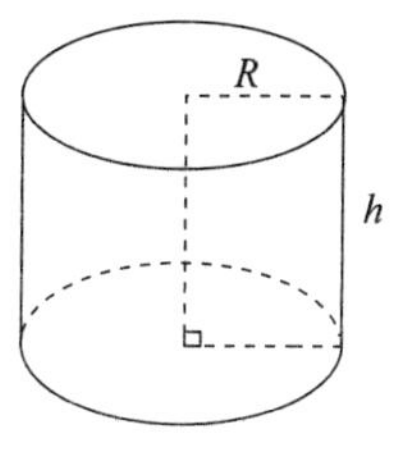

侧面积 $A=2\pi Rh$，表面积 $A=2\pi R(R+h)$，体积 $V=\pi R^2h$.

7. 圆锥

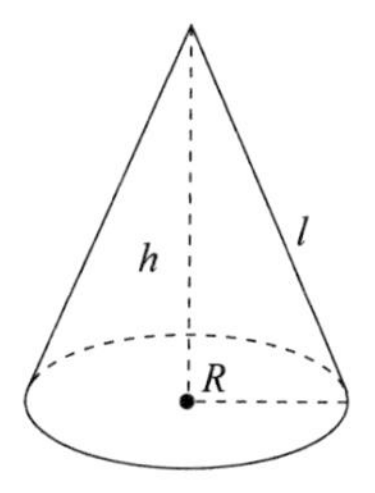

侧面积 $A=\pi R\sqrt{R^2+h^2}$，表面积 $A=\pi R(R+\sqrt{R^2+h^2})$，体积 $V=\frac{\pi}{3}R^2h$，母线 $l=\sqrt{R^2+h^2}$.

8. 球

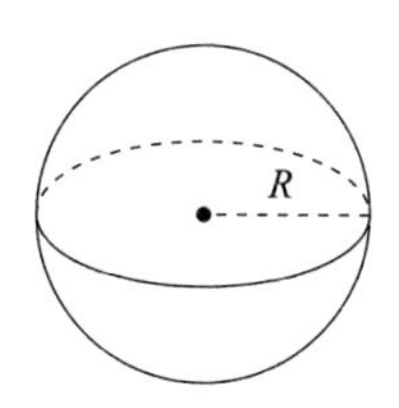

表面积 $A=4\pi R^2$，体积 $V=\frac{4}{3}\pi R^3$.

三、三角公式

1. 勾股定理

在 Rt△ABC 中，直角边长分别为 a，b，斜边长为 c，则 $a^2+b^2=c^2$.

2. 定义和基本恒等式

正弦 $\sin\alpha = \frac{y}{r} = \frac{1}{\csc\alpha}$，余弦 $\cos\alpha = \frac{x}{r} = \frac{1}{\sec\alpha}$，正切 $\tan\alpha = \frac{y}{x} = \frac{1}{\cot\alpha}$．

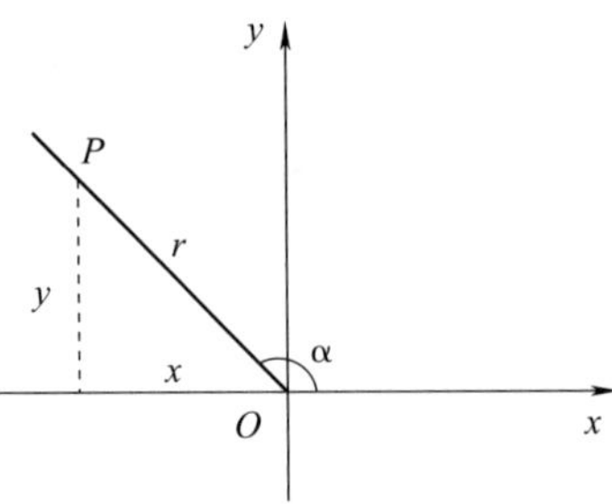

3. 恒等式

$\sin(-\alpha) = -\sin\alpha$，$\cos(-\alpha) = \cos\alpha$，$\sin^2\alpha + \cos^2\alpha = 1$，$1 + \tan^2\alpha = \sec^2\alpha$

$1 + \cot^2\alpha = \csc^2\alpha$，$\sin2\alpha = 2\sin\alpha\cos\alpha$，$\cos2\alpha = \cos^2\alpha - \sin^2\alpha$

$\cos^2\alpha = \frac{1 + \cos2\alpha}{2}$，$\sin^2\alpha = \frac{1 - \cos2\alpha}{2}$

$\sin(\alpha+\beta) = \sin\alpha\cos\beta + \cos\alpha\sin\beta$，$\sin(\alpha-\beta) = \sin\alpha\cos\beta - \cos\alpha\sin\beta$

$\cos(\alpha+\beta) = \cos\alpha\cos\beta - \sin\alpha\sin\beta$，$\cos(\alpha-\beta) = \cos\alpha\cos\beta + \sin\alpha\sin\beta$

$\tan(\alpha+\beta) = \frac{\tan\alpha + \tan\beta}{1 - \tan\alpha\tan\beta}$，$\tan(\alpha-\beta) = \frac{\tan\alpha - \tan\beta}{1 + \tan\alpha\tan\beta}$

4. 特殊三角形

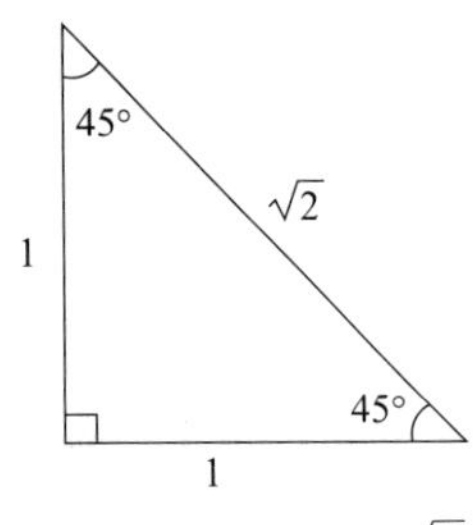

$\sin\frac{\pi}{4} = \cos\frac{\pi}{4} = \frac{\sqrt{2}}{2}$

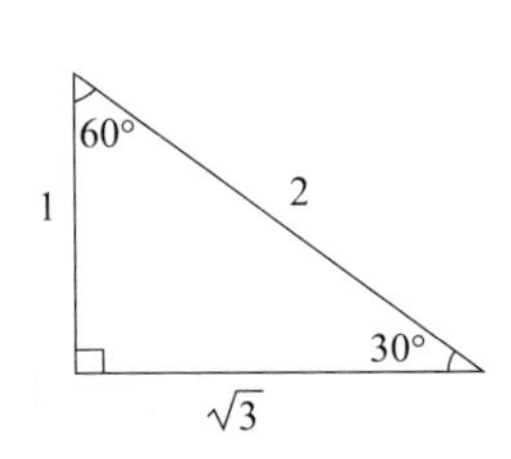

$\sin\frac{\pi}{6} = \cos\frac{\pi}{3} = \frac{1}{2}$

四、圆锥曲线

1. 圆

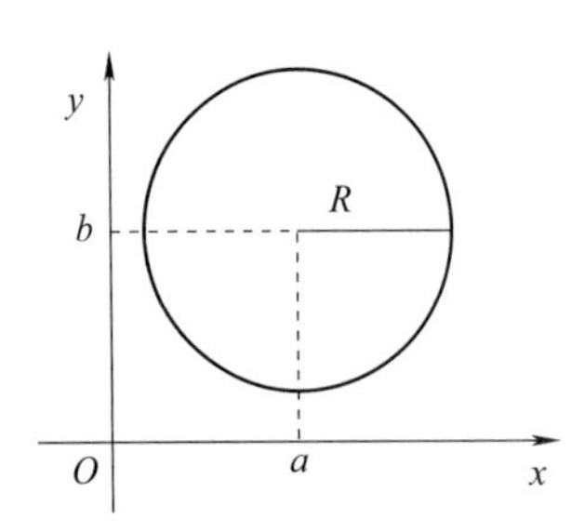

方程为$(x-a)^2 + (y-b)^2 = R^2$，圆心坐标为(a, b)，半径为 R.

2. 椭圆

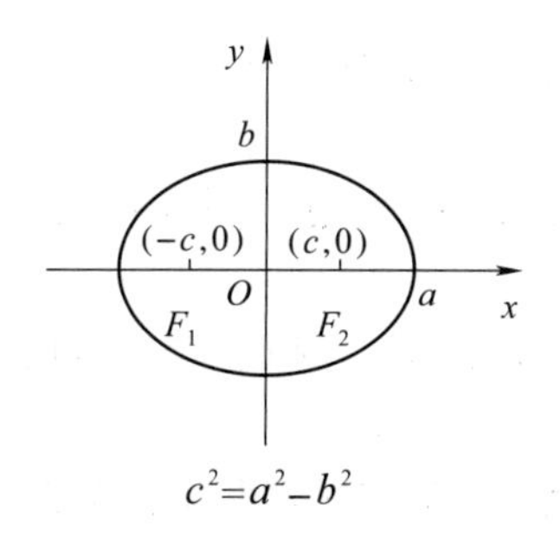

方程为$\frac{x^2}{a^2}+\frac{y^2}{b^2}=1$（$a>b>0$），其中 a 为长半轴，b 为短半轴.

3. 双曲线

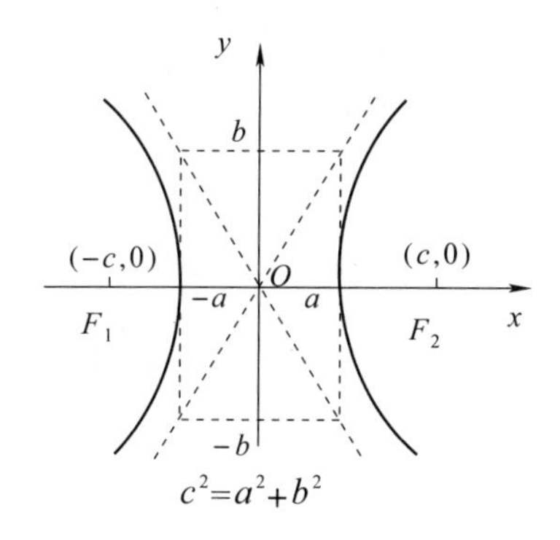

方程为$\frac{x^2}{a^2}-\frac{y^2}{b^2}=1$.

4. 抛物线

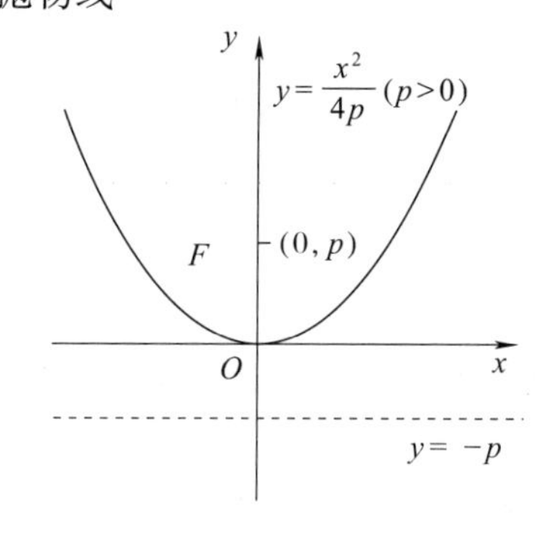

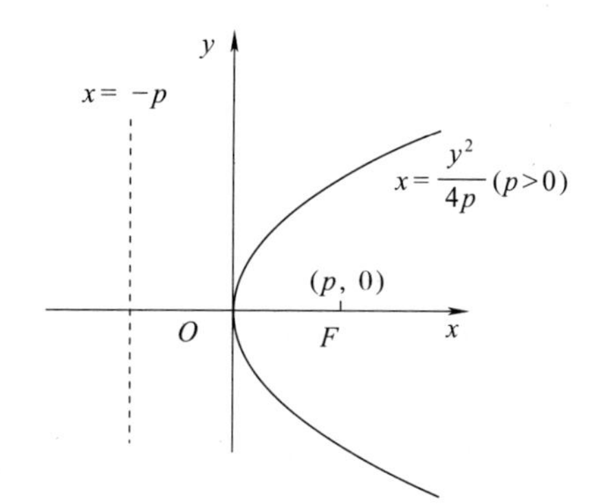

五、命题逻辑基础

1. 命题

在数学中，把用语言、符号和式子表达的，可以判定真假的陈述句叫作命题. 其中判定为真的(正确)语句叫作真命题，判定为假的(错的)称为假命题.

2. 命题形式

在“若 P 则 Q”命题中，P 称为命题的条件(或题设)，Q 称为命题结论.

3. 命题关系

1）原命题：一个命题本身称之为原命题. 例如：例若 $x>1$，则 $f(x)=(x-1)^2$ 单调递增.

2）逆命题：将原命题的条件和结论颠倒的新命题. 例如：若 $f(x)=(x-1)^2$ 递增，则 $x>1$.

3）否命题：将命题的条件和结论全否定的新命题. 例如：若 $x\leqslant 1$，则 $f(x)=(x-1)^2$ 不单调递增.

4）逆否命题：将原命题的条件和结论颠倒，然后将条件和结论全否定的新命题.

例如，若 $f(x)=(x-1)^2$ 不单调递增，则 $x\leqslant 1$.

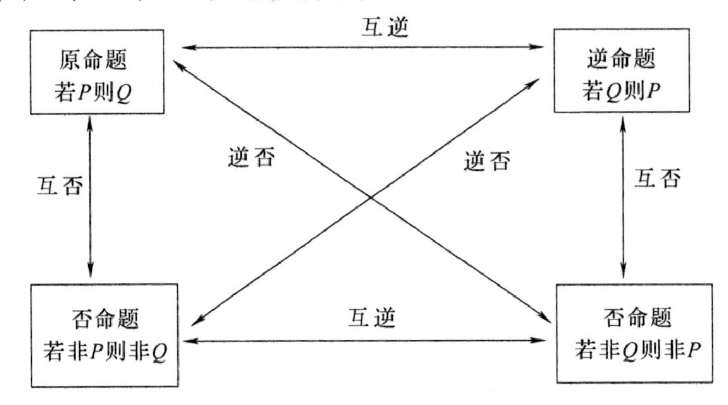

5）四种命题的真假性关系：

原命题	逆命题	否命题	逆否命题
真	真	真	真
真	假	假	真
假	真	真	假
假	假	假	假

4. 命题条件

（1）充分和必要条件

1）“若 P 则 Q”为真命题，称为由 P 推出 Q：$P\Rightarrow Q$，称 P 是 Q 的充分条件，Q 是 P 的必要条件.

2）“若 P 则 Q”为假命题，称由 P 推不出 Q：$P\nRightarrow Q$，称 P 不是 Q 的充分条件，Q 不是 P 的必要条件.

（2）充要条件

如果既有 $P\Rightarrow Q$，又有 $Q\Rightarrow P$，记为 $P\Leftrightarrow Q$，称 P 是 Q 的充分必要条件（或 Q 是 P 的充分必要条件），简称充要条件.

附录B　习题参考答案

第1章

习题1.1

基础题

1. $(-\infty, 0)\cup(0, +\infty)$.　　2. $[-2, +\infty)$.　　3. 30.　　4. C.　　5. D.

提高题

1. C　　2. A　　3. D　　4. A　　5. 奇函数

习题1.2

基础题

1. (1) $[0, +\infty)$;　(2) $(0, +\infty)$;　(3) $(-\infty, +\infty)$;

(4) $\{x \mid x\neq\frac{\pi}{2}+k\pi, k\in\mathbf{Z}\}$.　　2. (1) $(-\infty, +\infty)$;

(2) $(-\infty, 0)\cup(0, +\infty)$.　　3. D.　　4. A.

提高题

1. C.　　2. B.　　3. $(-\infty, 1)$.

习题1.3

基础题

1. (1) $y=\sqrt{\sin x}$;　(2) $y=\cos^2 2x$;　(3) $y=\ln(3+x^2)$; (4) $y=e^{x^2}$.

2. (1) $y=e^u$, $u=-x^2$;　　(2) $y=2\sqrt{u}$, $u=\sin v$, $v=x^2$;

　(3) $y=u^2$, $u=\ln v$, $v=\cos w$, $w=x-1$.

3. $(0, 2]$.

提高题

1. $[-\sqrt{3}, \sqrt{3}]$.　　2. $\frac{1}{2}$.

3. (1) $a=2$, $b=1$, $c=-2$;　　(2) $g(x+2)=2x^2+9x+8$.

复习题1

1. (1) C;　(2) A;　(3) C;　(4) C;　(5) D;　(6) B;

　(7) D;　(8) B;　(9) D;　(10) C;　(11) D;　(12) A.

2. (1) $[-2, 2]$;　(2) $[-1, 1]$;　(3) $3^x\sin 3^x$;

　(4) $(x\ln x)^2$;　(5) $y=u^2$, $u=\sin v$, $v=3x+1$.

第2章

习题2.1

基础题

1. (1) 0;　(2) 0;　(3) 1;　(4) 不存在;

(5) ∞; (6) 0; (7) 不存在; (8) 不存在.

2. (1) 不存在; (2) 1; (3) 0; (4) 0. 3. 5. 4. 6.

提高题

1. $\lim\limits_{x\to 0}f(x)=1$，$\lim\limits_{x\to 0}g(x)$不存在.

2. $\lim\limits_{n\to\infty}aq^n=\begin{cases}0 & |q|<1\\ \text{不存在} & |q|\geqslant 1\end{cases}$.

习题 2.2

基础题

1. (2), (3), (4), (5), (6). 2. (1), (4), (6).

3. (1), (4). 4. (1), (3), (4). 5. (1) 0; (2) 0; (3) 0; (4) 0.

提高题

1. 是，如当 $x\to 0$ 时，$\sin x$，x^2 是无穷小，$\sin x+x^2$ 也是无穷小.

2. 不是，如当 $x\to 0$ 时，$\frac{1}{x}$，$-\frac{1}{x}$是无穷大，但$\frac{1}{x}+\left(-\frac{1}{x}\right)=0$ 为无穷小.

3. (1)无界；(2)不是.

习题 2.3

基础题

1. (1) 1; (2) -1; (3) $-\frac{1}{2}$; (4) $\frac{2}{3}$; (5) 5; (6) 1;

(7) 0; (8) $\frac{1}{2}$; (9) -2; (10) -1; (11) 1; (12) $\frac{\sqrt{3}}{2}$;

(13) 6; (14) $\frac{1}{2}$; (15) $\frac{1}{3}$; (16) $3x^2$.

2. (1) 2; (2) 0; (3) $\frac{1}{2}$; (4) ∞.

提高题

1. (1) 1; (2) 1; (3) 4; (4) 0; (5) 0.

2. 不存在. 3. $a=3$，$b=-6$. 4. $a=1$，$b=-1$. 5. $f(x)=\frac{x^2+6}{x^2-1}$.

习题 2.4

基础题

1. (1) $\frac{3}{2}$; (2) $\frac{5}{2}$; (3) $\frac{2}{3}$; (4) 1; (5) $\frac{1}{2}$; (6) 2;

(7) $\frac{1}{2}$; (8) x; (9) e^{-6}; (10) e^{6}; (11) e^{-2}; (12) 1;

(13) e^{-4}; (14) e^{-3}; (15) e^{-1}.

2. (1) $e^{\frac{4}{3}}$; (2) 1; (3) e^{3}; (4) $\frac{1}{2}$; (5) $-\frac{3}{2}$; (6) 4.

提高题

1. (1) 1;　(2) e;　(3) 1;　(4) 1;　(5) e;　(6) e^{-6};
   (7) 2;　(8) 1;　(9) $e^{-\frac{1}{2}}$;　(10) -1;　(11) 1;　(12) 0.
2. -2.　3. (1) 1;　(2) $\frac{1}{2}$;　(3) 1;　(4) $\frac{1}{6}$.
4. e^{-2}.

习题 2.5

基础题

1. (1) 同阶无穷小;　(2) 等价无穷小;　(3) 同阶无穷小;
   (4) 高阶无穷小;　(5) 高阶无穷小.
3. 2.
4. (1) $-\frac{2}{3}$;　(2) 0;　(3) $\frac{9}{2}$;　(4) $\frac{1}{2}$;　(5) 4;　(6) -1.

提高题

1. (4), (1), (2), (3).
4. (1) $\frac{5}{3}$;　(2) $\frac{1}{12}$;　(3) $\frac{3}{2}$;　(4) 2;　(5) 4;　(6) $\frac{1}{4}$.

习题 2.6

基础题

2. (1) $x=1$ 为可去间断点, $x=-1$ 为第二类间断点;
   (2) $x=0$ 为可去间断点, $x=k\pi(k\in \mathbf{Z},\ k\neq 0)$ 为第二类间断点;
   (3) $x=0$ 为可去间断点; (4) $x=1$ 为跳跃间断点; (5) $x=0$ 为可去间断点.
3. (1) $[-1, +\infty)$;　(2) $(-\infty, -1)\cup(-1, +\infty)$;
   (3) $(-\infty, 1)\cup(1, 3)\cup(3, +\infty)$;　(4) $\left[-\frac{1}{2}, \frac{1}{2}\right]$;
   (5) $[-1, 3]$;　(6) $(-\infty, +\infty)$.
4. (1) 0;　(2) 1;　(3) $-\frac{\pi}{\pi^2+1}$;　(4) 0;　(5) $\frac{1}{2}$;　(6) 3.
5. 1.

提高题

1. 2.　2. -2.　3. $a=1$, $b=3$.
4. (1) $x=0$ 为可去间断点, $x=\frac{\pi}{2}+k\pi(k\in \mathbf{Z})$ 为第二类间断点;

(2) $x=0$ 为第二类间断点; (3) $x=0$ 为跳跃间断点.

5. 0.　6. 1.
7. (1) $\frac{3\sqrt{2}}{4}$;　(2) $\frac{\pi}{6}$;　(3) 3;　(4) 1.

复习题 2

1. (1) 充要； (2) 1； (3) 3； (4) 0； (5) 512； (6) 0；
   (7) 2，5； (8) $(-1, 1)$； (9) 3； (10) $x=0$； (11) 3 阶.

2. (1) $\frac{1}{4}$； (2) $-\frac{1}{2}$； (3) $\frac{1}{2}$； (4) e； (5) e^{-1}；
   (6) -4； (7) $\frac{3}{2}$； (8) 2； (9) 18； (10) $\sqrt{ab}$.

3. 6. 4. ln2. 5. -1.

6. (1) $a\neq 1$ 时，$x=1$ 为跳跃间断点； (2) $x=1$ 为跳跃间断点；
   (3) $x=0$ 为可去间断点； (4) $x=0$ 为可去间断点，$x=-1$，$x=-2$ 均为第二类间断点.

7. $a=2$，$b=\frac{1}{4}$.

第 3 章

习题 3.1

基础题

1. -2，0. 2. (1)5； (2)4. 3. $y=\frac{1}{4}x+1$.

4. 增加 1/300 百元. 5. $C'(x)=x^2+1$.

6. (1) 2020 元/台； (2) 从 100 台增加到 101 台时所增加的收入约为 2020 元.

7. (1) $2x$； (2) $\frac{3}{2}x^{\frac{1}{2}}$； (3) $2\cos x$； (4) $-x^{-2}$.

8. (1) $(-\infty, -1)\cup(1, +\infty)$； (2) $\left(-\frac{1}{2}, +\infty\right)$.

9. 连续但不可导.

提高题

1. (2，4). 3. 6. 4. $a=2$，$b=-1$.

习题 3.2

基础题

1. 2，π. 2. $-\frac{1}{2}$，0. 3. 23，24.

4. (1) $\sin x+x\cos x$； (2) $\frac{2}{(1-x)^2}$； (3) $\ln x+1+\frac{1}{x^2}$；
   (4) $\frac{e^x(1-x^2+2x)}{(1-x^2)^2}$； (5) $2+\frac{1}{2}x^{-\frac{1}{2}}-\frac{1}{x}$； (6) $-\frac{1}{2\sqrt{t}(\sqrt{t}-1)^2}$.

5. $y'=3x^2+2x+1$，$y''=6x+2$，$y'''=6$，$y^{(4)}=0$.

6. (1) $y^{(n)}=(-1)^n(n-2)!x^{-n+1}(n\geqslant 2)$； (2) $y^{(n)}=(n+x)e^x$.

7. $y=x-\frac{e}{2}$.

提高题

1. $y^{(n)}=n!a_n$.　　2. $y^{(n)}=(\ln a)^n a^x$.

3. (1)$v(t)=2t-3$，$a(t)=2$；　　(2)$v(t)=-3t^2+12t-7$，$a(t)=-6t+12$.

4. $M(C-M)$.

5. (1)$y'>0$，$y''>0$；　　(2)$y'<0$，$y''<0$.　　6. $5x+y-5=0$.

习题 3.3

基础题

1. (1) $15(3x-1)^4$；　　(2) $\frac{-x}{\sqrt{2-x^2}}$；　　(3) $\sin 2x+2\cos 2x$；

　(4) $\cos(2x+1)-2x\sin(2x+1)$；　　(5) $\frac{-2}{1-2t}$；　　(6) $2xe^{x^2-1}$.

2. $\sqrt{3}$.　　3. $-3\sqrt{3}$，-6.

4. (1) $(8x+4)\ln(1-x)-\frac{(2x+1)^2}{1-x}$；　　(2) $\frac{\cos 4x+2\cos 2x}{\cos^2 x}$；

　(3) $125x^4\cos 5x^5(\sin 5x^5)^4$；　　(4) $\frac{\ln x}{x\sqrt{1+\ln^2 x}}$；

　(5) $2x\sin\frac{1}{x}-\cos\frac{1}{x}$；　　(6) $\frac{2\cos\theta-\theta\sin\theta}{\sqrt{\cos\theta}}$；

　(7) $(4x^2-6x+6)e^{4x}$；　　(8) $\frac{2}{x(1+2x)}-\frac{\ln(1+2x)}{x^2}$.

提高题

1. $\frac{1}{3}$.　　2. 1.　　3. $f'(e^x)e^{x+f(x)}+f(e^x)e^{f(x)}f'(x)$.

4. $\frac{f(x)f'(x)+g(x)g'(x)}{\sqrt{f^2(x)+g^2(x)}}$.　　5. 5cm/h.

习题 3.4

基础题

1. (1)$\frac{3x^2-y}{x+1}$；　　(2)$\frac{y}{y-1}$；　　(3)$\frac{e^{x+y}-y}{x-e^{x+y}}$；　　(4) $-\frac{e^y}{1+xe^y}$.

2. $-\frac{3}{2}$.　　3. 切线方程为 $y=-\frac{x}{11}+\frac{23}{11}$，法线方程为 $y=11x-9$.

4. $\frac{dy}{dx}=-\frac{x^2+y^2-2x}{x^2+y^2-2y}$.　　5. $\frac{dS}{dt}=8\pi r\frac{dr}{dt}$.

6. (1) $\frac{\sqrt{x+1}(2-x)^5}{(x+3)^2}\left[\frac{1}{2(x+1)}-\frac{5}{2-x}-\frac{2}{x+3}\right]$；

　(2) $(1+x)^x\left[\ln(1+x)+\frac{x}{1+x}\right]$；

　(3) $2x^{\ln x}\frac{\ln x}{x}$.

提高题

1. (1) $\frac{3b}{2a}t$; (2) $\frac{\cos t - t\sin t}{1-\sin t - t\cos t}$.

2. $\sqrt{3}-2$. 3. (1) $-2\csc^2(x+y)\cot^3(x+y)$; (2) $-\frac{1}{y^3}$. 4. $144\pi \mathrm{m}^2/\mathrm{s}$.

习题 3.5

基础题

1. (1) $\mathrm{d}y=-4\mathrm{d}x$; (2) $\mathrm{d}y=\frac{1}{2}\mathrm{d}x$; (3) $\mathrm{d}y=\frac{1}{a\sqrt{2-a^2}}\mathrm{d}x$.

2. (1) $\mathrm{d}y=(\cos x-\sin x)\mathrm{d}x$; (2) $\mathrm{d}y=(\ln 2x+1)\mathrm{d}x$;

   (3) $\mathrm{d}y=(\mathrm{e}^{-x}-x\mathrm{e}^{-x})\mathrm{d}x$; (4) $\mathrm{d}y=\left(\frac{1}{2}x^{-\frac{1}{2}}+\frac{1}{x}\right)\mathrm{d}x$.

3. 0.02，表明当 x 从 1 增加 0.01 时，函数值大约增加 0.02.

4. (1) $3x$; (2) $\frac{x^2}{2}$; (3) $\ln x$; (4) $-\frac{1}{x}$; (5) $2\sqrt{x}$; (6) $\frac{\mathrm{e}^{2x}}{2}$.

提高题

2. $2\pi rh$. 3. $136\pi \mathrm{cm}^3$.

复习题 3

1. (1) B; (2) B; (3) C; (4) B; (5) B;

   (6) B; (7) D; (8) A; (9) A; (10) B.

2. (1) 5m/s; (2) 2; (3) $-\mathrm{e}^{-x}$; (4) $\frac{1}{4}$;

   (5) $\sqrt{3}x+2y-1-\frac{\pi}{\sqrt{3}}=0$，$2x-\sqrt{3}y+\frac{\sqrt{3}}{2}-\frac{2\pi}{3}=0$; (6) $a+b$;

   (7) $\frac{\mathrm{e}^y}{2-y}$; (8) $-2001!$.

3. (1) $-\frac{x}{y}$; (2) $-\tan t$;

   (3) $-\frac{2xy^3+y\mathrm{e}^x}{1+3x^2y^2+\mathrm{e}^x}$; (4) $\sqrt{x\sin x\sqrt{1-\mathrm{e}^x}}\left(\frac{1}{2x}+\frac{\cot x}{2}-\frac{\mathrm{e}^x}{4(1-\mathrm{e}^x)}\right)$.

4. $a=2$，$b=-1$. 5. $\frac{1}{\mathrm{e}^2}$.

6. 切线方程为 $4x+2y-3=0$，法线方程为 $2x-4y+1=0$.

第 4 章

习题 4.1

基础题

1. $\xi=\frac{1}{2}$.　　3. $\xi=e-1$.　　4. $\left(\frac{1}{2}, -\frac{7}{4}\right)$.

5. 单调减少.　　6. 在$(-\infty, +\infty)$内单调减少.

7. (1) 单调增加区间$(-1, 1)$，单调减少区间$(-\infty, -1)\cup(1, +\infty)$；

(2) 单调增加区间$(2, +\infty)$，单调减少区间$(0, 2)$；

(3) 单调增加区间$(0, +\infty)$；单调减少区间$(-\infty, 0)$；

(4) 单调增加区间$\left(\frac{1}{2}, +\infty\right)$，单调减少区间$\left(-\infty, \frac{1}{2}\right)$.

提高题

9. $e^{\pi}>\pi^{e}$.

习题 4.2

基础题

1. (1) ×；　(2) ×；　(3) ×；　(4) ×.　　2. A.

3. (1) 单调增加区间$(-\infty, -1)\cup(3, +\infty)$，单调减少区间$(-1, 3)$，极大值$f(-1)=17$，极小值$f(3)=-47$；

(2) 单调增加区间$(-2, 0)\cup(2, +\infty)$，单调减少区间$(-\infty, -2)\cup(0, 2)$，极大值$f(0)=2$，极小值$f(\pm2)=-14$；

(3) 单调增加区间$(0, +\infty)$，单调减少区间$(-\infty, 0)$，极小值$f(0)=0$；

(4) 单调增加区间$(-\infty, -1)\cup(1, +\infty)$，单调减少区间$(-1, 0)\cup(0, 1)$，极大值$f(-1)=-2$，极小值$f(1)=2$；

(5) 单调增加区间$(-1, +\infty)$，单调减少区间$(-\infty, -1)$，极小值$f(-1)=-e^{-1}$；

(6) 单调增加区间$(0, +\infty)$，单调减少区间$(-\infty, 0)$，极小值$f(0)=0$；

(7) 单调增加区间$(0, +\infty)$，单调减少区间$(-1, 0)$，极小值$f(0)=0$；

(8) 单调增加区间$\left(0, \frac{\pi}{4}\right)\cup\left(\frac{5\pi}{4}, 2\pi\right)$，单调减少区间$\left(\frac{\pi}{4}, \frac{5\pi}{4}\right)$，极大值$f\left(\frac{\pi}{4}\right)=\frac{\sqrt{2}}{2}e^{\frac{\pi}{4}}$，极小值$f\left(\frac{5\pi}{4}\right)=-\frac{\sqrt{2}}{2}e^{\frac{5\pi}{4}}$.

4. 极小值$f\left(-\frac{1}{2}\ln2\right)=2\sqrt{2}$.　　5. 极大值$f\left(\frac{\pi}{6}\right)=\frac{3}{4}$.

提高题

1. $a=2$，极大值$f\left(\frac{\pi}{3}\right)=\sqrt{3}$.

2. 极大值$f(-\sqrt{3})=-\frac{\sqrt{3}}{4}$，极小值$f(\sqrt{3})=\frac{\sqrt{3}}{4}$.

3. 驻点$x=1$，极小值$f(1)=1$.　　4. $f(0)$为极小值.　　5. C.

习题 4.3

基础题

1. (1) 最大值$f(-1)=f(2)=4$，最小值$f(1)=f(-2)=0$；
   (2) 最大值$f(3)=68$，最小值$f(\pm 1)=4$；
   (3) 最大值$f(4)=f(0)=0$，最小值$f(1)=-1$；
   (4) 最大值$f\left(\frac{3}{4}\right)=\frac{5}{4}$，最小值$f(-5)=-5+\sqrt{6}$；
   (5) 最大值$f(1)=1+\frac{\pi}{4}$，最小值$f(0)=0$；
   (6) 最大值$f(1)=\frac{1}{2}$，最小值$f(-1)=-\frac{1}{2}$.

2. $a=2$，$b=3$.　　3. 2cm.　　4. 底半径$r=2$dm，高$h=4$dm.

5. 2.5 个单位.　　6. 月租 350 元，收益$R=10890$元.

提高题

1. $-3e^3$.　　3. 长宽均为 4cm.　　4. 1.

6. 半径为$\frac{l}{\pi+4}$，矩形高为$\frac{l}{\pi+4}$.　　7. $\left(\frac{3\sqrt[3]{4}}{2}, 3\sqrt[3]{2}\right)$.　　8. 5h.

9. 高为$2\sqrt[3]{\frac{150}{\pi}}$m，底面半径为$\sqrt[3]{\frac{150}{\pi}}$m.　　10. $\sqrt[3]{4V}$.

习题 4.4

基础题

1. (1) √；　(2) ×；　(3) ×；　(4) √.

2. (1) 凹区间$(1, +\infty)$，凸区间$(-\infty, 1)$，拐点$(1, -1)$；
   (2) 凹区间$(-\infty, +\infty)$；
   (3) 凹区间$(-\infty, -1)\cup(0, +\infty)$，凸区间$(-1, 0)$，拐点$(-1, 0)$；
   (4) 凹区间$\left(\frac{1}{2}, +\infty\right)$，凸区间$\left(0, \frac{1}{2}\right)$，拐点$\left(\frac{1}{2}, \frac{1}{2}-\ln 2\right)$；
   (5) 凹区间$(-1, +\infty)$，凸区间$(-\infty, -1)$，拐点$(-1, -e^{-2})$；
   (6) 凹区间$(0, +\infty)$，凸区间$(-\infty, 0)$，拐点$(0, 0)$.

3. $a=-3$，凹区间$(1, +\infty)$，凸区间$(-\infty, 1)$，拐点$(1, -7)$.

4. $a=-\frac{3}{2}$，$b=\frac{9}{2}$.

5. (1) 增长区间$(1, 12)$，减少区间$(0, 1)\cup(12, +\infty)$；(2) 增长加快区间$(1, 6.5)$，增长变慢区间$(6.5, 12)$.

提高题

1. 2.　　2. $(1, 4)$，$(1, -4)$.

3. $a=1$，$b=-3$，$c=-24$，$d=16$.　　4. $k=\pm\frac{\sqrt{2}}{8}$.

习题 4.5

基础题

1. (1) $-\frac{2}{3}$;　(2) $\cos a$;　(3) $\frac{m}{n}$;　(4) 4;　(5) 2;　(6) $-\frac{3}{5}$;
   (7) 1;　(8) $+\infty$;　(9) 0;　(10) 0;　(11) $-\frac{1}{2}$;　(12) $\frac{1}{2}$.
2. (1) $\frac{1}{2}$;　(2) 1;　(3) e^2;　(4) e^{-1};　(5) e^{-1};　(6) 1.

提高题

1. (1) 2;　(2) 0;　(3) 0;　(4) 1;　(5) $e^{-\frac{2}{\pi}}$;　(6) 1.
2. (1) $\frac{1}{3}$;　(2) 1;　(3) 0.
3. $a_1a_2\cdots a_n$.
4. $a=e^{-\frac{1}{2}}$.

复习题 4

1. (1) D; (2) B; (3) B; (4) B; (5) B; (6) D; (7) B; (8) B; (9) B; (10) D.
2. (1) 2;　(2) 2;　(3) $(-1, 0)$, $(0, +\infty)$;　(4) -1, 1;　(5) 必要;
   (6) $x=1$, $(2, 4e^{-2})$;　(7) $(\pi, 2\pi)$, $(\pi, 0)$;　(8) $f(a)$, $f(b)$.
3. (1) 单调增加区间$(-1, 1)$，单调减少区间$(-\infty, -1)\cup(1, +\infty)$，极大值$f(1)=2$，极小值$f(-1)=-2$;

(2) 单调增加区间$\left(-\infty, \frac{3}{4}\right)$，单调减少区间$\left(\frac{3}{4}, 1\right)$，极大值$f\left(\frac{3}{4}\right)=\frac{5}{4}$;

(3) 单调增加区间$(1, e^2)$，单调减少区间$(0, 1)\cup(e^2, +\infty)$，极大值$f(e^2)=4e^{-2}$，极小值$f(1)=0$;

(4) 单调增加区间$(-1, 0)\cup(1, +\infty)$，单调减少区间$(-\infty, -1)\cup(0, 1)$，极小值$f(\pm1)=2$.

4. (1) 最大值$f(1)=12$，最小值$f(4)=-15$;
   (2) 最大值$f(1)=e^{-1}$，最小值$f(0)=0$;
   (3) 最大值$f(0)=\frac{\pi}{4}$，最小值$f(1)=0$.
5. (1) 凹区间$(1, +\infty)$，凸区间$(-\infty, 1)$，拐点$(1, -1)$;
   (2) 凹区间$(-1, 1)$，凸区间$(-\infty, -1)\cup(1, +\infty)$，拐点$(-1, \ln2)$，$(1, \ln2)$;
   (3) 凹区间$(\pi, 2\pi)$，凸区间$(0, \pi)$，拐点(π, π).
6. $\left(\frac{1}{2}, \pm\frac{\sqrt{2}}{2}\right)$.　7. 高为$\frac{20\sqrt{3}}{3}$cm.　8. 底面半径为2m，高为8cm.
9. 高为$\frac{2\sqrt{3}}{3}R$.　10. 2.5 个单位.

第5章

习题5.1

基础题

1. $15x^2$.　2. $-\frac{\sin(\ln x)}{x}$.

4. (1) $\frac{3}{2}x^2+C$;　(2) x^3+C;　(3) $\frac{2}{9}x^4\sqrt{x}+C$;　(4) $-\frac{2}{3x\sqrt{x}}+C$;　(5) $\frac{8^x}{\ln 8}+C$;

(6) $\frac{(5\mathrm{e})^x}{\ln(5\mathrm{e})}+C$;　(7) $x+2\mathrm{e}^x+C$;　(8) $x^4+\frac{1}{4}x^2+C$;　(9) $\frac{1}{3}x^3+\frac{1}{2}x^2-2x+C$

(10) $\frac{1}{3}x^3+2x^2+4x+C$;　(11) $\frac{1}{2}x^4+\cos x+\ln|x|+C$;

(12) $x+2\ln|x|+\frac{1}{x}+C$;　(13) $\frac{2}{3}x\sqrt{x}+2\sqrt{x}+C$;

(14) $x-\arctan x+C$;　(15) $\sin x+C$;　(16) $\sin x+\cos x+C$.

5. $y=x^2+3$.　6. $s=\frac{2}{3}t^3+t+\frac{4}{3}$.　7. 980000元.

提高题

1. $\frac{9}{5}x^{\frac{5}{3}}+C$.　2. e^x+C.　3. $\frac{\sqrt{x}\mathrm{e}^{-x}}{2x}$.

4. (1) $\frac{1}{2}x^2+2x+\ln x+C$;　(2) $x-\frac{3}{x}-\frac{1}{2x^2}+3\ln|x|+C$;

(3) $\frac{2}{5}x^2\sqrt{x}+\frac{4}{3}x\sqrt{x}+2\sqrt{x}+C$;　(4) $\mathrm{e}^x-2x\sqrt{x}+C$;

(5) $3\arctan x-2\arcsin x+C$;　(6) $-\frac{1}{x}-\arctan x+C$;

(7) $2x-\frac{5\left(\frac{2}{3}\right)^x}{\ln\frac{2}{3}}+C$;　(8) $2\ln|x|+\tan x-5\mathrm{e}^x+C$;

(9) $\frac{1}{5}x^5-\frac{1}{3}x^3+x-\arctan x+C$;　(10) $\arcsin x+C$;

(11) $\frac{1}{2}\mathrm{e}^{2x}-\mathrm{e}^x+x+C$;　(12) $3\arctan x-2\arcsin x+C$;

(13) $\frac{1}{2}x-\frac{1}{2}\sin x+C$;　(14) $\frac{1}{2}\tan x+C$

(15) $-\cot x-x+C$;　(16) $-\cot x-\tan x+C$.

习题5.2

基础题

1. (1) $\frac{1}{5}$;　(2) $-\frac{1}{2}$;　(3) -1;　(4) 2;　(5) $\frac{1}{6}$;　(6) $\frac{1}{3}$.

2. (1) $e^{1+x}+C$; (2) $\frac{1}{30}(3x+5)^{10}+C$; (3) $\frac{1}{4}\sin(4x-1)+C$; (4) $-\frac{1}{3}\ln|1-3x|+C$;

(5) $-\frac{1}{2}\cos(1+x^2)+C$; (6) $\frac{1}{3}\ln|1+x^3|+C$; (7) $\frac{1}{6}(x^4+1)\sqrt{x^4+1}+C$;

(8) $-\frac{1}{2}e^{-x^2}+C$; (9) $\frac{1}{2}\ln^2 x+C$; (10) $-\frac{1}{\ln x}+C$; (11) $\frac{1}{3}(2+e^x)^3+C$;

(12) $\frac{2}{3}(2+e^x)\sqrt{2+e^x}+C$; (13) $-\frac{1}{3}\cos^3 x+C$; (14) $-\frac{1}{2\sin^2 x}+C$.

3. (1) $F(e^x)+C$; (2) $-F(\cos x)+C$; (3) $F(\ln x)+C$; (4) $\frac{1}{2a}F(ax^2+b)+C$.

提高题

1. (1) $-e^{\frac{1}{x}}+C$; (2) $-\frac{1}{2}e^{1-x^2}+C$; (3) $x-\ln(1+e^x)+C$; (4) $2\ln(1+e^x)-x+C$;

(5) $-\frac{1}{1+e^x}+C$; (6) $2\sqrt{\sin x}+C$; (7) $\sin x-\frac{1}{\sin x}+C$; (8) $\frac{1}{9}\sin^3(3x-1)+C$;

(9) $-\frac{1}{2\ln^2 x}+C$; (10) $\frac{1}{3}\ln(1+x^2)^3+C$; (11) $\arcsin(\ln x)+C$

(12) $\frac{1}{6}\ln|5+6\ln x|+C$.

2. (1) $\ln|x^2+x|+C$; (2) $\frac{1}{2}\ln\left|\frac{1+x}{1-x}\right|+C$; (3) $-2\sqrt{1-\ln x}+C$;

(4) $\frac{1}{2}\arctan\frac{x}{2}+C$; (5) $-\frac{1}{2}\cot(2x-1)+C$; (6) $2\arctan x-\frac{3}{2}(\arctan x)^2+C$;

(7) $\frac{1}{3}\tan^3 x-\tan x+x+C$; (8) $\frac{1}{3}\sec^3 x+C$; (9) $\frac{1}{4}(1+\tan x)^4+C$;

(10) $\frac{1}{3}\sin^3 x-\frac{1}{5}\sin^5 x+C$; (11) $\ln|\tan x|+C$; (12) $\ln|\arcsin x|+C$;

(13) $-2\sqrt{1-x^2}+\arcsin x+C$; (14) $\frac{1}{2}\arctan\frac{x+1}{2}+C$.

3. (1) $2\sqrt{x}-10\ln(\sqrt{x}+5)+C$; (2) $\frac{2}{3}(x-2)\sqrt{x-2}+4\sqrt{x-2}+C$;

(3) $6\sqrt[6]{x}-6\sqrt{2}\arctan\frac{\sqrt[6]{x}}{\sqrt{2}}+C$; (4) $\frac{3}{28}(2x-1)^2\sqrt[3]{2x-1}+\frac{3}{16}(2x-1)\sqrt[3]{2x-1}+C$;

(5) $\frac{1}{2}\arcsin x-\frac{x}{2}\sqrt{1-x^2}+C$; (6) $\begin{cases}\sqrt{x^2-4}-2\arccos\frac{2}{x}+C\ (x>2);\\ \sqrt{x^2-4}+2\arccos\frac{2}{x}+C\ (x<-2)\end{cases}$

(7) $\frac{x}{\sqrt{x^2+1}}+C$; (8) $\ln\frac{\sqrt{1+e^x}-1}{\sqrt{1+e^x}+1}+C$.

4. (1) $-2\cos(1+\sqrt{x})+C$; (2) $-5\sqrt{1-x^2}+C$; (3) $\sqrt{1+x^2}+C$;

(4) $\arcsin\frac{x}{2}+C$.　　5. $2^{\sin x}+C$.

习题 5.3

基础题

1. (1) $-x\cos x+\sin x+C$;　(2) $-xe^{-x}-e^{-x}+C$;

(3) $\frac{1}{3}x\sin 3x+\frac{1}{9}\cos 3x+C$;　(4) $-x^2\cos x+2x\sin x+2\cos x+C$;

(5) $2\sqrt{x}\ln x-4\sqrt{x}+C$;　(6) $x\ln x-x+C$;

(7) $\frac{1}{2}x^2\ln x-\frac{1}{4}x^2+C$.

提高题

1. (1) $\frac{1}{3}x^2e^{3x}-\frac{2}{9}xe^{3x}+\frac{2}{27}e^{3x}+C$;　(2) $x\ln(1+x^2)-2x+2\arctan x+C$;

(3) $x\ln^2x-2x\ln x+2x+C$;　(4) $x\arctan x-\frac{1}{2}\ln(1+x^2)+C$;

(5) xe^x+C;　(6) $\frac{1}{5}e^x(\sin 2x-2\cos 2x)+C$.

2. (1) $\frac{1}{4}x^2-\frac{1}{4}x\sin 2x-\frac{1}{8}\cos 2x+C$;　(2) $(4-2x)\cos\sqrt{x}+4\sqrt{x}\sin\sqrt{x}+C$;

(3) $x\tan x+\ln|\cos x|+C$;　(4) $x\tan x+\ln|\cos x|-\frac{1}{2}x^2+C$;

(5) $\ln x\ln(\ln x)-\ln x+C$;　(6) $-\frac{1}{2}x^2e^{-x^2}-\frac{1}{2}e^{-x^2}+C$;

(7) $x\ln(x+\sqrt{x^2+1})-\sqrt{x^2+1}+C$;　(8) $x-\sqrt{1-x^2}\arcsin x+C$;

(9) $(x+1)\arctan\sqrt{x}-\sqrt{x}+C$;　(10) $-\frac{xe^x}{1+x}+e^x+C$.

3. $2(2x^4-x^2+1)e^{x^2}+C$.　4. $-\frac{\ln(e^x+1)}{e^x}+x-\ln(e^x+1)+C$.

5. $\cos x-\frac{2\sin x}{x}+C$.

习题 5.4

基础题

(1) $x+\frac{1}{2}x^2-\frac{2}{3}x^3+C$;　(2) $\frac{1}{6}x^6-\frac{1}{\ln 5}5^x+C$;　(3) $\frac{2}{7}x^3\sqrt{x}+C$;

(4) $-\frac{2}{\sqrt{x}}+C$;　(5) $2x-e^x-3\cos x+C$;　(6) $2e^x-x+C$;

(7) $\frac{2}{5}x^2\sqrt{x}+x+C$;　(8) $\frac{4}{3}x^3+10x^2+25x+C$;

(9) $\ln x+2x-2\sqrt{x}+C$;　(10) $\frac{8}{5}x^2\sqrt{x}-\frac{8}{3}x\sqrt{x}+2\sqrt{x}+C$;

(11) $\frac{1}{3}x^3+\frac{1}{2}x^2+x+\ln|x-1|+C$;　　(12) $\frac{1}{2}\sin x+C$.

提高题

(1) $-6\ln|x-2|+7\ln|x-3|+C$;　　(2) $3\ln|x-3|-\frac{10}{x-3}+C$;

(3) $\frac{1}{6}\ln|x|-\frac{9}{2}\ln|x-2|+\frac{28}{3}\ln|x-3|+C$;　　(4) $\ln\left|\frac{x}{x+1}\right|+\frac{1}{x+1}+C$;

(5) $\frac{1}{2}\ln(x^2-2x+2)+2\arctan(x-1)+C$;　　(6) $\ln|x|-\frac{1}{2}\ln(x^2+1)+C$.

复习题5

1. $2e^x\cos x$.　2. $\frac{\sin\sqrt{x}}{\sqrt{x}}$.　3. $-e^x\tan(e^x)$.　4. $\arctan x$.

5. $y=\ln x+1$.　6. $s=t^3+2t^2$　7. $Q(p)=1000\left(\frac{1}{3}\right)^p$.

8. (1) $\frac{1}{24}(3x-1)^8+C$; (2) $\frac{1}{2}\ln|1+2x|+C$; (3) $e^{x^4}+C$; (4) $-\frac{1}{4(x^2+2)^2}+C$;

(5) $-\frac{3}{10}(3-2e^x)\sqrt[3]{(3-2e^x)^2}+C$; (6) $-\ln|1-e^x|+C$; (7) $\ln\left|\frac{x}{x+1}\right|+C$;

(8) $-\frac{1}{6}\cos^6x+C$; (9) $4x\sin x+4\cos x-\sin x+C$; (10) $\frac{1}{3}xe^{3x}-\frac{1}{9}e^{3x}+C$.

9. (1) $\frac{1}{3}e^{x^3+3x}+C$;　(2) $\arctan(x+3)+C$;　(3) $\frac{1}{2}\ln(x^2-2x+5)+C$;

(4) $\frac{1}{4}x^4-\frac{1}{3}x^3+\frac{1}{2}x^2-x+\ln|x+1|+C$;　(5) $\frac{1}{2}x^2-\frac{1}{2}\ln(1+x^2)+C$;

(6) $2e^{\sqrt{x}}+C$;　(7) $-\sin\frac{1}{x}+C$;　(8) $-\arctan(\cos x)+C$;

(9) $-\frac{1}{6}\sqrt{3-4x^3}+C$;　(10) $2\tan\sqrt{x}+C$;　(11) $x\ln^2x-2x\ln x+2x+C$;

(12) $\arctan(e^x)+C$;　(13) $\tan x-x+C$;　(14) $\tan x-\sec x+C$.

10. (1) $2\sqrt{x}-2\ln(1+\sqrt{x})+C$;　(2) $2\arctan\sqrt{x}+C$;

(3) $\left(\frac{2}{27}x+\frac{14}{81}\right)\sqrt{3x+1}+C$;　(4) $2\ln(x+\sqrt{x})+C$;

(5) $\begin{cases}\arccos\frac{1}{x}+C & x>1\\ -\arccos\frac{1}{x}+C & x<-1\end{cases}$;　(6) $2\arcsin\frac{\sqrt{x}}{2}+C$;

(7) $\frac{1}{2}(\arcsin x-x\sqrt{1-x^2})+C$;　(8) $-\frac{\sqrt{1+x^2}}{x}+C$;

(9) $-x\cos3x+\frac{1}{3}\sin3x+C$;　(10) $x\,\mathrm{arccot}x+\frac{1}{2}\ln(1+x^2)+C$;

(11) $\frac{1}{2}(x^2\text{arccot}x+\text{arccot}x+x)+C$; (12) $\frac{1}{2}\mathrm{e}^{-x}(\sin x-\cos x)+C$.

11. $x\mathrm{e}^x-\mathrm{e}^x+\frac{1}{2}x^2+C$.

12. $x^2\sin x^2+\cos x^2+C$.

13. $-\frac{3}{2}x-\frac{1}{4}\sin 2x+C$.

14. $\int f(x)\mathrm{d}x=\begin{cases}\frac{1}{2}x^2\ln(1+x^2)-\frac{1}{2}x^2+\frac{1}{2}\ln(1+x^2)+C & x\geqslant 0\\ -(x^2+4x+1)\mathrm{e}^{-x}+C & x<0\end{cases}$.

15. (1) $3\ln|x-2|-\ln|x-1|+C$; (2) $\frac{1}{2}\ln|x^2-1|+\frac{1}{x+1}+C$.

第6章

习题 6.1

基础题

1. (1) $\int_{-\frac{\pi}{2}}^{\frac{\pi}{2}}\cos x\mathrm{d}x$; (2) $2-\int_{-1}^{1}x^2\mathrm{d}x$;

(3) $\int_0^1 x\mathrm{d}x-\int_0^1 x^2\mathrm{d}x$; (4) $-\int_{-1}^{0}x^3\mathrm{d}x$.

2. (1) 正; (2) 正; (3) 正; (4) 负.

3. (1) $>$; (2) $<$; (3) $>$; (4) $<$.

4. (1) 4; (2) 6.

提高题

1. $\frac{1}{\mathrm{e}}<\int_0^1\mathrm{e}^{-x^2}\mathrm{d}x<1$.

2. (1) $\frac{1}{2}(b^2-a^2)$; (2) $\frac{1}{3}$; (3) $\frac{1}{3}(b-a)(a^2+ab+b^2+3)$.

3. (1) 0; (2) $\frac{\pi}{4}$; (3) $\frac{5}{2}$.

4. $\int_0^1\frac{1}{1+x^2}\mathrm{d}x$. 5. $I_4>I_2>I_1>I_3$.

习题 6.2

基础题

1. (1) $\frac{196}{3}$; (2) $-\frac{119}{6}$; (3) $\frac{3}{8}$; (4) $\frac{6}{7}(\sqrt[7]{2^6}-1)$; (5) $\frac{29}{6}$; (6) $\frac{1}{3}$.

2. 1.

3. $\frac{62}{3}$.

提高题

1. (1) $\frac{8}{3}$； (2) $\frac{7}{3}$； (3) $2-\frac{2}{e}$.　2. $\frac{2}{\pi}$　3. $\frac{31}{3}$

4. (1) 在[0,2]上连续； (2) 在 $x=1$ 处不可导； (3) 在[0,2]上可积.

习题 6.3

基础题

1. (1) $\frac{1562}{5}$； (2) $\frac{1}{2}(e^2-e)$； (3) $\frac{1}{4}$； (4) $-\frac{2}{3}$；

(5) $\ln(e+1)-\ln2$； (6) $\frac{3}{2}$； (7) $\frac{1}{4}\ln\frac{7}{3}$； (8) 2.

2. (1) $\frac{1}{4}(e^2+1)$； (2) 1； (3) $\frac{1}{4}(e^2+1)$； (4) $1-\frac{2}{e}$；

(5) $-\frac{1}{2}$.

提高题

1. (1) $\frac{1}{5}(e-1)^5$； (2) $\pi-\frac{4}{3}$； (3) $\frac{\pi}{3}$； (4) $\frac{\pi}{2}$；

(5) $\frac{1}{4}$； (6) $1-\frac{\pi}{4}$； (7) $\frac{1}{4}$； (8) $\frac{\pi}{6}$；

(9) $\ln\frac{e^2+1}{e+1}$.

2. (1) 0； (2) 0； (3) $2e-2$； (4) 0； (5) 1； (6) $\frac{2}{5}(e^{4\pi}-1)$.

3. -2.

习题 6.4

基础题

1. (1) 收敛，$\frac{1}{2}$；(2) 收敛，$\frac{1}{e}$；(3) 收敛，$\frac{\pi}{2}$；(4) 发散；(5) 收敛，0；(6) 收敛，π.

2. (1) 收敛，$\frac{1}{4}$；(2) 发散；(3) 收敛，$\frac{1}{2}$；(4) 收敛，$\frac{\pi}{2}$.

提高题

1. (1) 收敛，$\frac{1}{k-1}(\ln2)^{1-k}$；(2) 发散；(3) 收敛，$-\frac{\ln2}{2}$.

复习题 6

1. (1) $\frac{5}{6}$； (2) $-\frac{119}{6}$； (3) $\frac{9}{2}-\ln2$； (4) $\frac{1}{5}\ln\frac{12}{7}$.

2. (1) $\frac{1}{2}(25-\ln26)$； (2) 0； (3) $2(2-\arctan2)$；

(4) $2\left(1-\frac{\pi}{4}\right)$;　(5) π;　(6) $\frac{1}{4}\left(\frac{\pi}{2}-1\right)$;　(7) $\sqrt{3}-\frac{\pi}{3}$;

(8) $2-\frac{5}{e}$;　(9) $6-2e$;　(10) $\frac{1}{2}\left(e^{-\frac{\pi}{2}}+1\right)$.

3. $\frac{\pi}{2}-1$.　4. $\frac{13}{4}$.　5. $f(x)=\frac{1}{1+x^2}+\frac{2\pi}{4-\pi}\sqrt{1-x^2}$.　6. $b=e$.

第7章

习题 7.1

1. 微元法的实质仍是"和式"的极限,即在小的范围内以常量代替变量,求和取得近似值,再取极限得到精确值.

2. $V_y=2\pi\int_a^b xf(x)\,dx$.

习题 7.2

基础题

1. (1) $A=\int_{-1}^{3}(2x+3-x^2)\,dx$;　(2) $A=\int_0^1(e-e^x)\,dx$;

(3) $A=A_1+A_2=\int_0^4\sqrt{2x}\,dx+\int_4^8(\sqrt{2x}-x+4)\,dx$.

2. (1) $\frac{32}{3}$;　(2) 1;　(3) 1;　(4) $\frac{3}{2}-\ln 2$;　(5) $\frac{1}{6}$;　(6) $e+e^{-1}-2$.

3. (1) $V_x=2\pi$,　$V_y=\frac{16\sqrt{2}\pi}{5}$;　(2) $V_x=\frac{3}{10}\pi$,　$V_y=\frac{3}{10}\pi$;

(3) $V_x=\frac{128\pi}{7}$,　$V_y=\frac{64\pi}{5}$;　(4) $V_x=\frac{8}{3}\pi$;　$V_y=\frac{8}{3}\pi$.

4. $4\ln 2+e^2+e^{-2}-4$.

提高题

1. 64π.　2. $\frac{7}{6}$.　3. a^2.　4. $\frac{7\pi}{6}$.

习题 7.3

基础题

1. $112.5\pi g\rho$ kJ.　2. 8 个.　3. (1) 99875; (2) 19850.　4. (1) 4; (2) 减少 1.

提高题

1. 0.0882J.　2. $2\pi r^2h^2g$ kJ.

复习题 7

1. (1) $\frac{1}{3}$;　(2) 2.　2. (1) $\frac{\pi}{5}$;　(2) $\frac{29\pi}{60}$.

3. $\frac{8\pi}{3}$.　　4. $160\pi^2$.　　5. 50，100.

6. $L(x) = -0.2x^2 + 16x - 20$，40 单位.

第 8 章

习题 8.1

基础题

1. 一阶,1,是.

2. (1) 是；(2) 是；(3) 不是.

提高题

$y = -\sin x + 2\cos x$.

习题 8.2

基础题

1. 可以.

2. $x\frac{du}{dx} + u = 1 - u^2$,分离变量,$\frac{du}{dx} - 1 = \frac{1}{u}$,分离变量.

3. (1) $x = Ce^{-\frac{1}{y}}$；　(2) $y^4 - x^4 = C$；　(3) $y = \frac{2}{x^3}$；

　(4) $y = Ce^{-\cos x}$；　(5) $e^y = \frac{1}{2}(e^{2x} + 1)$.

4. $y = \frac{1}{2}x^2 - 3x + 13$.

提高题

1. $y = 100 - Ce^{-t}$.

2. $v = \frac{mg}{k}(1 - e^{-\frac{kt}{m}})$.

习题 8.3

基础题

1. 是,$\frac{dx}{dy} - x = y + 1$,$x = e^{\int 1dy}(\int (y+1)e^{\int -1dy}dy + C)$.

2. (1) $y = C\sec x$；　(2) $y = x^2 + Cx$；

　(3) $y = x^2\sin x + C\sin x$；　(4) $y = \frac{x + e^x + C}{1 + e^x}$.

3. $\rho = \frac{1}{2}\ln\theta$.　　4. $y^2 + x^2 = C$.

提高题

1. (1) $H = 200 - 180e^{-kt}$；　(2) $k = 0.027$.

2. (1) $Q = Q_0 e^{-\frac{\ln 5}{3}t}$；　(2) $4mg$.

习题 8.4

基础题

1. (1) $y''-2y'-3y=0, y=C_1e^{-x}+C_2e^{3x}$; (2) $r_1=2, r_2=3, y^*=x(ax+b)e^{2x}$.

2. (1) $y=C_1e^{-4x}+C_2e^{4x}$; (2) $y=C_1e^{2x}+C_2e^{5x}$;

(3) $y=e^{-x}(C_1\sin x+C_2\cos x)$; (4) $y=e^{3x}(C_1x+C_2)$;

(5) $y=-\frac{1}{2}\sin 2x+\cos 2x$.

3. (1) $y=C_1e^{-x}+x^2-2x+C_2$; (2) $y=C_1e^{-x}+C_2e^{\frac{1}{2}x}+e^x$;

(3) $y=e^x(C_1x+C_2)+\frac{1}{4}e^{3x}$; (4) $y=C_1e^{2x}+C_2e^{3x}-\left(\frac{1}{2}x^2+x\right)e^x$;

(5) $y=e^x(C_1\sin\sqrt{2}x+C_2\cos\sqrt{2}x)+\frac{1}{2}(\cos x-\sin x)$.

4. $y=C_1+C_2e^{3x}+\frac{2}{9}x-\frac{1}{6}x^2+\frac{1}{13}\cos x+\frac{3}{26}\sin x$.

5. $k=6, y=C_1e^{2t}+C_2e^{3t}$.

提高题

(1) $y''-y=0$; (2) $y=C_1\sin t+C_2\cos t, x=-C_1\cos t+C_2\sin t$.

复习题 8

1. (1) 一阶; (2) 两; (3) $e^y=\frac{3x^2}{2}+C$; (4) $y''-3y'+2y=0$;

(5) $y''-4y'+4y=0$; (6) $y^*=x(ax+b)e^x$.

2. (1) C; (2) B; (3) A; (4) D.

3. (1) $(3y+2)^2=Ce^{3x^2}$; (2) $y=Ce^{-3x}+e^{-2x}$; (3) $y=C_1e^{2x}+C_2e^{-x}$;

(4) $y=C_1e^{2x}+C_2xe^{2x}+\frac{1}{2}x^2e^{2x}$; (5) $\arctan y=\ln(1+x^2)+C$;

(6) $y=e^{2x}(C_1\cos x+C_2\sin x)+\frac{1}{8}\cos x+\frac{1}{8}\sin x$.

4. (1) $y=\frac{1}{2}(\arctan x)^2$; (2) $y=\frac{\pi-\cos x-1}{x}$; (3) $y=2xe^{3x}$;

(4) $y=\frac{1}{3}(\sin 2x-\sin x-3\cos x)$.

参 考 文 献

[1]Finney Weir Giordano. 托马斯微积分[M]. 10版. 叶其孝，王耀东，唐兢，译. 北京：高等教育出版社，2003.

[2]同济大学数学系. 高等数学[M]. 7版. 北京：高等教育出版社，2014.

[3]吴洁. 高等数学简明教程[M]. 3版. 北京：机械工业出版社，2016.

[4]李以渝. 高等数学[M]. 2版. 北京：北京理工大学出版社，2013.

[5]周光亚. 经济数学[M]. 2版. 天津：天津大学出版社，2016.

[6]林群. 微积分快餐[M]. 3版. 北京：科学出版社，2013.

[7]张景中. 直来直去的微积分[M]. 北京：科学出版社，2010.

[8]张顺燕. 数学的源与流[M]. 2版. 北京：高等教育出版社，2003.

[9]姜启源，谢金星，叶俊. 数学模型[M]. 4版. 北京：高等教育出版社，2011.

[10]戴朝寿，孙世良. 数学建模简明教程[M]. 北京：高等教育出版社，2007.

[11]周承贵. 应用高等数学：理工类[M]. 3版. 重庆：重庆大学出版社，2011.

[12]R柯朗，H罗宾. 什么是数学：对思想和方法的基本研究[M]. 4版. 上海：复旦大学出版社，2017.

[13]南开大学数学系. 数学分析：上册[M]. 北京：科学出版社，1995.

[14]Adrian Banner. 普林斯顿微积分读本(修订版)[M]. 杨爽，赵晓婷，高璞，译. 北京：人民邮电出版社，2016.

[15]魏贵明. 微积分[M]. 北京：高等教育出版社，2004.

[16]高汝熹. 高等数学(一)[M]. 2版. 武汉：武汉大学出版社，2000.

[17]华东师范大学数学系. 数学分析[M]. 4版. 北京：高等教育出版社，2012.

[18]西部、东北高职高专数学教材编写组. 高等数学[M]. 北京：高等教育出版社，2002.